滇池

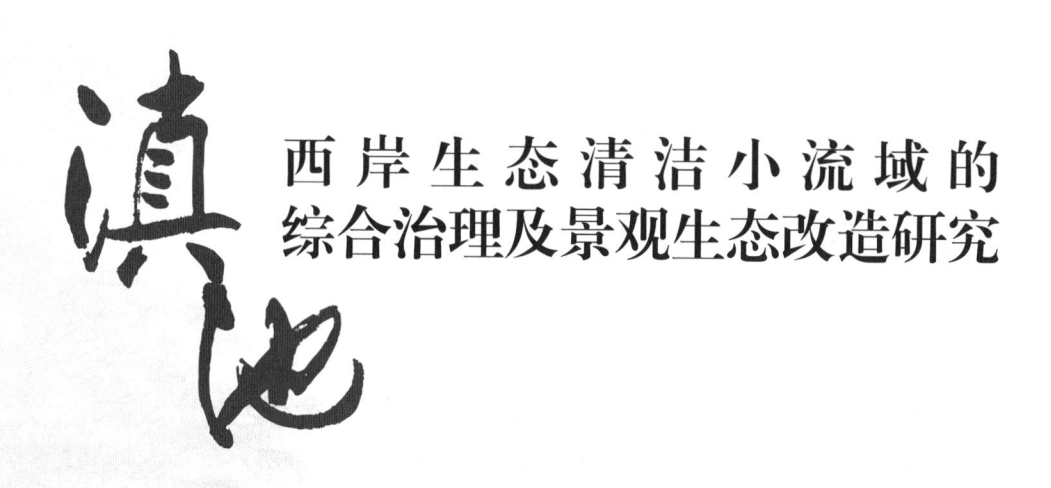

西岸生态清洁小流域的综合治理及景观生态改造研究

王婷婷 / 著

电子科技大学出版社
University of Electronic Science and Technology of China Press

·成都·

图书在版编目（CIP）数据

滇池西岸生态清洁小流域的综合治理及景观生态改造研究 / 王婷婷著. -- 成都：成都电子科大出版社，2025.4. -- ISBN 978-7-5770-1591-0

Ⅰ．X321.274

中国国家版本馆CIP数据核字第2025EW3477号

滇池西岸生态清洁小流域的综合治理及景观生态改造研究
DIANCHI XI'AN SHENGTAI QINGJIE XIAO LIUYU DE ZONGHE ZHILI JI JINGGUAN SHENGTAI GAIZAO YANJIU

王婷婷　著

策划编辑	唐祖琴
责任编辑	龙　敏
责任校对	赵倩莹
责任印制	段晓静

出版发行	电子科技大学出版社
	成都市一环路东一段159号电子信息产业大厦九楼　邮编 610051
主　页	www.uestcp.com.cn
服务电话	028-83203399
邮购电话	028-83201495
印　刷	成都火炬印务有限公司
成品尺寸	185 mm×260 mm
印　张	16
字　数	369千字
版　次	2025年4月第1版
印　次	2025年4月第1次印刷
书　号	ISBN 978-7-5770-1591-0
定　价	65.00元

版权所有，侵权必究

前　言

滇池，这颗镶嵌在云贵高原上的璀璨明珠，以其独特的自然风貌和深厚的生态人文底蕴，滋养着云南大地，千百年来承载着人们对美好生活的向往。作为昆明乃至云南省的重要生态屏障，滇池不仅是展示生物多样性的宝库，更是区域可持续发展的核心纽带。然而，在快速城镇化与经济发展的浪潮中，滇池西岸的生态系统正面临挑战：水质污染、水土流失、生境破碎化等问题日益凸显，威胁着流域的生态安全与居民的生活品质。如何平衡保护与发展的关系，探索一条生态优先、绿色发展的综合治理路径，已成为当前亟待解决的重大课题。

本书立足于滇池西岸生态清洁小流域的综合治理与景观生态改造，以问题为导向，以实践为依托，旨在为滇池的生态修复与可持续发展提供科学依据和技术支撑。通过系统地梳理滇池西岸的自然环境特征、社会经济现状及生态退化成因，本书融合生态学、景观设计学、环境工程学等多学科理论，结合国内外先进治理经验，提出了"流域统筹、系统治理、景观赋能"的整体策略。在尊重自然规律的基础上，本书注重治理措施的协同性与可操作性，力求实现生态效益、经济效益与社会效益的有机统一。

本书共6章。第1章为项目概况，阐述了滇池西岸生态清洁小流域治理项目的背景与必要性。第2章为区域概况及相关规划，分析了滇池西岸生态清洁小流域涉及的城市概况、自然条件、生态问题与水土流失问题。第3章为滇池综合治理理论与方法，系统介绍了滇池西岸生态清洁小流域的综合治理理念、水污染治理技术与措施、生态修复策略与技术。第4章为景观生态改造规划与设计，阐述了基于生态本底的景观生态规划理论基础、景观生态改造目标与原则、景观生态功能分区与布局。第5章为滇池小流域综合治理与景观生态改造实践案例分析，介绍了滇池西岸生态清洁小流域的综合治理与景观生态改造项目的相关规划及工程概述，滇池小流域的现状及存在的问题，工程方案，施工组织方案，施工总进度计划，管理机构、资金管理及人员编制，环境保护，水土保持，节能减排，消防设计，劳动保护、职业安全与卫生，工程效益分析及工程风险分析，案例总结经验与启示。第6章为结论与展望，总结了滇池小流域综合治理与景观生态改造项目中的治理难点、成果、研究创新点、不足之处与推广局限性，并对未来滇池小流域生态治理的方向进行了展望。

本书是云南省地方本科高校基础研究联合专项资金项目 NSFC 面上项目"昆明市既有多层居住建筑竖向交通及室外景观改造研究"（项目编号：202001BA070001-155）的成果之一。其撰写凝聚了项目团队的心血。作者与团队成员通过实地调研、数据分析和案例研究，力求以科学严谨的态度解决滇池治理的复杂性问题。书中既包含对生态规律的调研，也提供了可落地的技术方案，希望为政府部门、科研机构、规划设计单位及相关从业者提供参考，助力滇池流域的绿色转型与美丽中国建设。

生态治理非一日之功，滇池保护更需社会各界的长期投入。本书的出版若能为滇池西岸的生态复苏贡献绵薄之力，便是作者最大的欣慰。在撰写本书的过程中，作者参考了一些文献，也得到了多位朋友的支持和帮助，在此表示衷心的感谢。限于作者的学识与经验，书中难免存在疏漏，恳请广大读者不吝指正。

谨以此书献给所有为保护滇池付出努力的人们。

目 录

第1章 项目概况 ······ 1
1.1 项目背景 ······ 1
1.2 项目的必要性 ······ 3

第2章 区域概况及相关规划 ······ 5
2.1 城市概况 ······ 5
2.2 自然条件 ······ 14
2.3 生态问题分析与评估 ······ 24
2.4 水土流失问题 ······ 33

第3章 滇池综合治理理论与方法 ······ 41
3.1 滇池生态清洁小流域综合治理理念 ······ 41
3.2 滇池生态清洁小流域水污染治理技术与措施 ······ 42
3.3 生态系统修复策略与技术 ······ 58

第4章 景观生态改造规划与设计 ······ 71
4.1 景观生态规划理论基础 ······ 71
4.2 景观生态改造目标与原则 ······ 82
4.3 景观生态功能分区与布局 ······ 87

第5章 滇池小流域综合治理与景观生态改造实践案例分析 ······ 101
5.1 相关规划及工程概述 ······ 101
5.2 滇池小流域的现状及存在的问题 ······ 112
5.3 工程方案 ······ 131
5.4 施工组织方案 ······ 167
5.5 施工总进度计划 ······ 170

5.6 管理机构、资金管理及人员编制 …………………………………………… 172
5.7 环境保护 …………………………………………………………………… 175
5.8 水土保持 …………………………………………………………………… 185
5.9 节能减排 …………………………………………………………………… 191
5.10 消防设计 …………………………………………………………………… 193
5.11 劳动保护、职业安全与卫生 ……………………………………………… 198
5.12 工程效益及工程风险分析 ………………………………………………… 204
5.13 案例总结经验与启示 ……………………………………………………… 213

第6章 结论与展望 …………………………………………………………… 216
6.1 滇池生态小流域治理难点 ………………………………………………… 216
6.2 成果总结 …………………………………………………………………… 221
6.3 研究创新点、不足之处与推广局限性 …………………………………… 227
6.4 滇池小流域治理未来研究方向与展望 …………………………………… 233

参考文献 ………………………………………………………………………… 247

第1章 项目概况

1.1 项目背景

滇池是西南地区面积最大、中国第六大的淡水湖，地处云南省中部地区。这个如山水画般的高原湖泊不仅孕育了丰富的生物，也吸引了众多旅游者前来观光。然而，随着城镇化进程的不断加快，农业活动的日益扩张，旅游产业的蓬勃发展，滇池生态环境面临着严峻的挑战，保护工作迫在眉睫。滇池水质恶化，藻类暴发频率较高，导致湖泊生态平衡遭到破坏，进而对周边居民的生活造成不利影响。湖泊水体污染问题日益严重，致使生物多样性受到极大损害，威胁着众多鱼类等水生生物的生存环境。另外，滇池周围湿地生态系统也遭到一定程度的破坏，这潜在威胁着全区生态环境的稳定。

加强环境保护法规的制定与贯彻、推进污水处理设施的建设与升级、开展湖泊生态修复工程等一系列措施，虽然对滇池的污染治理起到了一定的作用，但在全社会共同参与滇池的生态环境改善方面还有所欠缺。历史上，滇池及其周边地区拥有丰富的生态资源和生物多样性，但由于流域土地利用变化、污水排放及化肥农药使用，以及人口增长和经济发展速度加快等，水体富营养化、沉积物污染和生物栖息地遭破坏等问题逐步显现。这些问题不仅对水质造成影响，而且对湖泊生态功能造成威胁，亟须有效的治理手段加以解决。

党的十八大以来，国家把生态文明建设纳入"五位一体"总体布局，强调要像保护眼睛一样保护生态环境，像对待生命一样对待生态环境[1]。滇池生态小流域建设符合国家生态文明建设的战略要求，得到了国家政策的支持。这不仅体现了国家对生态文明建设的高度重视，也彰显了地方政府在环境保护方面的决心和行动力。通过科学规划和综合治理，滇池周边的生态环境得到了显著改善。湿地恢复、水体净化、生态农业推广等一系列措施，使得滇池的水质逐渐好转，生物多样性得到恢复，周边居民的生活环境也得到了明显改善。

未来，滇池生态小流域建设将继续坚持绿色发展理念，进一步完善生态修复和保护机制，加强环境监管和执法力度，确保生态环境的持续改善。同时，通过科技创新和公众参与，不断提高生态文明建设的水平，为实现美丽中国的目标贡献力量。生态清洁小流域建设是在新的形势下，面对水资源问题，结合水土流失的特点，打破以往传统的观念，提出以小流域为单元，根据系统论、景观生态学、水土保持学、生态经济学和可持续发展等理论，结合流域地形地貌的特点、土地利用方式和水土流失特性等，将小流域划分为"生态修复、生态治理、生态保护"三道防线，以"三道防线"为主线，紧紧围绕水少、水脏两大主题，坚持山、水、林、田、湖、草统一规划，工程措施、生物措施、农业技术措施有机结合，治理与开发结合，拦蓄灌排节综合治理的新理念[2]。

滇池西岸的现状为沟渠较多，面山下游多为农村及耕地，面源污染负荷较大；部分村庄未完成截污系统建设，沟渠为雨污合流、末端截污形态，雨季污染未得到有效管控；同时，高海路至滇池片区，沟渠沿线基本为硬质驳岸，自净能力较差，且重点功能为防洪排涝，忽视对自然生态系统的保护。2019—2024年，昆明市政府部门组织实施了"昆明市滇池西岸面山洪水拦截及水环境综合治理项目"，按照"从下往上"系统分析、分层次研究的思路，结合片区现状及发展规划，对白鱼口片区、观音山片区、西华片区、富善片区及碧鸡片区进行了截洪工程及截污工程治理。本次滇池西岸生态清洁小流域综合治理工程，主要从小流域角度出发，针对昆明市滇池流域河长制办公室《关于规范〈滇池流域重点支流沟渠"一渠（沟）一策"方案〉编制的督办通知》中，直接入滇池的66条重点支流沟渠清单中涉及西山区的16条沟渠展开综合治理工作，从"生态修复、生态治理、生态保护"三个方面，结合山、水、林、田、湖、草生态保护修复的要求，在已实施项目的基础上，进行流域治理完善设计。这16条沟渠分别为晖湾一组旱秧地沟、富善大闸水库排洪沟、古莲新村沟、古莲抽水站进水沟、古莲大闸排水沟、小石墙村下大棚排灌沟、大七十郎北排水沟、杨林港小组村前雨水沟、杨林港抽水房入水机沟、杨林港黑泥沟、观音山观山凹、观音山新砂子沟、观音山竹盆大沟、小黑桥水库泄洪沟、蒋凹老村云南水泥厂旁大沟排水沟、蒋凹村苗圃内大沟。

综合治理项目的实施，首先，通过栽植水草、建设生态护坡、改善生物多样性等措施，对沟渠进行生态修复，增强沟渠自净能力；其次，在生态治理上，减少面源污染，通过建设生态缓冲带、雨水花园等设施来提高渗透和净化雨水的作用；最后，在生态保护上，开展环境教育、提高公众环保意识的同时，加强对沟渠周围的环境监管，禁止非法排污。

滇池西岸生态环境经过上述综合整治措施将得到重大改善。水质逐步变清，水生物多样性增加，水生态系统、周围居民居住环境、湿地生态环境不断改善。这些项目的设计及实施，不仅为滇池整体治理提供了宝贵的经验，也为其他地区提供了一个可供借鉴的模式。今后，滇池西岸生态清洁小流域综合治理项目将不断深化，沟渠生态功能将得到进一步完善，整个滇池流域的生态环境质量都将得到提升。

1.2 项目的必要性

1.2.1 项目的建设是基于滇池水环境提升的需要

滇池的保护与治理工作是昆明市最为重要的生态工程项目之一，它直接关系到整个生态文明建设的全局性发展。有效保护和治理滇池的生态环境，是昆明市在生态文明建设领域中争当先锋的关键所在。在过去的二十多年时间里，通过持续不断的努力，滇池流域的水生态系统和水环境质量已经得到了显著的改善，滇池的水质也呈现出稳定向好的趋势。

在河道整治方面，工作重心已经从主要河道逐渐扩展到支流和沟渠。在污染治理方面，工作重心从对点源污染逐步转向对面源污染的治理。当前，本项目以小流域为切入点，综合运用"生态修复、生态治理、生态保护"等多种手段，将水资源保护、面源污染防治、农村污水处理以及自然生态修复等多个方面的工作有机地结合起来[3]。这些措施和手段是提升滇池水环境质量的必要举措，对实现滇池生态环境的全面改善具有至关重要的作用。

昆明市加大了对滇池流域工业污染源的监管，对违章污水企业实行严格的环保法律和严厉的处罚，并对污水进行严格处理和循环利用。此外，昆明市在滇池内通过种植水草、构建生态浮岛等方式，提升废水处理和循环利用水平，同时恢复生物多样性，为野生动植物提供栖息地。昆明市还实施了湖泊周边湿地修复工程，通过植树造林等手段，增强湿地净化污染物的能力。最后，通过种树造林、退耕还林等措施，加强了滇池流域的水土保持和泥沙治理，提高水土保持能力和减少泥沙入湖。

经过一系列行之有效的综合措施，滇池广袤的水域生态环境，尤其是水质不断平稳向好发展。曾经遭受破坏的水质已从根本上得到改善，清澈的湖水波光粼粼，在阳光的照耀下熠熠生辉。同时，生物多样性也得到整体还原，许多珍稀水生物又重新回归滇池怀抱，这块历史悠久的湖泊焕发出无限的生机。滇池的成功治理为昆明市乃至整个云南省的生态文明建设树立了光辉的典范。生态保护和治理工作取得了巨大成绩，也给其他地区提供了宝贵的经验。

1.2.2 项目的建设是基于提升区域生态系统良性循环的需要

在治理和改造区域内沟渠时，以生态系统的结构和功能修复为核心目标，从流域的视角着手。通过采取工程手段、技术应用以及生物多样性保护等诸多方面的一系列综合措施，沟渠得到有效的生态化改造和提升。这些措施具体包括调整沟渠地形、促进水体自然循环和净化等。例如，采用先进的水处理技术去除水中污染物，提高水体的自净能力；以种植水生植物和放养有益的水生动物等生物措施，增强生态系统的自我调节能力[4]。

1.2.3　项目的建设是基于改善当地村庄居住环境的需要

项目区部分村庄未实施截污工程，雨污混流，污水随处可见，部分沟渠黑臭水体淤积，臭气四散，严重降低了当地的居住环境质量。通过本项目的实施，村庄内沟渠截污改造后再进行沟渠淤泥清淤，将彻底消除黑臭底泥，大大改善当地村庄水环境，结合村庄面源整治，实现乡村污水综合治理，提高当地村庄宜居水平及村民的幸福感，促进滇池西岸经济社会的可持续发展。

为了确保项目顺利进行，相关部门制定了详细的实施计划。首先，将对村庄现有的排水系统进行全面的调查和评估，以确定最有效的截污方案。其次，将开展截污管道的铺设工作，保证污水能够被有效收集并输送到污水处理厂进行处理。同时，对现有沟渠进行改造，增设必要的防渗措施，防止污水渗漏污染地下水。

截污工程结束后，将清除沉积多年的污泥及垃圾，沟槽彻底得到清理，沟槽的正常排水功能将得到恢复。在此基础上，对沟槽四周栽植水草，以达到改善水质以及生态景观的作用。通过这些综合性的措施，村庄水环境将从根本上得到改善；村民居住水平将得到大幅提升；村落将更加优美、适宜居住，使滇池西岸成为靓丽的景观带，为今后一个时期实现可持续发展奠定坚实的基础，也将为本村经济社会的发展奠定良好的基础。

第2章 区域概况及相关规划

2.1 城市概况

2.1.1 历史沿革

昆明，这座历史文化底蕴极为深厚的城市，它的发展历程可以追溯到公元前277年。作为滇文化的核心发源地，昆明市见证的历史变迁数不胜数。公元前3世纪末，楚国名将庄蹻率领部队奋勇挺进滇池一带。后来，他在滇池建立了"滇国"，自称"滇王"。庄蹻和他的部队没有拘泥于原有的风俗习惯，而是选择了与当地文化逐步融合的"随俗而变"。这一行为在推动文化交流交融的同时，也将灿烂的滇国建立在此基础上。

到了公元前109年，汉武帝出兵征讨了这块潜力无限的宝地。他在该地设置益州郡，使其辖下的中央政权得到进一步加强。此举不仅使汉朝统治更加巩固，也使昆明的发展焕发出新的生机。

三国时期，蜀汉丞相诸葛亮南征，进入益州郡后将其更名为建宁郡，进一步巩固了中央政权对该地区的控制。隋初，昆明地区改置昆州，标志着其在地方行政体系中的重要地位。自元朝始，昆明一直扮演着云南政治、经济和文化中心的角色，成为全国首批24个历史文化名城之一。

明初，经过大规模扩建的昆明城，规模得以扩大，变得更加繁华。明洪武十五年（1382年），沐英率军平定云南，以更加显赫的城市地位，将昆明定为云南府治。沐英大兴土木，使建庙林立、书院林立、官署林立，昆明的人文气息愈加浓厚。清朝，昆明继续作为云南的政治中心，进一步扩大了城市的规模。作为昆明的标志性建筑之一，金马碧鸡坊建于清康熙年间，它是昆明人心中的骄傲。此外，昆明还以商贾云集、市场繁荣为特色，成为西南地区重要的商贸中心。随着交通改善，商贸发达，昆明在西南地区已逐渐成为重要的商贸枢纽。

近代以来，昆明在历史的洪流中经历了多次变革。1910年，滇越铁路的建成通车，使昆明成为连接中国与东南亚的重要通道，促进了昆明的经济发展和对外开放。1911年辛亥革命爆发后，云南省响应革命，昆明市成为革命的重要阵地。1931年抗日战争爆发后，昆明成为大后方的重要城市，大批高校和文化机构内迁至此，昆明的文化氛围更加浓厚。同时，昆明也成为抗日战争的重要战略基地，滇缅公路的修建使得昆明成为国际援华物资的重要通道[5]。

新中国成立后，昆明市作为云南省的省会，继续发挥其政治、经济和文化中心的作用。改革开放以来，昆明的城市建设日新月异，城市规模不断扩大，基础设施不断完善。昆明市还积极发展旅游业，依托其丰富的历史文化遗产和优美的自然风光，吸引了大量国内外游客。如今的昆明，已经成为一座现代化的国际都市，同时依然保留着深厚的历史文化底蕴。昆明人民在继承和发扬中华优秀传统文化的同时，也积极融入现代文明，使这座城市焕发出更加迷人的魅力。

昆明以其独特的四季如春的气候条件，被誉为"春城"，这一美誉不仅在云南广为流传，更是闻名全国。昆明因气候宜人、四季分明、阳光充足，成为人们向往的旅游和居住胜地。无论是历史的沉淀，还是自然的馈赠，昆明都以其独特的魅力吸引着来自四面八方的游客。

2.1.2 城市性质

《昆明市城市总体规划（2006—2020年）》明确地将昆明市定位为中国面向东南亚、南亚的区域性国际城市。同时，昆明市也是国家级的历史文化名城，我国重要的旅游、商贸城市，西部地区重要中心城市之一以及云南省的省会。这座城市在中国的发展目标和重要职能中扮演着至关重要的角色，它是中国面向东南亚、南亚开放的门户枢纽，区域性进出口加工中心，区域性金融中心以及我国重要的旅游和商贸城市。昆明市不仅是国家级历史文化名城，还是中国民族文化的重要展示中心，中国西部地区重要的新型加工业基地，云南省的政治、经济、文化中心，以及一个滨河生态宜居城市。这一规划不仅明确了昆明市在中国乃至国际上的地位和作用，还强调了其在历史文化传承、经济发展、生态宜居等方面的重要性和独特性。昆明市未来的发展将围绕这些定位展开，以实现其作为区域性国际城市和历史文化名城的宏伟蓝图。

《昆明市国土空间总体规划（2021—2035年）》（简称《规划》）草案将"基本建成区域性国际中心城市"作为昆明未来十多年的发展目标，明确其城市定位，提出坚持生态优先和绿色发展，实行"生态优先、绿色低碳；区域协同、开放创新；空间统筹、圈层联动；高效集约、品质提升"四大国土空间开发保护战略；明确聚焦"一枢纽、四中心"核心功能，构筑昆明"一屏两湖四脉、一核两翼四轴"的市域国土空间保护开发新格局。规划目标年为2035年，近期目标年为2025年，远景目标年为2050年。《规划》提出，到2035年，昆明将建成绿美公园城市，并在发展高原特色农业、建设宜居城镇空间等方面进行长远规划，对生态、农业、城镇空间分别提出优化策略。

在生态空间方面，《规划》提出构建"一带四区、两湖四脉、多点保育"的生态安全格局。"一带"指长江上游生态示范带；"四区"指北部生态安全屏障区、中部生态保护和治理示范区、东南岩溶山原生态区、西部水源涵养区；"两湖"指滇池、阳宗海多点保育；"四脉"指普渡河生态修复带、小江生态修复带、牛栏江水源涵养带、南盘江水源涵养带；"多点"指自然保护区与自然公园。到2035年，昆明基本实现全市历史遗留矿山生态修复，全市森林覆盖率在53%以上，健全湿地保护体系。

在农业空间布局方面，《规划》提出了构建"一园引领、三区多基地"的高原特色现代农业发展格局。"一园引领"指的是依托都市农业生产生态资源和城郊区位优势，重点建设农业博览园，发展田园观光、农耕体验、文化休闲和科普教育等农业业态，提高农业的质量效益；"三区多基地"则是结合山地特征和农业类型，划分都市农业核心区、东部丘陵特色农业区和北部山地垂直农业区。《规划》明确指出，将重点打造14个美丽田园体验区、田园综合体试验区、绿色生态农业区和现代农业集中区，以促进农业产业的高质量发展；并确保区域粮食安全，推进乡村振兴战略。

在城镇空间规划方面，首先，《规划》特别强调了加强国土空间功能引导的重要性。在城市空间规划编制工作中，要围绕建设区域性国际中心城市的目标，紧扣"一枢纽、四中心"，分类引导发展，做强都市区，做特城市功能拓展区，做美生态涵养绿色发展区。具体来说，《规划》将整个市域划分为都市区、城市功能拓展区、生态涵养绿色发展区三大区域。这样的划分在促进整体协调发展的同时保证了各个地区都能充分发挥各自的独特功能。其次，《规划》提出完善区域核心功能布局。聚焦建设区域性国际中心城市，着力打造区域性国际综合枢纽，加快建设区域性国际经济贸易中心、科技创新中心、金融服务中心、人文交流中心，提升昆明在区域发展中的国际资源配置能力和影响力。最后，《规划》还提出提升城乡公共服务能力。构建市域城乡全龄友好型公共服务设施体系，基本公共服务全覆盖，努力实现城乡社会生活圈基本公共服务均等化。按照《规划》提出的目标，将构建步行15分钟可达、适宜的城镇社会生活圈，2035年实现城镇社区公共服务设施15分钟步行可达覆盖率90%；构建15分钟慢行、公交可达的乡村社区生活圈网络，2035年实现乡村社区公共服务设施15分钟慢行及公交可达覆盖率90%。通过科学合理的空间功能引导和区域核心功能布局的完善，保障居民享受优质的公共服务[6]。到2035年，昆明市将实现城镇和农村社区公共服务设施的高覆盖率，为居民提供更加便捷、高效的居住环境，城镇和乡村社区公共服务设施建设将得到全面提升。

在城乡风貌的塑造过程中，针对昆明这座具有独特山水格局的高原城市，《规划》提出了从市域、都市区、重点管控区三个不同的空间层次来进行山水格局的引导。通过这种方式，塑造"北高南低、北密南低、西控东拓、生态间隔"的空间形态。这种空间形态强调北部地区的高海拔和密集建设，而南部地区海拔则相对较低且建设密度较低。同时，西部地区将受到严格的控制，以保护生态环境，而东部地区则可以适度拓展，以促进城市的发展。此外，《规划》还致力于构建山水一体的蓝绿开敞空间，使得城市的自然景观与生活空间能够和谐共存，进一步提升城市的整体风貌。

在基础支撑规划方面，《规划》明确指出，要强化交通在构建对内开放新纽带中的支撑作用，不断完善和提升航空、铁路和高速公路等多种交通方式在昆明与成渝城市群、珠三角城市群、长江中游城市群、京津冀城市群等内开放新纽带中的支撑作用，实现各方向发展纽带中各交通方式的全覆盖，确保交通网络的无缝对接和高效运转。通过这一举措，可以进一步加强昆明与各大城市群之间的联系，促进区域间的经济交流与合作[7]。此外，《规划》还提出要构建陆海空联运国际战略大通道，以促进"国内大循环为主体、国内国际双循环相互促进"的新发展格局，打造融入"一带一路"和国内国际双循环的交通门户枢纽，全面引领全省面向南亚东南亚辐射中心建设。这条战略大通道的建设，将有利于提升昆明在国际交通网络中的地位，使之成为连接国内国际的重要枢纽；昆明的国际交通网络推动国内国际双循环良性互动，为云南省经济发展注入新活力，"一带一路"倡议也将能够更好地融入其中；昆明将能够更好地发挥其在区域合作中的核心作用，成为连接南亚、东南亚的重要桥梁和纽带。加强交通基础设施建设，优化交通网络布局，提升交通服务水平，不仅对云南省对外开放起到促进作用，而且对全国对外开放战略起到了强大的支持作用。

2.1.3　城市规模

昆明市行政区域面积约为 21 013 km²，这一面积相对较大，在全国城市中处于较为靠前的位置。相较于一些知名城市，如北京（面积约为 16 411 km²）和成都（面积约为 14 335 km²），昆明在地域面积上具有一定优势。昆明市的建成区面积约为 483 km²，是云南省城市规模最大的城市。随着城市的不断发展，建成区面积也在逐渐扩大。城市规划区涵盖了以滇池流域为核心的昆明市五华区、盘龙区、官渡区、西山区和呈贡区的全部行政辖区范围。此外，还包括了滇池流域所涉及的晋宁县（昆阳、晋城、上蒜、六街）和嵩明县（滇源、阿子营）的相关行政辖区范围。这些区域的总面积达 4 060 km²。

2.1.4　经济、社会的发展

昆明是云南省省会，是全省的政治、经济、文化中心，国家历史文化名城，我国面向东南亚和南亚的国际性商贸、旅游城市。昆明市现辖 7 区 1 市 6 县（其中经开区、旅游度假区和高新区被包括在五华、官渡、呈贡等区内，不是独立的行政区划），即：盘龙区、五华区、官渡区、西山区、东川区、呈贡区、晋宁区、富民县、宜良县、石林彝族自治县、嵩明县、禄劝彝族苗族自治县、寻甸回族彝族自治县、安宁市。全市行政区划范围内共设 83 个街道、42 个镇、16 个乡（含 4 个民族乡），共计 141 个乡（镇、街道）。

根据昆明市国民经济和社会发展统计公报，2022 年，昆明全年地区生产总值为 7 541.37 亿元，按可比价格计算，比上年增长 3.0%。其中，第一产业增加值为 326.96 亿元，增长 4.4%；第二产业增加值为 2 413.39 亿元，增长 3.2%；第三产业增加值为 4 801.02 亿元，增长 2.7%。三次产业结构为 4.3∶32.0∶63.7，三次产业对 GDP 增长的贡献率分别为7.2%、33.3%和59.5%，分别拉动GDP增长0.2、1.0和1.8个百分点。全年固定资产投资（不含农户）比上年下降3.1%。2023年，昆明全年地区生产总值为7 864.76亿元，按可比价格计算，比上年增长3.3%。其中，第一产业增加值为353.43亿元，增长4.1%；第二产业增加值为2 281.88亿元，下降2.3%；第三产业增加值为5 229.45亿元，增长5.9%。三次产业结构为4.5∶29.0∶66.5，三次产业对GDP增长的贡献率分别为6.1%、-20.3%和114.2%，分别拉动GDP增长0.2、-0.7和3.8个百分点。全年固定资产投资（不含农户）比上年下降24.9%。2024年的目标是地区生产总值增长5%左右，固定资产投资增长3%。为实现这些目标，昆明市不断优化产业结构，加大投资力度，积极推动消费增长，培育新的经济增长点。

农业方面，昆明市具有高原特色农业优势，花卉、蔬菜、水果等产业发展良好。例如：斗南花卉交易市场已成为亚洲最大的鲜切花交易市场，其商品不仅供应国内市场，还大量出口到国外。

工业方面，昆明市不断推进新型工业化发展，培育了一批产值超10亿元的企业，在生物医药、装备制造、电子信息等领域取得了一定的发展。例如：云南白药等企业成为行业龙头，对昆明的工业发展起到了重要的推动作用。

服务业方面，服务业是昆明经济的重要支柱，占GDP的比重较高。旅游、金融、物流、商贸等服务业发展迅速，旅游产业转型升级迈出新步伐，金融机构不断聚集，物流网络日益完善，商贸活动繁荣。另外，昆明市重视项目投资，滚动实施"五个一批"项目，不断完善项目谋划、引进、开工、投产、储备等工作机制。加大对基础设施、产业发展、民生工程等领域的投资，为经济发展提供了有力的支撑。例如：富民抽水蓄能电站等重大项目的建设，对优化能源结构、促进经济发展具有重要意义。

招商引资方面，积极开展招商引资工作，制定优惠政策，优化营商环境，吸引了国内外众多企业前来投资。高标准打造昆明承接产业转移园区、磨憨沿边产业园区、台商产业园等，加强与其他地区的经济合作。消费对经济的拉动作用逐步增强。昆明市还出台了一系列促消费政策，持续投放消费券，开展各类促销活动，有效激发消费潜力。餐饮、汽车、家电等大宗消费市场活跃，"夜经济"发展迅速，夜间文化和旅游消费集聚区不断涌现。

社会发展方面，人口与城镇化逐年升高。2022年末，昆明市常住人口达860万人，常住人口城镇化率为81.10%；2023年末，昆明市常住人口为868.0万人，常住人口城镇化率为82.3%。人口的增长和城镇化的推进为城市的发展提供了充足的劳动力和市场需求[8]。

教育与医疗方面，教育资源不断丰富，引进了多所名校合作办学，提高了教育质量和水平；不断扩大优质医疗资源，云大医院呈贡分院、新昆华医院、市儿童医院南市区医院、云南阜外心血管病医院等陆续投入使用，还引进了北京中医医院、中日友好医院等8家医院来昆合作办医[9]。

基础设施方面，城市基础设施不断完善，昆明市的地铁、高速公路等交通网络日益发达，成为全国首批综合交通枢纽示范城市。

文化旅游方面，昆明市加强城市环境治理，推进滇池保护治理，改善空气质量，"春城绿""昆明蓝""四季花"成为昆明市亮丽的名片。昆明市还拥有丰富的石林、滇池、云南民族村等历史文化和旅游资源。通过举办各类文化活动和旅游节庆，加强旅游宣传推广，提升了昆明的文化影响力和旅游吸引力。

社会治理与民生保障方面，不断创新社会治理方式，加强平安昆明、法治昆明建设，严厉打击各类违法犯罪行为，加大安全隐患排查治理力度，保持社会大局和谐稳定。同时，完善社会保障体系，提高城乡居民的基本医疗保险、养老保险等保障水平，改善城乡居民居住条件[10]。

2.1.5　城市规划发展目标

《昆明市国土空间总体规划（2021—2035 年）》草案明确了昆明的战略定位，昆明将作为我国面向西南开放合作的战略支点城市，发挥省会城市担当，引领多民族和谐宜居的"美丽中国"典范城市，加快建设为辐射南亚东南亚的区域性国际中心城市。昆明是云南省的政治、经济、文化、科教中心，为云南省党政领导机关、中央驻滇单位、解放军驻滇机构和国外驻滇领事机构提供优质服务和环境保障，维护省会政治安全，有效保障中央和云南省在昆明开展的各项重大会议及政务活动安全、高效、有序运行[11]。昆明是国家历史文化名城，要提升其区域历史文化中心地位，建立完善的历史文化名城保护体系、拓展历史文化保护对象、塑造魅力文化展示利用体系，形成文化、景观、旅游复合网络，为建设面向南亚、东南亚的国家文化窗口提供支撑。加快旅游产业转型升级，围绕"国际化、高端化、特色化、智慧化"目标，打造"全域旅游""一流旅游"；加快昆明大健康产业示范区建设，发展全产业链的大健康产业，打造国际先进的医学中心、诊疗中心、康复中心和医疗旅游目的地、医疗产业集聚地，将昆明建设为世界知名旅游和健康生活目的地。坚持以人民为中心，推动民族团结进步示范区建设，促进各民族和睦共处、和衷共济、和谐发展，打造环境优美、城市安全、文明进步、生活舒适、经济和谐、美誉度高的多民族和谐宜居的"美丽中国"典范城市。主动融入国家"一带一路"倡议、长江经济带建设等国家发展战略，把昆明建设为区域性国际综合枢纽，区域性国际经济贸易、科技创新、金融服务和人文交流中心，区域性国际康养旅游目的地[12]。

昆明都市圈的规划在云南省的发展中占据着至关重要的地位。做大做强昆明城市群，将其打造成区域经济发展的核心主引擎，是昆明未来发展的重要方向。昆明都市圈由昆明周边的两小时经济圈组成，涉及昆明、曲靖、楚雄、玉溪和红河等市（州）的部分地区。在全国城镇化发展的新阶段，昆明都市圈被视为不可或缺的重要都市圈，发展潜力巨大。昆明都市圈背靠成渝地区，又有珠三角以及南亚和东南亚作为支撑，具备得天独厚的发展优势[13]。

作为云南省的省会，昆明在经济规模和人口规模上都有足够的实力打造都市圈。滇中城市群作为云南省经济最发达的地区，由昆明市、曲靖市、玉溪市和楚雄州及红河州北部的蒙自市、个旧市、建水县、开远市、弥勒市、泸西县、石屏县七个县（市）组成，规划面积占全省的29%，人口占全省的44.02%。云南省出台了一系列政策，加强滇中城市群之间的联系，如打造"轨道上的滇中城市群"，显著促进了城市间的联系。

1. "十四五"规划明确发展路径

昆明市"十四五"规划为城市的全面发展绘制了宏伟蓝图。在经济领域，昆明市"十四五"规划明确提出，到2025年地区生产总值预计突破万亿元大关，年均增长7.5%~8%。努力打造西南地区重要经济中心，构建更具竞争力的现代经济体系。在医疗卫生方面，昆明市"十四五"规划提出，到2025年基本建成与昆明市经济社会发展水平相适应、与居民健康需求相匹配的整合型医疗卫生服务体系，深入推进健康昆明行动，初步建成立足西南、面向全国、辐射南亚东南亚的"国际大健康名城"和"区域性国际医疗中心"。在文化建设方面，昆明市"十四五"规划提出，不断完善市、县、乡、村四级公共文化设施网络，建成城区"一刻钟文化圈"，建设一批老百姓家门口的"文化客厅"和"城市书房"。到2025年，昆明将建成500个新型公共文化空间，全市主城区及各县（市、区）城区范围"一刻钟文化圈"将基本形成。

2. 产业升级助力经济腾飞

昆明在大抓产业、主攻工业方面采取了一系列有力举措。推动新型工业化发展，树立创新、协调、绿色、开放、共享的新发展理念，以新型工业化为主线，编制详细的分阶段的"工业强市"计划。按照发展培育一批、改造提升一批、限制淘汰一批的产业结构优化升级要求，大力支持烟草、冶金、石化等传统产业全产业链优化升级，加快推进传统工业搬迁和技改项目，引导重点企业发展精深加工。通过强化产业招商引资，培育新动能，深入开展工业产业链的补链、强链、延链工程，促进结构调整。

在扩容升级现代服务业方面，以现代物流、金融为代表的生产性服务业快速增长。2022—2023年，昆明市两年新增物流企业2 600余家，总量即将突破1万家，比"十三五"末期翻了一番，物流总收入达3 300亿元，占全省比重首次突破40%。2023年，金融服务提质增效，金融业增加值达808.37亿元，对GDP贡献率达12.4%。两年内先后引进厦门建发、碧桂园服务、抖音、美团、滴滴等69家知名企业，世界500强跨国公司总部及分支机构进驻数占全省90%以上。加强与市（州）合作，共同服务和融入国内大循环和国内国际双循环新发展格局。抓住《区域全面经济伙伴关系协定》（Regional Comprehensive Economic Partnership，RCEP）机遇，发挥昆明的战略支点作用，构建南向、西进、北融、东联开放发展新格局。重点打造磨憨沿边产业园、沪滇临港昆明科技城2个产业转移载体，打造新发展格局下产业转移的"首选地"。

昆明市不断提高科技创新驱动力，积极布局创新基础平台，围绕优势特色产业加大科技基础设施建设。目前，"云南贵金属实验室""云南特色植物提取与健康产品实验室"等5个云南实验室和103个省级重点实验室落户昆明。昆明全市拥有省级院士专家工作站393家。昆明还建立了省市一体化科技创新协同机制，以"揭榜挂帅"项目为引导，在数字经济、先进制造、新材料、新能源、高原特色农业、生物医药大健康及科技保障民生等领域开展省市一体化重大科技创新项目14个，项目总经费共7.27亿元，形成科技链+产业链的工作新格局。同时，昆明全市加快培育创新主体，2022年，全市高新技术企业数量达到1 786家，较上年增长25.29%，增幅创历史新高，2023年力争达到2 175家。目前，昆明14个县（市、区）、开发度假区已实现高新技术企业全覆盖①。

3. 公园体系建设提升城市品质

（1）构建云南特色城市公园体系

云南省住房和城乡建设厅发布的《云南省公园体系建设规划（2022—2035年）》，为昆明构建特色城市公园体系提供了有力指导。昆明将突出自然山水资源优势和城市形态特征，打造以综合公园、专类公园、社区公园和游园为主，城市近郊风景游憩型公园为补充的公园体系。综合公园内容丰富，适合开展各类户外活动，配备完善的游憩配套管理服务设施。社区公园是为一定居住用地范围内的居民服务，具有多样化的活动内容和设施。它可以围绕居民的日常生活需求，建设小型的运动场地、儿童游乐设施等，方便居民就近进行休闲娱乐。游园规模较小或形状多样，包括口袋公园、社区花园、街旁绿地等，利用城市中的边角地块建设口袋公园，增加城市的绿色空间。

昆明市主城区鼓励建设"公园城市"，这对提升城市品质、改善居民生活环境具有重大意义。建设公园城市，将以生态文明为引领，把滇池沿岸打造成"绿水青山就是金山银山"实践创新基地，公园城市建设的核心引领，让大观楼长联描述的"五百里滇池"美丽画卷早日重现。主题公园群落建设方面，将充分利用滇池、阳宗海等高原湖泊资源，建设高原湖滨湿地公园群落。这些湿地公园不仅能保护生态环境，还能为市民和游客提供亲近自然的场所。同时，利用滇池"大三山一水"和翠湖"小三山一水"的山水资源，建设主题各异的郊野型公园群落，丰富市民的休闲娱乐选择。特色公园建设充分利用昆明市

---

① 资料来源：https://www.km.gov.cn/c/2023-12-05/4807968.shtml。

国家历史文化名城的历史文化资源,以及红色文化、滇越铁路、斗南国际花卉交易、石林世界自然遗产等特色资源。建设遗址公园、历史名园、以花卉植物为特色的主题公园等主题突出的专类公园,将非遗要素融入公园建设中,深入挖掘昆明历史、民族、革命等文化资源,利用文物保护单位、历史建筑、不可移动文物和各类名人等资源,建设主题突出的社区公园和游园,将文化元素融入城市公园景观的设计中。例如:东川区可以建设铜文化特色主题公园,石林彝族自治县可以打造阿诗玛文化和人参果文化特色主题公园,安宁市可以建设工业遗产特色主题公园,嵩明县可以建设兰茂文化特色主题公园等,突出各地的文化和产业特色,结合城市形态,积极谋划特色专类公园,提升城市的文化内涵和吸引力。昆明都市圈的建设将进一步提升昆明的城市功能,优化产业结构,提高城市核心竞争力。通过辐射带动周边城市的发展,形成更加紧密的城市群,共同推动云南省的经济发展,进而辐射带动整个西南地区的经济发展。

(2) 构建生态修复总体格局

当前,昆明面临复杂的环境,生态保护压力与产业升级需求并存。在生态保护方面,随着城市化进程的加快,生态环境面临着严峻挑战。昆明市积极推进国土空间生态修复规划,构建"一带""两湖""四脉""多点"的昆明市国土空间生态修复总体格局,以及"一湖、三圈、多廊道及牛栏江补水区"生态修复格局,实现流域减压、增效、提质,促进滇池流域绿色低碳发展。

"一带"为长江上游生态示范带,将通过实施生态保护与修复项目,打造生态示范区域。例如:昆明市金沙江干热河谷(滇西)生态保护与修复项目建设规模约20万亩,涉及翠华镇、九龙镇等10个乡(镇),建设内容包括封山育林20万亩、补植补种14 393.8亩等,为该区域的生态修复注入强大动力。"两湖"即滇池生态治理示范区、阳宗海生态治理示范区。滇池作为昆明的重要湖泊,其生态治理至关重要。通过高原湖泊生态保护与修复重点区域的17个重点项目,全面推进滇池的生态治理,提升水质,保护生物多样性。阳宗海生态治理示范区也将通过一系列措施,实现生态系统的有效修复。"四脉"中的普渡河水源涵养与水土保持带,将重点加强水源涵养功能,通过建设重点项目,保护水资源,防止水土流失。小江水土流失与地质灾害防治带,着重解决水土流失与地质灾害问题,安排4个重点项目,提升该区域的生态稳定性。牛栏江农田整治与石漠化防治带,致力于农田整治与石漠化防治,共安排10个重点项目,改善区域生态环境。南盘江石漠化与农田生态治理带,通过实施7个重点项目,推进石漠化治理与农田生态建设。"多点"作为生态保护与修复的展示窗口,将展示昆明市生态修复的成果与经验,为其他地区提供借鉴。

滇池流域国土空间生态修复专项规划构建了"一湖、三圈、多廊道及牛栏江补水区"的生态修复格局。"一湖"指滇池湖体,是滇池流域生态环境保护的核心目标。为提升滇池水质，规划实施了一系列重点工程。例如："绿水计划"立足城市特点，共计划实施51个项目，主要开展河湖水系综合治理工作及污水处理工作，彰显湖滨生态景观特色。"廊碧计划"通过滇池绿道建设、湖滨湿地生态修复、入滇河道综合整治等，共计划实施28个项目，不断完善优化城市生态绿廊系统，发挥廊道生态效益，促进山、湖、城相融相通。"村美田良计划"结合乡村振兴、全域综合整治等重点工作，共计划实施32个项目，重点从农业面源污染、农田整治提升两个方面开展，推动滇池流域生态修复与乡村发展相结合[14]。

此外，滇池流域国土空间生态修复专项规划明确了8个生态修复重点区域，包括农业综合整治重点区、森林生态修复重点区、矿山生态修复重点区等。近期重点工程部署中的"青山计划"，重点开展已关闭废弃矿山修复、绿色矿山建设等工作，共计划实施12个项目，为滇池流域生态修复提供有力支撑。中远期项目库实施动态管理，按照"成熟一个、实施一个"的原则，推动生态修复工作持续开展。

2.2 自 然 条 件

2.2.1 地理位置

云南省地处中国西南边陲，其中，西山区位于滇池西北岸、昆明市主城区的西部，是云南省会昆明市的五个主城区之一。其东部与昆明市的五华区和官渡区相连，这两个区是昆明市的核心城区，西山区与它们相邻，能够充分利用主城区的资源和优势，实现协同发展。同时，西山区与呈贡区隔滇池相望，呈贡区是昆明市的新兴城区和重要的行政、教育、科技中心，西山区与呈贡区的互动对昆明市的整体发展具有重要意义。西山区是昆明连接滇西地区以及面向南亚、东南亚的重要门户和通道。其独特的地理位置使得西山区成为云南省内经济、文化、交通等方面的重要枢纽节点，对云南省的区域发展具有重要的战略意义。

西山区的南部与晋宁区接壤，晋宁区拥有丰富的自然资源和历史文化遗产，西山区与晋宁区的紧密联系有助于推动两地的资源共享和协同发展。西山区的西部与安宁市及楚雄州禄丰县交界，安宁市是云南省重要的工业基地和交通枢纽，西山区与安宁市的连接，为两地的产业合作和经济交流提供了便利条件。西山区北部与富民县、五华区毗邻，富民县是昆明市的重要农业产区，西山区与富民县的联系有利于促进城乡一体化发展。西山区的总面积约为881.32 km^2，其中山区面积约为660.49 km^2，占74.94%；坝区面积约为220.83 km^2，占25.06%。西山区地跨东经102°21′～102°45′，北纬24°41′～25°36′，东西横距38 km，南北纵距53 km。辖区有滇池湖岸线72 km，其独特的地理位置使西山区成为昆明市连接周边地区的重要门户，也是昆明市城市发展的重要拓展区域。

2.2.2 地形地貌

滇池流域位于云贵高原中部，其地理坐标为东经102°36′～102°47′、北纬24°40′～25°02′。滇池流域地处长江、珠江、红河三大水系分水岭地带，范围涉及昆明市所辖的1个城区和4个郊县，即：北部的昆明城区、东北部的嵩明县、东部的呈贡区、南部的晋宁区和西部的安宁市。滇池是受第三纪喜马拉雅山地壳运动影响而构成的高原石灰岩断层陷落湖，海拔为1 886 m，湖面南北长为39 km，东西宽为13.5 km，平均水深为5 m，最深为11 m，库容为$13×10^8$ m³左右，湖岸线长约为163.2 km，面积为330 km²，是云南省最大的淡水湖，有"高原明珠"之称。

滇池流域地形地貌复杂，四周有山脉环绕，中间为滇池湖盆。湖盆地势平坦，周边有较多的丘陵和山地。整个流域地势西北高、东南低，形成了一个相对封闭的地理环境。昆明市的核心地带是滇池流域，四周群山环抱，地势西高东低、北高南低。东北方向主要有三尖山、麦来山、大五山；东南方向有向阳山、梁王山、猫鼻子山，西北面及西面为老鸦山、野猫山、大青山等。周围群山海拔高度在2 200～2 800 m，中部为滇池盆地，海拔在1 888～1 950 m，盆地中汇集水源形成了滇池。滇池分为内海、外海两部分，外海即滇池的主体，内海又称草海。

2.2.3 气候

1. 气温

根据昆明市气象局统计资料，滇池流域多年平均气温约为14.7 ℃，表现出较为温和的气候特点。滇池流域的极端气温最高为31.2 ℃（1969年5月18日），最低为-7.8 ℃（1983年12月29日），最热的7月份平均气温约为19.8 ℃，最冷的1月份平均气温约为7.7 ℃，温度年较差相对较小，这反映了该地区四季气温变化较为平缓，无明显的严寒和酷暑季节。运用线性趋势分析方法发现，近年来滇池流域年平均气温呈现一定的上升趋势，增温速率约为每十年0.7 ℃，这一变化趋势在全球气候变暖的大背景下具有一定的普遍性，但也受到本地城市化进程、土地利用变化等因素的综合影响。春季（3—5月）气温逐渐回升，平均气温为15～20 ℃，是植物生长和复苏的关键时期。此时，太阳辐射逐渐增强，大气环流形势调整，使得气温稳步上升，但仍可能受到冷空气活动的影响，出现阶段性的降温天气。夏季（6—8月）气温相对较高，平均气温为20～25 ℃。滇池流域地处低纬度高原地区，夏季受西南季风影响，降水相对充沛，高温天气持续时间较短，且昼夜温差较大，夜间气温通常会降至较为舒适的范围，有利于人体散热和夜间休息。秋季（9—11月）气温逐渐下降，平均气温为15～20 ℃。随着太阳直射点南移，太阳辐射减弱，大气环流形势再次发生变化，气温下降较为平稳。此时，天气晴朗，空气干燥，是农作物收获和晾晒的适宜季节。冬季（12月至次年2月）气温相对较低，但仍较为温和，平均气温为7～12 ℃。滇池流域冬季受北方冷空气影响较小，加之高原地形的阻挡作用，该地区冬季气温相对较高。在冬季，阳光充足，日照时数较长，对提高室内外温度和促进农作物的越冬生长具有一定的积极作用。

2. 降水

滇池流域年降水量为800～1 000 mm，降水主要集中在5—10月，这几个月的降水量占全年降水量的80%～90%。降水主要集中在夏季（6—8月），这三个月的降水量占全年降水量的60%左右，呈现出明显的夏雨型特征。夏季降水主要由西南季风带来的暖湿气流与冷空气交汇形成，降水形式多为暴雨和大雨，降水强度较大。这种集中的降水模式一方面为滇池提供了充足的水源补给，有利于维持湖泊的生态平衡；另一方面，也容易引发洪涝灾害，对城市排水系统和山区的地质环境造成较大压力。9—11月降水量逐渐减少，占全年降水量的15%～20%。此时，西南季风逐渐减弱，大气环流形势调整，降水形式以小雨为主，天气较为晴朗，是旅游和户外活动的黄金季节。12月至次年2月降水量最少，仅占全年降水量的5%～10%。冬季降水主要受冷空气活动和高原地形的影响，降水形式多为雨夹雪或小雪，降水强度较弱。由于气温较低，蒸发量较小，部分降水会以积雪的形式存在，对山区的水资源涵养和冬季农业生产具有一定的意义。3—5月降水量逐渐增加，占全年降水量的10～15%。春季降水主要由西南季风的逐渐增强和冷空气的频繁活动共同作用形成，降水形式多样，既有小雨，也有中雨和大雨。春季降水对农作物的播种和生长至关重要，是农业生产的关键期之一。

通过计算降水变异系数可知，其值为0.15～0.2，表明降水的稳定性较差，存在明显的丰水期和枯水期。11月至次年4月为干季，降水量稀少，这段时间的降水量占全年降水量的10%～20%。干季的空气湿度较低，天气多晴朗，蒸发量相对较大。这种干湿分明的气候特点对滇池流域的水资源管理和生态系统产生了深远的影响。在干季，滇池的水位会出现一定程度的下降，需要合理调配水资源来满足农业、生活等方面的用水需求；而在雨季，又要做好防洪涝等工作。

3. 风向

滇池流域受季风环流的影响显著。夏季，主要盛行西南风，西南风带来了来自印度洋的暖湿气流，为该地区带来了丰富的水汽和足够的热量，是夏季降水的主要动力因素。西南风的风速一般为 2~4 m/s，在地形的影响下，风向可能会发生一定的偏转和局部变化。冬季，主要盛行东北风，东北风相对干燥寒冷，风速一般为 3~5 m/s。东北风的形成与亚洲大陆冬季的冷高压系统有关，它对滇池流域的气温和湿度产生了重要影响，使得冬季气温相对较低，空气较为干燥。风向的季节性变化也对滇池流域的空气质量、污染物扩散等产生了一定的影响。在滇池周边地区，由于湖泊与陆地的热力性质差异，存在湖陆风现象。白天，陆地升温快，空气上升，形成低压区，湖泊上空的空气流向陆地，形成湖风；夜间，陆地降温快，空气下沉，形成高压区，陆地空气流向湖泊，形成陆风。湖陆风的风速一般较小，为 1~2 m/s，但对滇池周边的小气候和空气质量有一定的调节作用。此外，山区地形也会对风向产生影响，形成山谷风。在山区，白天山坡受热快，空气上升，山谷的空气流向山坡，形成谷风；夜间山坡降温快，空气下沉，山坡的空气流向山谷，形成山风。山谷风的存在对山区的生态系统和气候环境也有一定的影响。

4. 日照

滇池流域日照充足，年日照时数为 2 000~2 400 h。日照时数的季节变化明显，夏季日照时数相对较长，平均每月 200~250 h；冬季日照时数相对较短，平均每月 150~200 h。充足的日照为植物的光合作用提供了良好的条件，使得滇池流域的植被生长较为旺盛。日照时数与气温之间存在显著的正相关关系。在白天，太阳辐射是地面增温的主要能量来源，日照时间长则气温升高明显；反之，日照时间短则气温相对较低。同时，日照时数也对降水产生一定的影响。充足的日照有利于水分蒸发，增加大气中的水汽含量，为降水的形成提供必要条件。在降水较多的季节，云层较厚，会对日照产生遮挡作用，导致日照时数减少。该地区日照强度适中，太阳辐射能较为丰富。通过对太阳辐射数据的分析可知，滇池流域年太阳总辐射量在 4 500~5 500 MJ/m²。春季和夏季，太阳高度角较大，日照强度相对较强，有利于植物的光合作用和生长发育；秋季和冬季，太阳高度角逐渐减小，日照强度也相应减弱。

2.2.4 河流水系

滇池流域处于云贵高原中部，受第三纪喜马拉雅山地壳运动的影响。地壳运动导致该地区地层发生断裂和下陷，形成了滇池这个高原石灰岩断层陷落湖。这种地质构造为水系的形成提供了一个天然的集水盆地，周边的地形呈现出四周高、中间低的态势，奠定了水系向心状分布的基础。断裂和褶皱形成等地质构造活动还使得该地区的岩石破碎程度增加，有利于地表水的下渗和地下水的储存。地下水在一定条件下又会以泉水的形式涌出地表，成为河流的重要水源之一。滇池流域属于北亚热带湿润季风气候，降水相对充沛。降水主要集中在5—10月，当降雨发生时，雨水在重力作用下，顺着山地和丘陵的坡面流动。在流域的周边山区，由于地势较高，降水形成的地表径流会沿着山谷和沟壑向低处汇集。这些地表径流逐渐汇聚形成小股水流，随着水量的增加和流程的延伸，小股水流不断合并，形成了众多的溪流和小河。这些溪流和小河的流向受到地形的控制，它们在山谷中穿梭，最终流向地势最低的滇池。

滇池流域的河流水系呈现树枝状分布。众多的支流像树枝一样汇入主干河流，然后注入滇池。这种水系结构使得各条河流能够广泛收集流域内不同区域的降水和地表径流，有效地将水资源汇聚到滇池。例如：盘龙江作为主干河流，其两侧有许多小支流汇入，形成了典型的树枝状水系格局，能够将流域内的水资源高效地输送到滇池；在滇池西部的安宁市，河流从山区流出后，一路向东，流向滇池，保障了滇池的水源补给。向心水系是由滇池所处的盆地地形决定的，整个滇池流域的水系以滇池为中心，河流从四周向滇池汇聚。周边的山地和丘陵是河流的发源地，河流在重力作用下，顺着地势从高处向低处流淌，最终都汇集到滇池。这类水系因流域范围有限且受地形的限制，河流长度较短。许多河流发源于附近的山地或丘陵，在较短的距离内就流入滇池。例如，捞鱼河等河流长度仅10 km左右，这种短小的河流对降水的响应速度较快，在雨季能够迅速将雨水带入滇池，同时在旱季也容易出现断流或水量锐减的情况。

近现代以来，随着城市化进程的加快，城市排水系统的建设使得雨水和污水的排放方式发生改变，部分河流的水量和水质受到影响。同时，为了满足城市供水和防洪等需求，也建设了一些水库和人工河道，进一步改变了滇池流域水系的原有格局。滇池流域主要的河流水系有盘龙江、宝象河、洛龙河、捞鱼河。盘龙江是滇池流域的主要河流之一，全长约为108 km。盘龙江发源于嵩明县梁王山，自北向南流经昆明市主城区，最后注入滇池。其流域面积约为903 km^2，多年平均年径流量约为3.57×10^8 m^3。盘龙江是滇池的重要补给水源，江水主要来源于大气降水和上游山区的泉水。它在流经城市区域的过程中，还接纳了城市污水和雨水径流，对滇池的水质有着直接的影响。宝象河全长约为41.4 km，流域面积约为292 km^2。它发源于官渡区老爷山，流经官渡、呈贡等地，最终也汇入滇池。宝象河的径流量受降水影响明显，在雨季时河水流量大增，而在旱季则流量较小。其上游地区植被覆盖较好，河水水质相对较优，在灌溉和为滇池补水方面发挥着重要作用。洛龙河全长约为13.7 km，流域面积约为115.5 km^2。洛龙河起源于呈贡区白龙潭，呈南北走向，在呈贡区注入滇池。洛龙河的水量相对较小，但它对于维持呈贡区周边的生态环境和景观具有重要意义。其河道周边有一定的湿地和植被，能够起到净化水质和调节局部小气候的作用。捞鱼河全长约为10.3 km，流域面积约为30 km^2。发源于呈贡区澄江村，在滇池东岸汇入滇池。捞鱼河是滇池东岸的重要入湖河流之一，在雨季能够快速将雨水汇集输送至滇池，同时其河道内也有丰富的水生生物，对维护滇池生态系统的多样性有积极贡献。

滇池流域河流水量的季节性变化显著。由于降水集中在雨季（5—10月），河流在雨季时流量大增，河水湍急，水位上升。在这个时期，河流能够快速将大量的降水和地表径流输送到滇池，对滇池的水位和水质都有较大的影响。而在旱季（11月至次年4月），由于降水稀少，河流流量明显减少，部分小河流甚至会出现干涸或断流的现象。以宝象河为例，雨季时其流量可达每秒几十立方米，而旱季时可能只有每秒几立方米甚至更少。

2.2.5　地震烈度

昆明城市东部属于小江断裂带，呈南北向分布，活动较为频繁而强烈，历史上有较大地震；中部分布有普渡河大断裂，该断裂是滇池、抚仙湖、阳宗海三大湖的重要成因，该断裂活动不强，史载尚未发生过震中地震。地震部门确定昆明为7度抗震区，市区设防为8度，东部地区沿小江断裂带一线设防为9度，昆明被列为云南省的3个抗震城市之一，是全国地震重点监控和防御区。

2.2.6　水文条件

1. 2020年昆明市水资源

根据《2020年昆明市水资源公报》，2020年，昆明市降水量、地表水资源量、地下水资源量、水资源总量、出入境水量、湖泊蓄水动态、河道外供水量、河道外用水量数据如下。

（1）降水量

2020年，昆明市平均降水量为782.0 mm，折合降水总量为 165.44×10^8 m³，比常年偏少16.5%，比上年偏少4.1%，属枯水年份。行政分区中，以主城九区年降水量最大，为894.1 mm；安宁市最小，为696.7 mm。年降水量与常年比，所有县（市、区）均偏少，偏少比例为0.7%~31.9%，其中，偏少最为突出的是寻甸县，为31.9%；其次是嵩明县，为18.8%。与上年比，除富民县、主城九区、晋宁区分别偏多15.4%、12.7%、12.2%外，其余县（市、区）偏少3.1%~17.5%，偏少最为突出的是寻甸县，偏少17.5%。

（2）地表水资源量

2020年，昆明市地表水资源量为 43.71×10^8 m³，折合径流深206.6 mm，比常年偏少29.5%，比上年偏少7.5%。行政分区中，东川区年径流深最大，为307.6 mm；安宁市最小，为129.1 mm。与常年比，各县（市、区）均偏少，偏少较为突出的是寻甸县，偏少44.1%；其次是嵩明县，偏少33.7%。与上年比，主城九区、富民县、晋宁区、东川区分别偏多16.1%、14.6%、12.8%、2.3%，其余各县（市、区）偏少，偏少幅度在1.2%~27.7%，偏少最突出的是石林县，偏少27.7%；其次是寻甸县，偏少21.4%。

（3）地下水资源量

2020年，昆明市地下水资源量为14.34×10^8 m^3，比常年偏少31.7%，比上年偏少12.2%。地下径流模数为6.78×10^4 m^3/km^2。行政分区中，东川区地下径流模数最大，为10.72×10^4 m^3/km^2；主城九区最小，为5.05×10^4 m^3/km^2。

（4）水资源总量

2020年，昆明市水资源总量为43.71×10^8 m^3，比常年偏少29.5%，比上年偏少7.5%。全市径流量占降水总量的26.4%，每平方千米平均产水量为20.7×10^4 m^3，人均水资源量为517 m^3。

（5）出入境水量

2020年，从邻州市流入昆明市的水量为8.95×10^8 m^3，昆明市出境水量为44.25×10^8 m^3。其中金沙江流域入境水量为2.72×10^8 m^3，出境水量为31.85×10^8 m^3；南盘江流域入境水量为6.23×10^8 m^3，出境水量为12.09×10^8 m^3；红河流域出境水量为0.31×10^8 m^3。

（6）湖泊蓄水动态

2020年，滇池年末容水量为14.65×10^8 m^3，比上年同期减少0.27×10^8 m^3；阳宗海年末容水量为5.85×10^8 m^3，比上年同期增加0.03×10^8 m^3。

（7）河道外供水量

2020年，昆明市河道外供水量为18.35×10^8 m^3，比上年减少1.0%。其中，主要供水水源为地表水，供水量为16.91×10^8 m^3，占92.2%，比上年减少1.1%；地下水源供水量为0.90×10^8 m^3，占4.9%，比上年增加11.1%；其他水源供水量为0.54×10^8 m^3，占2.9%，比上年减少12.9%。

（8）河道外用水量

2020年，昆明市河道外用水量为18.35×10^8 m^3，比上年减少1.0%。其中，农业用水量为8.17×10^8 m^3，占44.5%；工业用水量为3.26×10^8 m^3，占17.8%；居民生活用水量为6.02×10^8 m^3，占32.8%；生态环境用水量为0.90×10^8 m^3，占4.9%。

西山区境内河流众多，由于集水面积较小，且在空间分布上相对分散，因此水量并不集中。本项目涉及的沟渠均位于滇池的西岸，发源于西山，向东汇入滇池，涉及的河流集雨面积均较小，属于山区小流域，径流量年内变化十分不均，汛期水量大、枯季水量很小甚至断流。

2. 暴雨洪水特征

工程区域暴雨主要集中在 5—10 月，具有集中程度高、历史短、强度大，暴雨分布相对不均匀和区域规律不明显的特点。对排水系统不完善的城区极易造成局部淹水，形成内涝。工程流域汇水面积不大，且无明显的河道，为季节性河流，枯季无常流水。当发生暴雨，且暴雨到达地面后，坡面雨水迅速汇集于低凹沟谷，随即产生片流状水层；降雨结束后坡面汇流随即减少。坡面汇流时间短，产流量（净雨量）为扣除初损量和坡面流时稳定下渗量后的剩余量，汇流时间与降雨历时基本一致。从流域形状分布看，该河段以洪水汇集快、集中程度高，洪水陡涨急落的单峰尖瘦型过程为主，洪水历时随暴雨历时，一般不超过 24 h。

2.2.7 区域工程地质

1. 地形地貌

项目区地处云贵高原中部，属滇中昆明盆地西侧，紧邻滇池。区内山体总体走向为南北向，地势起伏较大，总体为西北高、东南低。最高点为工程区境内西山顶，高程为 2 511.0 m；最低点为工程区西侧滇池，高程为 1 888 m；相对高差为 623 m，属构造侵蚀中山地貌。工程区地貌形态划分主要有溶蚀中山地貌、构造剥蚀地貌、构造侵蚀地貌和侵蚀堆积地貌四大类型。

2. 地层岩性

根据区域地质资料，受区域地质构造影响，区域内地层出露广泛，从古生界至新生界多有出露。

3. 地质构造

项目区域广泛分布着不同时代的沉积岩。例如：中生代的陆相碎屑岩地层，砂岩、页岩等相互交替出现。砂岩颗粒相对较粗，具有一定的孔隙度；而页岩质地相对细腻，隔水性能相对较好。二者的组合对地下水的赋存和径流有着重要影响。新生界的地层如黏土、粉质黏土以及沙砾石层等也有分布。黏土和粉质黏土往往在地表附近，其透水性较弱，对地表水下渗起到一定阻碍作用；而沙砾石层透水性良好，是地下水良好的运移通道和储存空间，常与下部的其他地层共同构成复杂的含水系统[15]。

区域主要的构造形迹有南北走向的昆明西山断层、蛇山断层、黑龙潭—官渡断层。昆明西山断层是项目区最主要、具有控制性的断裂构造，在昆明盆地基本伏于第四系沉积层及滇池水域之下，大体沿滇池西岸边水下通过，总长度大于 37 km；断层面向东倾斜，倾角较陡，物探推断倾角为 60°～80°，断层线走向为 350°～20°，断裂平面呈舒宽缓波状，破碎带宽达数百米。该断层分为东、西两个分支，东支在王家桥—大观楼一线隐伏于覆盖层之下，据物探资料，该断层为西倾的压性断层；西支（主干断层）为向东陡倾的张性断层，而北段为东倾高角度的压性断层，说明该断层遭受多次运动改造。从断层的发育史及近期活动遗迹看，主干断层力学性质为先压后张的多反复断层，它的活动对昆明盆地的形成、发展、演化起着主导的控制作用。蛇山断层纵列于桃园向斜及蛇山背斜之间，由蛇山向南延伸至铁峰庵，南端在大观楼与南坝之间、隐藏于覆盖层之下。断层面倾向东，倾角为 60°～75°，为压性断层。黑龙潭—官渡断层为昆明盆地内次级控制性断裂，属于张性断层，北端在大哨—石关一带，断面倾向东，倾角为 70°。石关以南断层分两支，东支为主干部分，沿黑龙潭、关上南延至官渡以南入滇池；西支经茨坝南延昆明北京路至南坝入滇池，断层面倾向东。两支断层联合构成了龙头街—小河咀宽 200～800 m 的新生代凹陷。

4. 区域构造稳定性及地震动参数

项目区处于小江地震带南部西侧，地震活动频繁。活动性断裂是地震发生的主要地震构造。根据《中国地震动参数区划图》（GB 18306—2015），项目区地震动峰值加速度为 $0.20g$，地震动反应谱特征周期为 0.45 s，相对应的基本地震烈度为Ⅷ。项目区属区域构造稳定性较差地区。

2.2.8 土壤与植被类型

1. 土壤类型

（1）红壤

滇池流域广泛分布着红壤。红壤是在亚热带气候和常绿阔叶林作用下发育而成的土壤，呈红色或棕红色，富含铁、铝氧化物。红壤的质地一般较为黏重，酸性较强，pH 通常为 4.5～6.5。这种土壤的肥力特点是有机质含量相对较低，经过适当地增施有机肥、添加石灰等措施改良后，可用于种植多种作物。在滇池流域，红壤上生长着许多亚热带的植被，同时也有部分区域被开垦为农田，用于种植花卉、蔬菜等经济作物。

（2）水稻土

滇池周边的平原和一些地势较低洼的地区主要是水稻土。这是在长期种植水稻的过程中，经过灌溉、施肥、耕耘等人为活动以及自然因素的共同作用形成的一种特殊土壤。水稻土的剖面结构比较复杂，一般有明显的耕作层、犁底层等。其肥力较高，含有丰富的有机质和养分，适合水稻等水生作物的生长。水稻土具有较好的保水保肥能力，这对滇池流域的农业生产，特别是水稻种植有着至关重要的作用。

(3) 紫色土

滇池流域的部分区域还存在紫色土，它是由紫色页岩、砂页岩等母质风化形成的土壤。紫色土颜色鲜艳，呈紫色或紫红色。其质地因母质的不同而有所差异，有砂土、黏土等多种质地类型。紫色土的特点是土壤肥力较高，矿物质养分丰富，尤其是磷、钾等元素含量相对较高。在滇池流域，紫色土区域也有一定的植被覆盖和农业利用，能够提供多种植物生长所需的有机物质和矿物质。

2. 植被类型

(1) 亚热带常绿阔叶林

滇池流域的原生植被主要是亚热带常绿阔叶林。这类植被四季常绿，林冠比较整齐。主要树种包括滇青冈、栲属、石栎属等。这些树木高大挺拔，形成了复杂的森林层次结构，一般可以分为乔木层、灌木层和草本层。乔木层的树木高度为 10～30 m，树冠茂密，为林下的动植物提供了良好的栖息环境。灌木层有柃木、杜鹃等多种植物。草本层植物有蕨类等，它们与乔木相互配合，共同构成了稳定的生态系统。

(2) 人工林

随着人类活动的增加，滇池流域出现了大量的云南松、华山松等人工针叶林。这些人工林的种植目的多为木材生产、水土保持等。云南松人工林在一些山地地区分布较广。云南松的针叶细长，呈三针一束，树冠呈圆锥状，具有生长快、适应性强等特点。人工林在一定程度上改变了滇池流域的植被景观，同时也在保持水土、涵养水源等生态环境方面发挥了积极作用，产生了多方面的影响。

(3) 水生植被

滇池水域中有丰富的挺水植物、浮叶植物和沉水植物等水生植被。挺水植物有芦苇、茭白等，这类植物的根扎在水底，茎、叶挺出水面，在滇池沿岸形成了绿色的植被带。浮叶植物有睡莲等，这类植物的叶片漂浮在水面，花朵娇艳美丽。沉水植物有苦草、黑藻等，这类植物完全生长在水下，通过光合作用为水中提供氧气并为许多水生动物提供食物和栖息场所，对滇池的水生生态系统的稳定起着至关重要的作用。

(4) 灌草丛

在一些山地的边缘地带或者是经过人类干扰后的次生植被区域，生长着马桑、黄荆、白茅、狗尾草等禾本科植物。滇池流域灌草丛植被的覆盖率相对较低，但在生态系统恢复的初期阶段发挥着重要作用，能够防止水土流失并为一些野生动物提供临时的栖息和觅食场所。

2.3 生态问题分析与评估

2.3.1 水污染问题

1. 工业污染源分布与污染物排放情况

滇池流域周边存在一些工业园区，这些园区集中了大量的工业企业，是工业污染源的重要分布区域。例如：昆明的一些经济技术开发区、高新技术产业开发区等，园区里有化工、制药、机械制造、电子等多种类型的企业。另外，在滇池流域的一些靠近湖泊的区域，也分布着部分小型的工业企业或作坊。这些企业可能由于历史原因或地理位置的便利性而在此设立，生产活动会对滇池的生态环境产生影响。

工业废水是滇池流域工业污染的主要污染源之一。一些化工、印染、造纸等企业会排放含有大量化学物质、重金属、有机物等的废水。如果这些废水未经有效处理或处理不达标就排放，会对滇池的水质造成严重污染，导致水体的化学需氧量（COD）、氨氮、总磷等指标升高，破坏水体的生态平衡。部分钢铁、火电、水泥等工业企业在生产过程中，会排放大量的二氧化硫、氮氧化物、颗粒物等污染物废气，这些废气若未经处理直接排放到大气中，不仅会对周边的空气质量造成影响，在一定条件下，废气中的污染物还可能会通过大气沉降等方式进入滇池，对水体造成间接污染。工业生产过程中也会产生大量的废渣、污泥、废包装材料等固体废物。如果这些固体废物没有得到妥善的处理和处置，随意堆放或倾倒，可能会通过雨水冲刷等方式进入滇池流域的水体或土壤，对环境造成污染。

总的来说，滇池流域的工业污染源分布相对集中在工业园区和沿湖周边，污染物排放对滇池的生态环境造成了较大的压力。为了保护滇池的生态环境，需要加强对工业污染源的监管和治理，确保企业的污染物排放达到相关的标准和要求。

2. 农业面源污染的主要来源影响

滇池流域农业面源污染主要来源于以下4个方面。

第一，滇池流域是重要的农业生产区域，化肥、农药的大量使用是农业面源污染的关键因素。例如：在花卉、蔬菜种植过程中，为了追求高产量而过量施用氮肥、磷肥等化学肥料，为了防治病虫害而使用各种杀虫剂、杀菌剂和除草剂等。这些化肥不能被农作物完全吸收，剩余部分会通过地表径流、土壤渗透等方式进入滇池及其周边水体。部分农药会残留在土壤、农作物表面，随着降雨和灌溉水的冲刷，流入附近水体，对滇池的水生生态系统造成危害。

第二，滇池流域农村地区存在大量的畜禽养殖场。畜禽粪便中含有大量的有机物、氮、磷等营养物质，如果这些粪便未经有效处理就直接排放或堆放在露天环境，遇到降雨天气，粪便中的污染物就会随着雨水径流进入滇池。一些小型养殖户缺乏必要的粪便处理设施，畜禽养殖废水随意排放，其中的高浓度有机物和病原体也会对滇池流域的水体和土壤环境产生严重污染。

第三，滇池流域的农田灌溉用水在排水过程中也会携带大量的污染物。当灌溉水在田间流动时，会冲刷土壤表面残留的化肥、农药、泥沙以及农作物残渣等物质，这些含有污染物的灌溉排水如果直接流入滇池或其支流，就会造成污染。

第四，农村居民生活污水的排放是农业面源污染的一个重要组成部分。在滇池流域的农村地区，部分生活污水没有经过处理就直接排放到附近的沟渠或河道中。这些生活污水含有大量的有机物、氮、磷等营养物质，会导致水体富营养化。农村生活垃圾的随意丢弃也是一个问题。垃圾中的有机成分在雨水浸泡和微生物分解作用下，会产生渗滤液，这些渗滤液含有高浓度的污染物，会对土壤和水体造成污染。

滇池流域水体的多项污染指标都受到农业面源污染的影响。

第一，滇池流域农业面源污染程度直接反映在水体污染指标变化上。例如：在农业活动频繁的区域和雨季，水体中的总氮、总磷含量会显著升高。以滇池部分入湖河道为例，在雨季时，监测数据显示总氮浓度为 2～5 mg/L，总磷浓度为 0.2～0.5 mg/L，远远超出滇池水体的自净能力范围，导致水体富营养化现象加剧。第二，农业面源污染也对滇池流域的土壤造成了一定程度的污染。长期过量使用化肥和农药，会使土壤中的重金属（如镉、铅等）和有机污染物（如农药残留）含量逐渐增加。研究发现，部分农田土壤中的镉含量超过了土壤环境质量标准的背景值，对土壤生态系统和农产品质量安全构成了威胁。第三，农业面源污染对滇池流域的生态系统产生了较为严重的影响，水体富营养化导致滇池藻类大量繁殖，部分水域出现水华现象。藻类的过度生长会消耗水中的氧气，造成水体缺氧，使水生生物的生存环境恶化，导致鱼类等水生动物死亡，生物多样性降低。第四，土壤污染也会影响土壤微生物的活性和多样性，进而影响整个生态系统的物质循环和能量流动。

3. 生活污水排放与处理现状

随着滇池流域人口的不断增长以及城市化进程的加快，生活污水的排放量呈上升趋势。20 世纪 70 年代后，随着昆明的城市发展，大量生活污水进入滇池，给滇池水质带来了巨大压力。除了城市中心区域的居民生活污水排放外，滇池流域周边的众多农村、乡镇以及城乡接合部也是生活污水的重要排放源。这些区域的污水排放设施相对不完善，存在污水直排的情况。一些城中村、老旧小区的排水系统老旧，雨污混流问题较为突出，在雨季时大量雨污混合水容易进入滇池流域水体。

滇池流域在主城区及环湖片区建成了多座城镇污水处理厂，截至 2020 年，日污水处理规模达到 216×10⁴ m³。到 2023 年年底，滇池流域共建成 28 座城镇污水处理厂（水质净化厂）。这些污水处理厂的建设提高了对城镇生活污水的处理能力，出水水质基本达到一级 A 标准。近年来，政府加大了滇池流域对农村生活污水治理的力度，农村生活污水处理设施建设取得了显著进展。流域内的 809 个自然村已基本实现生活污水处理设施全覆盖，生活污水治理率逾 90%。城镇污水处理厂采用了较为先进的活性污泥法、生物膜法等处理工艺，能够有效去除污水中的有机物、氮、磷等污染物。对于一些特殊的污水处理需求，还会采用深度处理技术，进一步提高出水水质。在农村地区，根据当地的实际情况，采用了适合农村的小型人工湿地、一体化污水处理设备等污水处理技术，这些技术具有投资少、运行成本低、维护管理方便等优点，能够较好地适应农村的污水处理需求。

2.3.2　水质监测与评价

目前，在滇池流域已建立起较为密集的水质监测站点，这些站点对滇池不同区域的水质进行实时监测。同时，还在入湖河道、支流沟渠以及水质净化厂出水口等关键位置设置监测断面，形成了覆盖滇池流域的水质监测网络。采用先进的监测技术和设备，确保监测数据的准确性和可靠性。除了传统的化学分析方法外，还运用了在线监测、自动监测等技术。例如：建设了多个水质自动监测站，能够实时获取水体的温度、pH、溶解氧、高锰酸盐指数、总氮、总磷等各项参数，为及时掌握水质变化情况提供了有力支持。为了更好地管理和分析水质监测数据，还建立了滇池区域水环境监测信息平台。该平台整合了环保、滇管和水文等多个部门的监测数据，包括草海湖体、入湖河流、支流沟渠以及水质净化厂等 42 个监测断面的水质和流量数据。通过这个平台，可以方便地查看滇池流域各监测断面的分布情况、水质数据、污染变化情况等信息，为水质评价和治理决策提供了重要的技术支撑。

多年来的监测数据表明，滇池的总体水质长期处于劣Ⅴ类。总氮、总磷等主要超标指标导致的富营养化问题较为突出。这主要是流域内人口密集、经济活动频繁，大量的生活污水、工业废水和农业面源污染排入滇池，导致水体中的营养物质含量过高，藻类大量繁殖，影响了水质。滇池的草海和外海水质状况有所不同。草海由于水域面积较小、水动力条件较差，且周边人口密集、污染源较多，水质相对较差。外海的水域面积较大，水动力条件相对较好，但也受到周边城市发展和农业活动的影响，水质状况不容乐观。此外，入湖河道的水质对滇池水质也有重要影响，部分入湖河道的水质较差，携带大量的污染物进入滇池，加剧了滇池的污染程度。

近年来，随着滇池治理工作的不断推进，滇池流域的水质呈现出逐步改善的趋势。通过实施截污治污、生态修复、河道整治等一系列工程措施，以及加强环境监管和执法力度，滇池的污染负荷得到了一定程度的削减，水质逐渐好转。一些主要入湖河道的水质得到了明显改善，滇池湖体中的污染物浓度也有所降低。

2.3.3 监测点位设置与监测

1. 监测点位设置

在滇池的草海和外海区域均设置多个监测点。草海由于水域面积相对较小、周边人类活动密集，其监测点位相对更为密集，以便更准确地掌握草海水质的变化情况。在草海的断桥、外草海中心等位置设有监测点。在海埂、五水厂、白鱼口、中滩闸、昆阳、海晏等区域设置外海的监测点，这些点位能够较为全面地反映外海不同区域的水质状况。另外，滇池流域有众多入湖河道，以及盘龙江、宝象河等水量较大的河流。在这些主要入湖河道的交界断面以及入湖河口处设置监测断面，能够监测河流进入滇池时的水质情况，这对分析入湖污染负荷具有重要意义。除了主要入湖河道，还有众多支流入湖河道，这些河道虽然水量相对较小，但也会携带一定的污染物进入滇池。因此，在汇入主河道的支流以及直接入湖的沟渠处也设置监测点，以便全面掌握入湖污染的来源。滇池流域内的集中式饮用水源地关系到周边居民的饮水安全，所以在这些水源地设置监测点位，定期对水源地的水质进行监测，确保饮用水的质量。污水处理厂的处理效果直接影响排入滇池的水的质量，在污水处理厂的进出水口设置监测点，可以监测污水处理厂的运行情况和处理效果，确保达标排放。

2. 监测指标选取

（1）水温
水温对水生生物的生长、繁殖以及水体中化学反应的速率具有显著影响。水温的波动能够揭示季节更迭、气候变化以及周边环境对水体的影响。

（2）透明度
透明度作为衡量水体清澈程度的指标，与水中悬浮物、藻类等物质的含量密切相关。透明度的改变能够反映水体中污染物浓度的变化以及水生态系统的变化。

（3）浊度
浊度反映了水中悬浮颗粒对光线透过时的阻碍程度。浊度较高，表明水中悬浮颗粒较多，可能是水土流失、污水排放等因素造成的。

（4）pH
pH 反映了水体的酸碱性，对水生生物的生存和水体中化学物质的存在形态具有重要影响。滇池流域的 pH 变化能够揭示周边工业废水、生活污水等排放对水体的影响。

（5）溶解氧
溶解氧是水生生物生存所必需的物质，其含量的高低直接影响水生生物的生长和繁殖。溶解氧的变化能够反映水体的自净能力和污染程度。

(6) 高锰酸盐指数

高锰酸盐指数是反映水体中有机污染物含量的指标之一，它能够衡量水体中可被高锰酸钾氧化的有机物和还原性无机物的总量。

(7) 总氮（TN）

总氮（TN）包括氨氮、亚硝酸盐氮、硝酸盐氮等多种形态的氮，是衡量水体富营养化程度的重要指标之一。滇池流域的总氮含量过高是导致水体富营养化的主要原因之一。

(8) 总磷（TP）

总磷（TP）也是衡量水体富营养化程度的重要指标，它主要来源于生活污水、工业废水和农业面源污染等。总磷含量的增加会促进藻类的生长繁殖，导致水华等生态问题。

(9) 藻类的种类、密度、生物量等

藻类是滇池水体中的重要生物类群，其种类和数量的变化能够反映水体的营养状况和生态环境的变化。监测藻类的种类、密度、生物量等指标，可以评估滇池的富营养化程度和水生态系统的健康状况。

(10) 浮游动物的种类、密度、生物量等

浮游动物是水生生态系统中的重要组成部分，它们以藻类等浮游生物为食，同时也是鱼类等水生动物的食物来源。监测浮游动物的种类、密度、生物量等指标，可以了解水体中食物链的结构和功能。

(11) 底栖生物的种类、密度、生物量等

底栖生物是生活在水体底部的生物类群，这类生物对水体的底质环境和水质变化较为敏感。监测底栖生物的种类、密度、生物量等指标，可以得出水体的污染程度和生态系统的稳定性。

(12) 重金属含量

滇池流域周边存在一些工业企业，这些企业可能会排放含有重金属的废水，因此需要监测水体中的汞、镉、铅、铬等重金属的含量。重金属对水生生物具有毒性，且会在生物体内积累，对生态环境和人类健康构成潜在威胁。

(13) 营养盐比例

营养盐比例，特别是含氮、含磷等的营养盐的比例，对藻类的生长繁殖具有重要影响，合适的营养盐比例能够维持水生态系统的平衡。监测营养盐的比例可以为滇池的富营养化治理提供科学依据。

(14) 流量和流速

对于入湖河道等，水体的流量和流速是重要的水文参数，它们影响着污染物的扩散、迁移和稀释。监测流量和流速可以为水体污染的控制和治理提供参考。

3. 监测设备

使用多参数水质在线监测仪，可以实时连续监测溶解氧、pH、电导率、浊度、高锰

酸盐指数、氨氮、总磷、总氮等多个水质参数。这些仪器安装在滇池流域的主要入湖河道口、污水处理厂出水口等重点监测点位，这样能够及时发现水质的异常变化。例如：当污水偷排导致水质突然恶化时，在线监测仪可以迅速发出警报，便于相关部门及时采取措施。

利用发光细菌等生物传感器来检测水体的综合毒性。发光细菌在正常情况下会发出稳定的荧光，当受到有毒有害物质污染时，其发光强度会发生变化。这种系统可以快速反映水体中有毒污染物的存在，对突发的工业污染事故等情况进行有效预警。

通过卫星搭载的传感器，可以获取滇池流域水体的光谱信息。卫星遥感具有覆盖范围广、获取数据周期短的优势，可以对滇池全流域的水质状况进行宏观监测，及时发现大面积的水质异常区域。根据水体在不同波段的反射率差异，可以反演水质参数，如叶绿素 a 浓度、悬浮物浓度、水体透明度等。

无人机搭载高光谱相机等设备，能够在低空对滇池局部区域进行高精度的遥感监测，获取更详细的水质空间分布信息，特别是对一些人类难以到达的水域或突发污染事件现场，无人机可以快速到达并获取数据。在滇池的一些湖湾或支流区域，无人机可以灵活地进行监测，为精准治理提供数据支持。

4. 评估技术

在滇池流域，可以安装按照预设的时间间隔、流量触发等方式自动采集水样的自动水质采样器，这些采样器可以安装在不同的监测点位，采集具有代表性的水样。例如：在降雨期间，能够根据雨量大小和径流情况，自动采集不同时段的水样，用于分析降雨径流对滇池水质的影响。

针对滇池富营养化问题，采用综合营养状态指数法等模型来评价水质。通过对总氮、总磷、叶绿素 a 浓度、透明度等参数进行综合计算，得出一个能够反映水体富营养化程度的指数。例如：当综合营养状态指数大于 50 时，水体处于富营养状态；指数越高，富营养化程度越严重。这种模型可以直观地评估滇池不同区域的富营养化现状和变化趋势。

运用 MIKE 系列软件等水质模型，可以模拟污染物在滇池流域水体中的迁移、扩散和转化过程。输入流域的水文数据、污染源排放数据等，可以预测在不同情况下（如污水处理厂提效、降雨量变化等）滇池水质的变化情况。有助于制定科学合理的污染治理方案和水资源管理策略。

5. 综合评价方法

进行监测时，要选取适当的综合评价方法对滇池水质进行评价。

（1）层次分析法（AHP）

利用层次分析法，可将滇池水质评价指标分为不同层次：目标层（水质评价总体目标）、准则层（物理指标、化学指标、生物指标等）和指标层（具体的水质参数）。通过构建层次结构模型，确定各指标的权重，进行综合评价。这种方法能够综合考虑多种因素对水质的影响，使评价结果更加科学合理。

（2）模糊综合评价法

由于滇池水质评价指标具有模糊性和不确定性，模糊综合评价法可以很好地处理这种情况。该方法将水质等级划分为模糊集合，通过确定各水质指标对不同等级的隶属度，进行模糊运算，最终得到水质的综合评价结果。例如：对于某个监测点位的水质，可能不是绝对地属于某一个水质等级，而是以一定的概率分别隶属于多个等级，模糊综合评价法可以更准确地描述这种情况。

2.3.4 历年水质变化趋势分析

滇池流域历年水质变化趋势呈现出逐步改善的态势，但过程较为曲折，主要经历了以下几个阶段。

1. 水质恶化阶段（20世纪70年代）

20世纪70年代，滇池流域水质开始下降。随着昆明市的工业建设与人口增长，大量的工业污水和生活污水未经充分处理就排放到滇池，远远超出了滇池自身的净化能力，导致水质逐渐变差。这一时期，滇池的生态系统开始受到破坏，水生生物的生存环境也受到了威胁。

2. 水质严重恶化阶段（20世纪80—90年代）

到了80年代，滇池水质进一步下降，已无法满足农业生产需求。90年代达到污染最严重的时期，整个滇池流域的工业废水、生活污水排放量持续增加。1995年，排入滇池的污水量高达 1.85×10^8 m³，其中生活污染源排放占45%~58%，工业污染源排放占11%~32%。到2000年时，排污量不降反增，达到 2.4×10^8 m³，相当于给滇池注入 1.4×10^4 t 氮、1 487 t 磷。各个水质指标均劣于国家Ⅴ类水质标准，全湖超70%的水体处于重度富营养化状态。

3. 治理探索与初步改善阶段（2000—2015年）

该阶段，治理措施不断推进。从2000年开始，国家和地方政府逐渐加大了对滇池治理的投入，采取了一系列治理措施，如兴建污水处理厂、构建雨污分流管网体系、源头截污和入湖河流治理、清田清塘还湖、清淤疏浚等。但水质改善缓慢。原因是虽然治理工作不断推进，但滇池的污染问题积重难返，而治理成效并非立竿见影。在2015年的水质调查中，滇池草海、外海的水质指标整体仍处于劣Ⅴ类。

4. 明显改善阶段（2016—2017 年）

2016 年，滇池全湖水质提升到 V 类。经过多年的治理，滇池水质在 2016 年取得了重要突破，由持续了 20 多年的劣 V 类改善为全湖 V 类，这是滇池水质改善的一个重要转折点。

5. 连续保持Ⅳ类水质（2018 年至今）

2018 年，滇池水质进一步提升为Ⅳ类，并且从这一年开始连续 6 年保持全湖水质Ⅳ类。2023 年，滇池全湖平均水质稳定保持为Ⅳ类，35 条入滇河道实现全面脱劣；2024 年 1—9 月，滇池蓝藻水华发生面积较 2023 年同期大幅减少，全湖未发生中度及以上水华。

2.3.5 水污染对滇池生态系统的影响

1. 对水体环境的影响

（1）物理性质方面
①水温升高。
污水排放可能改变滇池水体的温度。例如：工业废水中的热水排放会导致局部水域水温升高，这种水温异常变化会影响水生生物的生理过程。因为许多水生生物的新陈代谢、繁殖等活动都与水温密切相关，水温的改变可能使一些生物的生长周期紊乱，无法适应环境变化而数量减少。
②透明度下降。
大量的悬浮物、藻类等污染物进入滇池，使得水体透明度降低。其中，污水中的泥沙和有机碎屑增加了水体的浑浊度，富营养化导致藻类暴发是遮挡光线的主要因素。水体透明度下降会严重影响水下植物的光合作用，减少水中溶解氧的产生，扰乱水体生态系统的能量流动和物质循环。

（2）化学性质方面
①溶解氧含量降低。
水污染导致滇池水体中有机污染物增多，这些有机物在微生物的分解作用下会大量消耗水中的溶解氧，导致溶解氧含量降低。当溶解氧含量低于一定水平时，水生生物就会面临缺氧的危险。例如：鱼类会出现浮头现象，严重时会因窒息而死亡；缺氧环境还会促使厌氧菌大量繁殖，产生硫化氢等有害气体，进一步恶化水质。
②酸碱度失衡（pH 变化）。
某些工业废水和生活污水的排放会改变滇池水体的酸碱度。例如：酸性或碱性较强的废水进入湖泊后，会使水体 pH 超出多数水生生物适宜生存的范围。这种酸碱度的改变会

影响水生生物体内的酶活性，影响它们的呼吸、消化和繁殖等生理功能，对整个生态系统的生物多样性产生负面影响。

③营养盐过剩与富营养化。

滇池流域的水污染带来了大量来源于生活污水、农业面源污染（化肥的过量使用）和部分工业废水的氮、磷等营养盐，过量的营养盐会导致水体富营养化，引发藻类的大量繁殖。藻类的爆发式生长不仅会消耗大量溶解氧，还会在死亡后分解，释放出更多的营养盐，形成恶性循环，使水体的富营养化程度不断加深。

2. 对生物群落的影响

水体富营养化使得浮游植物的群落结构发生显著变化。在污染严重的情况下，滇池会频繁出现蓝藻水华。蓝藻等耐污性藻类大量繁殖，一些对水质要求较高的硅藻、绿藻等的生长则受到抑制。这种变化改变了浮游植物的种类组成和生物量分布，影响了以浮游植物为食的浮游动物的食物来源。随着浮游生物群落结构的改变，浮游动物的生存也受到挑战。一方面，食物来源的变化使浮游动物的营养获取受到影响。另一方面，水质恶化，溶解氧降低和有害物质增加，对浮游动物的生存和繁殖产生不利作用。例如：枝角类和桡足类等浮游动物的种群数量可能会因食物短缺和环境恶化而减少。

水污染导致的水质浑浊、溶解氧减少和有害物质增多，使鱼类的生存环境变得恶劣。水质浑浊会影响鱼类的视觉，降低它们的捕食效率；溶解氧不足会导致鱼类呼吸急促，甚至窒息死亡；有害物质在鱼体内的积累还会影响鱼类的健康和繁殖能力。

3. 种群结构改变

（1）鱼类

长期的水污染使滇池鱼类种群结构发生明显变化，一些耐污性强的鲫鱼等鱼类，相对数量可能会增加，而对水质要求较高的滇池金线鲃等土著鱼类，数量则急剧减少。此外，水污染还会影响鱼类的繁殖，鱼卵和幼鱼对水质变化更为敏感，水污染可能导致它们的死亡率增加，改变鱼类种群的年龄结构和繁殖能力。

（2）底栖生物

污染物质在水体底部的沉积会改变底栖生物的栖息环境。大量的泥沙、有机污染物和重金属等会掩埋或破坏底栖生物的栖息地，使它们失去适宜的生存空间。底质的化学性质改变，如酸碱度变化、有毒有害物质的积累，也会对底栖生物产生毒害作用。栖息地的破坏和水质恶化导致底栖生物的种类和数量减少。一些对环境变化敏感的贝类和环节动物等底栖生物，可能从滇池消失。底栖生物多样性的降低会影响整个生态系统的稳定性，因为底栖生物在物质循环和能量流动中起到促进底质的分解和营养物质的释放的重要作用。

（3）鸟类

滇池水污染导致鱼类和底栖生物数量减少、质量下降，这直接影响了以它们为食的鸟类的食物来源。例如：一些依赖滇池鱼虾为食的水鸟，由于食物短缺，不得不寻找其他觅食场所或者面临食物不足的困境。湖滨湿地是鸟类的重要栖息地，水污染使湿地生态环境恶化，湿地植物受损，水域面积和水质改变，都会影响鸟类的栖息和繁殖。例如：一些依赖湿地植物筑巢的鸟类，由于植物生长受到污染抑制，无法正常繁殖，鸟类种群数量减少。

4. 渔业资源减少

鱼类种群结构的改变和数量的减少，导致滇池的渔业资源衰退。不仅渔业产量下降，鱼类品质也因水污染受到影响，这对依赖滇池渔业的渔民和相关产业造成了经济损失。

5. 对生态系统功能的影响

营养物质循环紊乱，水污染引起的富营养化和生物群落结构变化，扰乱了滇池生态系统的营养物质循环。例如：藻类的大量繁殖和快速死亡，使氮、磷等营养物质的释放和吸收过程失去平衡，无法被正常循环利用，导致水体中的营养物质浓度持续异常。

重金属等污染物的进入也会影响生态系统的生物地球化学循环。重金属在生物体内的积累和传递，改变了生态系统中原有的元素循环路径和速率。例如：汞等重金属在食物链中的生物放大作用，会对处于食物链顶端的生物造成严重危害。

供水功能受损，滇池是周边地区的重要水源地，水污染使湖水水质下降，无法满足饮用水和工农业用水的质量要求。净化受污染的湖水需要投入大量的成本，而且在一些情况下，即使经过处理，也难以恢复原有的优质水源状态。

滇池原本是一个具有较高旅游价值的景点，但水污染使湖水变得浑浊、散发异味，湖滨生态景观遭到破坏。湖滨湿地是滇池生态系统调节气候和洪水的重要组成部分。水污染导致湿地生态功能受损，湿地植物的减少使湿地对洪水的缓冲能力下降，同时也削弱了湿地对湿度调节和气温缓冲等局部气候的调节作用。

2.4 水土流失问题

2.4.1 水土流失现状调查

根据以往的滇池流域土壤侵蚀遥感调查结果，滇池流域水土流失面积较大。根据2022年云南省水土保持公报，滇池流域的水土流失状况有所改善。全省水土流失治理面积达到5 532.08 km²，云南省九大高原湖泊水土流失面积为1 260.21 km²，占其流域面积7 841 km²的16.07%。其中，滇池流域的数据未单独列出，但可作为参考了解其所在的九大高原湖泊整体水土流失状况。

2.4.2 水土流失类型与分布

1. 水土流失类型

（1）雨蚀

雨蚀是滇池流域最常见的水力侵蚀类型之一，主要发生在坡耕地、荒山荒坡以及植被覆盖率较低的区域。在降雨过程中，雨滴击打地面，破坏土壤结构，使土壤颗粒分散，随后在坡面径流的作用下，土壤表层被均匀剥蚀。例如：滇池流域一些山区的坡耕地，由于长期的耕种活动，植被覆盖不足，在雨季时，雨水冲刷导致土壤表层逐渐流失。

（2）沟蚀

当坡面径流汇聚形成细小水流后，水流的冲刷能力增强，开始在地面形成小沟，随着水流的不断冲刷，小沟逐渐加深加宽，形成沟蚀。沟蚀在坡度较大、土质疏松且径流集中的地方较为常见。在滇池流域的丘陵地带，部分因开垦或植被破坏而形成的裸露坡面，经过雨水的长期冲刷，出现了明显的细沟、切沟，甚至冲沟，这加剧了水土流失。

（3）潜蚀

潜蚀主要是在地下水活动的作用下，土壤中的细小颗粒被地下水带走，导致土壤结构破坏和地面塌陷。在滇池流域的一些河谷地带或靠近地下水位较高的区域，地下水的流动带走了土壤中的细粒物质，造成地下空洞，进而引起地面塌陷，导致水土流失。

（4）重力侵蚀、崩塌

滇池流域的山区和丘陵地区，由于岩石风化、土体干裂以及坡体失稳等原因，山体或土体的部分岩块、土体在重力作用下突然崩落。这种现象常发生在陡峭的山坡、沟谷两侧以及人工开挖的山体边坡。例如：在一些公路建设或矿山开采后的山体边坡，由于岩石破碎、土体松动，在降雨或地震等因素的诱发下，容易发生崩塌，产生大量松散的土石，引发水土流失。

（5）滑坡

当山体或土体的斜坡上的岩土体在重力作用下，沿着一定的软弱面或软弱带整体向下滑动时，就形成了滑坡。滑坡的形成通常与岩土体的性质、地形坡度、地下水以及人类活动等因素有关。在滇池流域的一些山区，由于植被破坏、坡体加载，如建筑施工、堆填土石方等因素，坡体稳定性下降，容易发生滑坡，造成大面积的土壤和岩石移动，形成严重的水土流失。

（6）泥石流

泥石流是一种含有大量泥沙、石块等固体物质的特殊洪流。它的形成需要丰富的松散固体物质来源、较大的地形坡度和充足的水源条件。在滇池流域的山区，暴雨期间，由于山体崩塌、滑坡等产生的大量松散土石在沟谷中与洪水混合，形成泥石流。泥石流具有强大的冲击力和搬运能力，能将大量的土壤和石块带到下游地区，造成严重的水土流失和生态破坏。

2. 水土流失分布

滇池流域的山区和丘陵地带，由于地形起伏大、坡度陡峭和土壤抗蚀性弱，是水土流失的主要区域。森林砍伐和过度开垦导致植被破坏，会加剧水土流失。河流两岸也易发生水土流失，河岸崩塌导致土壤进入河流。滇池湖岸周边和农业种植区，特别是坡耕地，同样面临水土流失问题，传统耕作方式破坏土壤结构和植被。此外，基础设施建设和矿产开采活动产生的废渣和废石，若未妥善处理，会在降雨和重力作用下引发崩塌、滑坡和泥石流，导致严重水土流失。

2.4.3　土壤侵蚀模数测算与侵蚀类型

滇池流域的年土壤侵蚀模数约为 994 t/km^2，年平均剥蚀厚度约为 0.74 mm（按土容重为 1.35 g/cm^3 计算）；山区、半山区的年侵蚀总量相对更大，年侵蚀模数达 1 359 t/km^2，年平均剥蚀厚度为 1.00 mm。

按照土壤侵蚀类型的区划标准，滇池流域的土壤侵蚀类型主要是水力侵蚀、重力侵蚀，侵蚀方式主要是面性（层状与鳞片状侵蚀）、细沟侵蚀以及部分开发建设项目造成的土壤侵蚀等。

2.4.4　水土流失造成的生态与经济损失

1. 生态损失

（1）生物多样性减少

水土流失破坏了滇池流域的生态环境，导致许多生物的栖息地被破坏、生存空间缩小。一些珍稀濒危物种的生存受到严重威胁，物种数量减少，生物多样性降低。这影响了生态系统的稳定和平衡，导致滇池流域的生态功能严重受损。

（2）土壤肥力下降

水土流失带走了大量肥沃的表土，使土壤中的有机质、氮、磷、钾等养分流失，导致耕地的土壤肥力下降。土壤肥力的降低使得农作物的生长受到影响，产量减少，质量下降，因此需要投入更多的化肥等农资来维持农业生产，这进一步加重了农业面源污染。

(3) 水体污染与富营养化

流失的土壤进入滇池，增加了水体中的悬浮物和泥沙含量，使湖水的浊度增加，透光度减少。同时，土壤中携带的大量氮、磷等污染物进入湖内，为藻类的生长提供了养分，加剧了滇池的富营养化，导致蓝藻大量繁殖，水生态系统失衡，水生生物的生存环境恶化。

(4) 湿地功能退化

滇池流域的湿地是重要的生态系统，具有调节气候、净化水质、涵养水源等多种功能。水土流失导致湿地的泥沙淤积，湿地面积减少，功能逐渐退化，无法有效地发挥其生态服务功能。

(5) 森林生态系统破坏

在滇池流域的一些山区，水土流失导致森林植被的根系暴露，树木生长受到影响，甚至死亡。森林植被的减少破坏了森林生态系统的结构和功能，降低了森林的水源涵养能力、保持水土能力和生物多样性。

2. 经济损失

(1) 农业经济损失

土壤肥力下降使得农作物产量降低，农民的收入减少。为了提高产量，农民需要购买更多的化肥、农药等农资，这增加了农业生产成本。同时，水土流失还会破坏灌溉渠道、水坝等农田水利设施，增加农业生产的灌溉难度和成本。

(2) 渔业经济损失

滇池的富营养化和水体污染导致鱼类等水生生物数量减少、品质下降，渔业产量和收入受到影响。一些以滇池渔业为生的渔民面临生计困难问题，渔业产业的发展受到制约。

(3) 水利设施损坏

水土流失带来的泥沙淤积会堵塞河道、水库、湖泊等水利设施，降低其蓄水、防洪、灌溉等功能。为了维护和修复这些水利设施，需要投入大量的资金和人力，这增加了水利工程的运行和维护成本。例如，水库的淤积会减少水库的有效库容，影响其对水资源的调节和利用能力。

(4) 旅游经济损失

滇池是昆明的重要旅游景点。水土流失导致滇池水质恶化、生态环境破坏，影响了滇池的景观质量和旅游价值。游客数量减少，旅游收入下降，对当地的旅游业发展造成了不利影响。

(5) 生态修复成本

为了治理滇池流域的水土流失问题，需要投入大量的资金进行植树造林、坡改梯、水土保持工程建设等生态修复工程。这些生态修复工程的建设和维护需要长期的资金投入，增加了当地政府和社会的经济负担。

2.4.5 影响因素分析

1. 自然因素分析

（1）地形地貌

滇池流域地形复杂，山地、丘陵较多，坡度与坡长、沟壑密度等会影响水土流失情况。

坡度较大的区域水土流失更为严重。当坡面的坡度增加时，坡面径流的速度也随之加快，其对土壤的冲刷和侵蚀能力呈指数级增强。例如：在坡度大于25°的山坡上，土壤在降雨径流作用下很容易被冲走。而且，坡长越长，径流汇集后所携带的能量越大，对土壤的侵蚀距离也更远，导致水土流失的范围更广。

流域内沟壑纵横，沟壑密度较大的区域水土流失现象突出。沟壑是坡面径流的集中通道，其密度反映了地表径流的集中程度和水土流失的潜在风险。沟壑在降雨过程中能够快速汇集水流，水流在沟壑中形成强大的冲刷力，不仅会加深加宽沟壑本身，还会带走大量沟壁和沟底的土壤，加剧水土流失。

（2）气候

①降雨。

滇池流域降雨集中，降雨强度大是导致水土流失的重要气候因素。雨季（一般为6—10月）降水量占全年降水量的大部分，且常常出现暴雨天气。高强度降雨的雨滴具有较大的动能，直接打击地面会破坏土壤结构，使土壤颗粒分散，为坡面径流的侵蚀提供了物质基础。同时，暴雨形成的强大坡面径流能够迅速带走大量的土壤，引发严重的水土流失。

②风力与风向。

风力也是影响水土流失的一个因素。滇池流域在一些季节会出现较大的风速，特别是在冬春季节。大风会加速土壤表面水分的蒸发，使土壤变得干燥松散，降低土壤的抗侵蚀能力。风向与坡面方向一致时，风会推动坡面径流，增强径流对土壤的侵蚀作用，同时还可能直接吹走土壤颗粒，导致风蚀和水蚀的叠加效应[16]。

（3）土壤质地、结构与透水性

滇池流域的土壤质地多样。其中，一些土壤质地疏松的砂壤土等，其颗粒之间的黏结力较弱，抗冲刷能力差。在降雨或水流作用下，这些土壤很容易被分散和带走。

土壤结构也会影响水土流失。例如：团粒结构良好的土壤，其孔隙度适中，能够有效地吸收和保持水分，增强土壤的抗侵蚀性。而结构不良，如块状结构或片状结构的土壤，在水流作用下容易破碎，导致水土流失。

土壤的透水性决定了降雨在土壤中的入渗速度，如果土壤透水性差，降雨不能及时渗入地下，就会在地表形成大量的径流，增加水土流失的风险。滇池流域部分地区的土壤由于长期的农业活动或土壤质地的原因，透水性不佳，在降雨时容易产生地表径流，从而引发水土流失。

（4）植被类型与覆盖率

植被类型和覆盖率对水土保持起着关键作用。

滇池流域不同植被类型的水土保持效果存在差异。森林植被根系发达，能够牢固地固定土壤，树冠可以截留降雨，减少雨滴对地面的直接打击，能有效地减少水土流失。相比之下，草地植被的根系较浅，但也能在一定程度上增加土壤的抗侵蚀性。

当植被覆盖率较低时，土壤暴露在自然环境中的面积增大，水土流失的风险就会显著增加。尤其在一些山区的荒山荒坡或过度开垦的土地上，植被覆盖率低，水土流失现象较为严重。

2. 人为因素

（1）农业活动

滇池流域部分地区存在不合理的陡坡开垦方式。在坡度较大的山坡上开垦农田，破坏了原有的植被和土壤结构，使坡面径流的冲刷作用增强，导致水土流失。顺坡耕种的方式也会使雨水在坡面形成集中径流，加剧土壤的流失。传统的深耕、翻耕等耕作方式如果过于频繁，会破坏土壤的团粒结构，降低土壤的抗侵蚀能力。同时，过度的施肥、灌溉等农业活动，也可能导致土壤肥力下降，土壤质量变差，进而增加水土流失的可能性。

（2）工程建设

随着滇池流域的城市化进程加快，道路、建筑等基础设施建设项目增多。在施工过程中，土地被大量开挖、填方，原有的植被被破坏，土壤被翻动，使土壤处于松散状态。如果没有有效地设置挡土墙、沉淀池、覆盖防尘网等水土保持措施，在降雨或风吹等自然因素作用下，很容易引发水土流失。水利工程水库、大坝的修建，虽然在一定程度上对水资源进行了调控，但在施工期间也会对周边环境造成影响。

（3）矿产开采

滇池流域矿产资源丰富，但开采活动导致土地破坏严重。开矿需剥离表土植被，导致山体裸露，若废渣废石处理不当，可能引发地质灾害和水土流失。尾矿库是存放选矿废渣的地方，其稳定性和安全性对防止溃坝至关重要。尾矿库若发生溃坝，将导致下游地区遭受严重水土流失和环境污染。

2.4.6 对生态系统功能的影响

1. 对调节气候功能的影响

（1）气温调节方面

滇池流域的水体和植被在正常情况下对周边气温有显著的调节作用。滇池湖水具有较大的热容量，能够吸收和储存大量的热量。在白天吸收太阳辐射，减缓气温上升速度；在夜晚则释放热量，起到一定的保温作用，使周边地区昼夜温差减小。然而，随着流域生态系统的破坏，如植被减少和水体面积缩小（部分由水土流失导致的泥沙淤积引起），这种气温调节功能被削弱[17]。

（2）湿度调节方面

滇池流域的生态系统通过蒸发和蒸腾作用维持着一定的空气湿度。植物通过根系吸收水分，然后通过叶片表面的气孔将水分蒸腾到大气中，增加空气湿度。同时，滇池湖水的蒸发也为周边环境提供了水汽。当流域内水土流失导致植被覆盖率下降，或者水体受到污染、富营养化而面积缩小时，蒸发和蒸腾作用减弱，空气湿度降低。这不仅影响了局部气候的舒适度，还可能改变降水模式，减少局部地区的降雨量。

2. 对涵养水源功能的影响

（1）水源补给方面

滇池流域的森林、草地等植被能够拦截雨水，减缓雨水的流速，使部分雨水通过植被的枝叶和树干，最终渗入地下，补充地下水。同时，良好的植被覆盖可以增加土壤的孔隙度和透水性，促进雨水下渗。但是，水土流失导致植被破坏和土壤结构受损，雨水的下渗能力降低，大量雨水形成地表径流流失，减少了对地下水的补给[18]。例如：山区的森林植被被砍伐后，山坡的蓄水能力下降，雨水快速流走，地下水位随之下降，影响了流域内的水源补给。

（2）水质净化方面

滇池流域生态系统中的湿地和植被对水质净化起着关键作用。湿地中的水生植物可以吸收水中的氮、磷等营养物质。植物的吸收和微生物的分解作用，可以降低水中污染物的浓度。同时，土壤中的微生物也能分解有机污染物。然而，水土流失带来的泥沙淤积会掩埋湿地植物，破坏湿地生态系统的结构和功能。而且，大量泥沙和污染物进入水体，超过了生态系统的净化能力，导致水质恶化，如滇池水体的富营养化问题，部分原因就是水土流失带来的污染物输入。

3. 对土壤保持功能的影响

（1）土壤侵蚀控制方面

植被根系可以固定土壤，防止土壤被雨水和径流冲走。在滇池流域，森林植被的根系能够深入土壤，像锚一样将土壤颗粒固定在一起。但是，当植被遭到森林砍伐、过度放牧或开垦等带来的破坏时，土壤失去了植被根系的保护，在降雨和坡面径流的作用下，容易发生侵蚀。例如：在一些坡耕地，没有足够的植被覆盖，每年雨季都会有大量的土壤被冲刷走，导致土壤层变薄，肥力下降。

（2）土壤肥力维持方面

生态系统中的植被凋落物和微生物活动对维持土壤肥力至关重要。植被凋落物分解后可以增加土壤中的有机质含量，改善土壤结构，提高土壤的保肥能力。微生物在分解过程中能够将有机物质转化为植物可吸收的养分。然而，水土流失会导致植被减少，凋落物数量下降，同时也会带走土壤中的养分，破坏微生物的生存环境，使土壤肥力难以维持。例如：在水土流失严重的区域，土壤中的氮、磷、钾等主要养分含量明显低于植被良好的区域。

4. 对生物多样性维护功能的影响

（1）栖息地破坏方面

滇池流域生态系统为众多生物提供了栖息场所。湖滨湿地是鸟类、鱼类和许多水生生物的栖息地，森林是野生动物的家园，水土流失会改变这些栖息地的环境。湿地的泥沙淤积会使湿地面积缩小，水域变浅，影响水生生物的生存空间，森林植被的减少会使野生动物失去藏身之所和食物来源。许多珍稀物种对栖息地的要求非常严格，生态系统的微小变化都可能导致它们的生存受到威胁。

（2）食物链断裂方面

生态系统中的生物通过食物链相互联系。当水土流失导致植被减少或生物种类减少时，食物链可能会发生断裂。例如：浮游植物是滇池水体生态系统食物链的基础，水土流失带来的水体污染和富营养化可能会改变浮游植物的种类和数量，进而影响以浮游植物为食的浮游动物的生存，最终影响整个食物链上的生物，如鱼类和鸟类，导致生物多样性下降。

第3章 滇池综合治理理论与方法

3.1 滇池生态清洁小流域综合治理理念

3.1.1 系统论与整体性原则

1. 流域系统观

滇池生态清洁小流域综合治理将滇池流域视为一个完整的生态系统,包括:上游的山区、中游的城镇和农业区,以及下游的滇池水体及其湖滨带。各个区域之间相互关联、相互影响。例如:滇池上游的水土流失会导致下游的泥沙淤积和水体污染,中游的城镇污水排放和农业面源污染会对滇池水质产生直接影响。因此,治理措施需要从流域整体出发,统筹考虑各个区域的生态、经济和社会因素,而不是孤立地解决某一个局部问题。

2. 多要素综合

考虑到生态系统的复杂性,治理理念涵盖了水、土、生物等多个生态要素。关注水质的改善,重视土壤的保持和修复、植被的恢复与重建以及生物多样性的保护。例如:在治理过程中,通过植被恢复工程减少水土流失并利用植被的生态功能净化空气、调节气候,为生物提供栖息地,实现生态系统多个要素的协同发展和整体优化。

3.1.2 生态优先与可持续发展原则

1. 以自然修复为主

生态优先与可持续发展原则强调在治理过程中充分发挥生态系统的自我修复能力。例如:在一些受损较轻的小流域区域,通过封山育林、设置生态缓冲带等措施,减少人类活动的干扰,让生态系统自然恢复。因为生态系统本身具有一定的弹性和适应性,所以在适宜的条件下,植被可以自然生长,土壤微生物群落可以重新建立,从而逐步恢复生态系统的结构和功能。

2. 生态工程技术应用

构建人工湿地，利用湿地植物和微生物的协同作用来净化污水。实施生态护坡工程，选用本地的植物进行坡面防护，既可以防止水土流失，又能为生物提供栖息场所。这些生态工程技术模仿自然生态系统的运行机制，在提高治理效果的同时，最大限度地减少对生态环境的负面影响[19]。

3.1.3 人与自然和谐共生理念

1. 生态与经济平衡

滇池生态清洁小流域综合治理注重生态效益与经济效益的平衡。在生态保护的同时，充分考虑当地居民的经济利益。例如：在湖滨带发展生态旅游，通过合理规划旅游线路和活动，既可以让游客欣赏到滇池的自然风光，又能为当地社区带来经济收入。同时，推广生态农业可以提高农产品的质量和附加值，促进农业的可持续发展。

2. 社会参与和长期维护

强调政府、企业、社会组织和当地居民各方的社会参与。政府发挥主导作用，制定政策和规划，提供资金支持和技术指导。企业履行社会责任，积极参与污染治理和生态修复项目。社会组织发挥监督和宣传作用。当地居民则是治理的主体和受益者，通过参与生态保护活动获得经济收益，同时增强环保意识。此外，治理理念还注重建立长期的维护机制，保证治理成果能够长期稳定，避免出现反弹现象。

3.2 滇池生态清洁小流域水污染治理技术与措施

3.2.1 生活污水源头控制技术

1. 节水器具

政府部门通过出台相关政策，鼓励居民更换节水器具。对购买节水器具的居民给予一定的经济补贴，降低居民更换成本。例如：节水型马桶采用双挡冲水设计或者虹吸式冲水方式，相较于传统马桶可以大幅减少每次冲水量；节水型水龙头通过特殊的阀芯和出水嘴设计，实现水流的定量控制，在满足正常使用需求的同时避免水资源浪费。

2. 雨污分流改造

对滇池流域的城镇和乡村进行全面的排水系统调查。根据地形地貌、建筑分布等情况，制定科学合理的雨污分流改造规划。在新建区域，严格按照雨污分流的标准进行排水管网建设。在老旧区域，逐步实施改造工程。例如：在滇池周边的一些老旧小区，采用分区改造的方式，先对污水管网进行更新和完善，再建设独立的雨水收集系统。在雨污合流的排水口设置截污设施，将污水截流并输送到污水管网。同时，对一些容易出现污水溢流的地势较低的街道、排水不畅的社区等区域，设置雨水溢流井和污水提升泵站，保证污水能够顺利进入污水处理厂，减少污水对滇池流域水体的污染。

（1）全面的排水系统调查

对改造区域现有排水管道的位置、管径、材质、走向、连接方式以及排水口的位置等排水系统信息进行详细的勘查。通过查阅历史档案、实地探测（如使用管道探测仪）和现场走访等方式，绘制详细的排水管网图，为后续的改造规划提供准确的基础数据。同时，对影响雨污分流系统的布局和管道坡度的设计的因素进行调查。包括：区域内的坡度、高程等地形地貌，建筑物的类型、高度、地下室情况等建筑分布和工业用地、居住用地、绿地等土地利用情况进行调查。

（2）划分排水区域

根据地形和建筑分布，将改造区域以道路、河流或自然地形界线（如山脊、山谷）为界划分为多个排水区域，每个区域设置独立的雨污分流管网。这样不仅方便管理和维护，也有利于雨水和污水的分别收集和排放。

（3）确定管道走向和管径

根据各排水区域的污水量和雨水量预测结果，结合地形坡度，确定雨水管道和污水管道的走向和管径。一般来说，污水管道的管径要根据服务区域内的人口数量、用水定额以及污水排放系数等因素计算确定。雨水管道管径则主要考虑当地的暴雨强度、汇水面积和排水时间等因素。同时，管道的坡度要符合水力计算要求，以保证排水顺畅。

（4）规划污水收集和雨水排放节点

合理规划污水收集点，将污水通过支管汇入主管，最终输送至污水处理厂。根据地形和水系分布，规划雨水排放口，使雨水能够自然地排入附近的河流、湖泊或雨水收集设施。雨污分流是将雨水和污水通过两套独立的排水系统进行收集和输送。雨水可以通过雨水管道直接排放到自然水体或者进行雨水收集利用；污水则通过污水管道输送到污水处理厂进行处理。这样既可以避免雨水混入污水系统，导致污水量过大，超过污水处理厂的处理能力，同时也能防止污水中的污染物在降雨期间未经处理直接进入自然水体。

3.2.2 农业面源污染源头控制技术

1. 生态农业模式应用

(1) 养分循环利用

稻—鱼—鸭共生系统是一种典型的生态农业模式,这种模式注重农业生态系统内的养分循环。在这个系统中,鸭子和鱼的粪便可以为水稻提供丰富的有机肥料,减少化肥的使用;水稻的生长又为鸭子和鱼提供了栖息场所和食物来源。这种循环利用模式可以有效减少农业生产过程中化肥和农药的流失,从而降低农业面源污染。

(2) 生物防治机制

利用生态系统中的生物多样性进行病虫害防治。例如:在果园中采用间作套种的方式,种植一些具有驱虫作用的薄荷、薰衣草等植物,利用这些植物散发的气味可以驱赶害虫;引入害虫的天敌,在农田中释放赤眼蜂来防治玉米螟等害虫,减少化学农药的使用。组织农业技术专家对滇池流域的农民进行生态农业模式的原理、操作方法和管理要点等生态农业技术培训。通过现场示范、实地操作等方式,让农民直观地了解生态农业的优势。

2. 精准农业技术实施

首先,精准农业技术利用全球定位系统(GPS)、地理信息系统(GIS)和遥感技术(RS)等现代信息技术,对农田土壤肥力进行精准监测和分析。根据土壤养分状况和作物生长需求,精确计算施肥量和施肥位置,实现肥料的精准施用。这样可以避免化肥的过度使用和浪费,减少肥料流失到水体中的风险。其次,可以通过传感器监测土壤湿度和作物需水量,结合气象数据,实现灌溉的精准控制。精准灌溉可以让作物在不同生长阶段得到适量的水分供应,减少因灌溉过量导致的土壤养分淋溶和地表径流污染。同时,要鼓励滇池流域的农业生产者引进精准变量施肥机、智能灌溉系统等农业技术装备。最后,建立滇池流域农业面源污染监测和精准农业数据平台,整合土壤肥力、气象、作物生长等多方面数据,通过数据分析为农民提供精准的施肥和灌溉建议,同时也可以对农业面源污染状况进行实时监测和预警。

3.2.3 工业污水源头控制技术

清洁生产技术是从产品设计、原料选择、工艺改进、设备更新等多个环节入手,通过优化生产过程,减少污染物的产生。例如:在化工行业,采用绿色化学合成工艺,选用无毒无害的原料和催化剂，从源头上避免有毒有害物质的生成。同时，通过改进生产设备，提高能源利用效率和原料转化率，减少废弃物和污水的排放。

对滇池流域的工业企业进行清洁生产审核和评估，确定企业清洁生产的潜力和改造方向。鼓励企业采用先进的清洁生产技术和设备，对生产工艺进行改造。例如：对印染企业推广冷轧堆染色技术，这种技术相较于传统染色工艺，可以减少大量的染色废水排放。同时，政府可以给予实施清洁生产改造的企业税收优惠、财政补贴等政策支持。

制定滇池流域各行业的清洁生产标准和规范，加强对工业企业的监管。要求企业严格按照清洁生产标准进行生产，定期公布企业清洁生产执行情况。对不符合标准的企业，责令限期整改，对整改不力的企业进行处罚，促使企业从源头上控制污水排放。

3.2.4 污水处理设施建设与优化

1. 工艺优化

对已建成的污水处理设施，利用调整运行参数来优化处理效果。例如：对于采用活性污泥法的污水处理厂，调整曝气时间、溶解氧浓度、污泥回流比等参数，提高有机物和氮磷的去除效率。对污水处理过程中的水质、水量变化进行实时监测，结合实际运行情况，采用数学模型（如活性污泥模型）等手段，优化运行参数，使处理工艺达到最佳运行状态。

对污水处理设施中的关键设备进行升级改造。例如：将传统的曝气设备升级为高效节能的微孔曝气设备，提高氧气传递效率，降低能耗，更换老化的污泥脱水设备，采用新型的高效污泥脱水机，提高污泥脱水效果，减少污泥体积。

对污水处理设施的自动化控制系统进行升级，实现远程监控和智能控制，提高设施的运行管理效率。

2. 新工艺应用探索

关注新兴的生物处理技术在滇池小流域污水处理中的应用潜力。例如：微生物燃料电池技术可以在处理污水的同时收集电能，通过微生物的代谢作用将污水中的有机物中的化学能转化为电能。这种技术不仅可以降低污水处理的能耗，还能实现资源回收。厌氧氨氧化技术是一种新型的脱氮工艺，对于处理低碳氮比（C/N 比）的污水具有高效、节能的优势，适合处理滇池小流域部分低碳氮比类型的污水。

探索生态组合工艺，将不同的生态处理单元与传统的污水处理工艺相结合。构建"水解酸化—人工湿地—生态塘"的组合工艺，污水先经过水解酸化池，将大分子有机物分解为小分子有机物，提高污水的可生化性，然后进入人工湿地和生态塘进行深度处理。这种生态组合工艺可以充分利用自然生态系统的净化能力，降低污水处理成本，提高处理后的水质。

3. 运行管理优化

对污水处理设施的运行管理人员进行污水处理工艺原理、设备操作维护、水质检测分析等方面的专业知识培训。通过邀请专家授课、参加专业培训课程和现场实践操作等方式，提高运行管理人员的专业水平。例如：定期组织污水处理厂的员工参加污水处理工艺培训，学习最新的处理技术和管理方法。培训内容包括污水处理设施的安全操作规程、危险化学品管理、突发环境事件应急响应等，对污水处理设施的能耗进行精细化控制，降低运行成本。

通过优化设备运行时间、采用节能设备和技术等方式，减少电能、药剂等能源和物资的消耗。例如：根据污水流量和水质变化，合理调整曝气设备和水泵的运行频率，避免设备空转和过度运行。

采用太阳能光伏发电等可再生能源，为污水处理设施的部分设备供电，降低对传统能源的依赖。

探索污水处理过程中的资源回收利用途径。对于污泥，通过厌氧发酵等方式生产沼气，用于发电或供热。对污水中的氮、磷等营养物质，经过处理后制成肥料，用于农业生产。例如：在污泥处理过程中，建设污泥厌氧发酵池，收集沼气并用于污水处理厂的内部能源需求；将处理后的污泥与其他有机物料混合堆肥，制成有机肥料，实现污泥的资源化利用。

3.2.5 污水管网的完善与雨污分流改造

1. 污水管网现状评估

首先，对滇池小流域现有污水管网的覆盖区域进行详细测绘和统计，分析这些管网在不同城镇、乡村及工业区的覆盖程度并与流域内的人口分布、建设用地布局等进行对比，评估是否存在覆盖盲区。同时，计算单位面积内的污水管网长度，即管网的密度指标，与相关标准和类似地区进行比较，判断管网分布的合理性。通过实地调研和资料查阅，了解管网建设的历史沿革，分析不同时期建设的管网在设计标准、管材质量等方面的差异，以及这些差异对当前污水收集和输送的影响。

其次，采用闭路电视检测、声呐检测等管道检测技术，对污水管网进行全面的内部检查。评估管道的管壁腐蚀、磨损、裂缝等老化程度以及管道接口处的密封状况。统计存在严重老化和破损的管段位置、长度和损坏类型，分析其对污水输送能力和渗漏风险的影响。调查管网周边的地质条件和施工活动情况，了解是否存在因地震、滑坡等地质灾害或道路建设、地下工程开挖等外部施工导致管网损坏的情况。根据污水处理厂的进水水量和水质数据，结合流域内的污水产生量估算，分析污水管网的收集效率。评估管网在高峰流量时段的输送能力，以及是否会出现污水溢流等问题。检查污水管网的检查井、提升泵站等附属设施的运行状况，例如是否存在检查井井盖缺失、损坏，泵站设备老化、运行故障等问题，这些因素都可能影响污水的收集和输送效率。

2. 污水管网完善策略

首先，基于流域内的发展规划和人口增长预测，确定需要扩展污水管网的区域。对于新建的居民区、商业区和工业区，按照高标准同步规划和建设污水管网，使污水能够得到有效收集。在规划过程中，要充分考虑地形地貌、道路布局和现有基础设施等因素，合理确定管网走向和管径。对于尚未接入污水管网的农村地区，根据村庄的分布和规模，采用集中式或分散式的污水收集方式。在人口相对集中的村庄，建设小型污水收集管网，并通过提升泵站将污水输送至附近的污水处理厂或集中处理设施；对于分散的农户，可以采用化粪池、沼气池等简易处理设施进行初步处理后，再通过生态处理（人工湿地）等方式进一步净化污水。

其次，对现有污水管网进行优化改造，提高其输送能力和运行效率。根据管网的水力计算结果，对管径过小、流速过慢或容易堵塞的管段进行扩径或更换管材。例如：在一些老旧城区，原有的污水管道管径较小，无法满足日益增长的污水排放需求，可以采用内衬修复或更换大管径管道的方式进行升级。

再次，合理调整污水管网的坡度和高程，使污水能够依靠重力自流输送，减少提升泵站的设置，降低运行成本。同时，优化管网的布局，减少迂回和交叉，避免因管道复杂而导致的水流不畅和堵塞问题。在管网改造过程中，要注重与其他地下管线（如供水、供电、通信等）的协调和避让，并选用质量可靠、耐腐蚀、耐磨损的 HDPE（高密度聚乙烯）管、球墨铸铁管等管材。这类管材能够适应滇池小流域复杂的地质和水质条件，延长管网的使用寿命。

最后，建立污水管网的定期维护和检测制度，及时发现和修复管道的损坏和老化问题。定期对管网进行清淤、疏通，防止杂物和淤泥堆积导致管道堵塞和排水不畅。加强对管网的日常巡查，及时发现并处理井盖缺失、管道渗漏等安全隐患，保障污水管网的安全稳定运行。

3. 雨污分流改造方案

根据地形地貌、建筑密度、土地利用性质等因素，对滇池小流域进行详细的区域划分，将流域划分为若干个雨污分流改造片区。在每个片区内，制定独立的雨污分流系统规划，明确雨水和污水的收集、输送和排放路径。对于城镇区域，结合城市道路和街区布局，规划雨水管道和污水管道的走向。一般情况下，雨水管道沿道路两侧的非机动车道或人行道铺设，收集屋面雨水和地面径流，通过雨水口接入管道，最终排入自然水体或雨水调蓄设施；污水管道则沿道路的机动车道或绿化带下方铺设，收集居民生活污水、商业污水和工业废水，通过污水检查井接入管道，输送至污水处理厂进行处理。在农村地区，根据村庄的布局和地形条件，因地制宜地制定雨污分流方案。可以利用村庄内部的道路、沟渠和空地，建设雨水明沟和污水暗管系统。雨水经雨水明沟收集后，直接排入附近的河流、池塘或农田灌溉系统；污水暗管将污水收集后，输送至集中处理设施或沼气池进行处理。

对于居民小区，对建筑内部的排水系统进行改造，实现雨污分流。将卫生间、厨房等产生的污水通过污水管道接入室外污水管网，将屋面雨水通过单独的雨水立管接入室外雨水管网。在改造过程中，要注意检查和修复建筑物内部的排水管道，防止污水渗漏到雨水管道中。同时，对于阳台上的洗衣机排水等容易混入雨水系统的污水，要通过设置专用的污水管道或采取截流措施，将其纳入污水管网。对于商场、酒店、学校、医院等商业建筑和公共设施，根据这类建筑的排水特点进行雨污分流改造。餐饮企业要设置隔油池，对厨房废水进行预处理后再排入污水管网。医院要对医疗废水进行单独收集和处理，达标后再排入污水管网。同时，合理规划建筑物周边的雨水花园、下沉式绿地等，对雨水进行就地渗透和净化，减少雨水径流对环境的影响。

在市政道路上，对现有的合流制管道进行雨污分流改造。根据道路条件和地下管线情况，选择合适的改造方式。一种方式是在合流管道旁边新建雨水管道，将原有合流管道作为污水管道使用，将雨水通过新建的雨水管道进行排放。另一种方式是对合流管道进行局部改造，通过设置截流井和溢流井，将污水截流到污水管道，雨水在晴天时通过截流井进入污水管道，雨天时超过截流能力的雨水通过溢流井排入雨水管道或自然水体。

在雨污分流改造过程中，要注重对市政管网的附属设施进行同步改造。如更换老旧的检查井井盖，确保其密封性和安全性。对雨水口进行清理和改造，增加雨水口的数量和排水能力，防止道路积水。同时，要加强对施工过程的管理，合理安排施工时间和交通疏导，减少对城市交通和居民生活的影响。

3.2.6　河道生态修复与水体自净能力提升技术

1. 河道生态修复技术

（1）河岸带生态修复

河岸带植被可以有效减少水土流失，过滤地表径流中的污染物，从而为水生生物提供栖息地。植物的根系能够固土护坡，防止河岸坍塌；枝叶可以拦截降雨，减少雨水对河岸的冲刷。在河岸的坡面上，采用阶梯式种植或植被毯技术，选择芦苇、菖蒲、柳树等本地耐湿、耐污的植物品种，进行种植吸收和分解部分营养物质和污染物。阶梯式种植是指将河岸坡面改造成阶梯状，在每个阶梯上种植不同类型的植物，既增加植被覆盖率，又增强河岸的稳定性。植被毯是将植物种子、肥料和纤维材料混合编织成毯子，铺设在河岸坡面上，进行浇水和养护，使植物种子发芽生长。

生态护坡采用生态材料或生态结构，模拟自然河岸的形态和生态系统，有利于生物栖息和水体交换。一种方式是采用石笼网生态护坡，将石块装入金属网笼中，堆砌在河岸坡脚，石块之间的空隙可以为水生生物提供栖息空间。同时，金属网笼可以适应河岸的变形，具有良好的抗冲刷能力。另一种方式是采用土工格栅生态护坡，将土工格栅与植被相结合，土工格栅增强河岸的抗滑能力，植被覆盖在土工格栅上，起到生态修复的作用。

（2）河道底质改良

河道底泥中含有大量的有机物、重金属等污染物。清淤疏浚可以去除底泥中的污染物，减少内源污染，同时增加河道的水深和过水断面，改善水流条件。可采用环保型绞吸式挖泥船这种清淤设备，在清淤过程中尽量减少对水体的扰动和二次污染。清淤后的底泥可用于土地改良、制砖等。污染较轻的底泥，可以经过脱水、干燥后，与其他土壤改良剂混合，用于河岸带植被的种植土。

利用微生物和底栖生物的生命活动，分解和转化底质中的污染物，改善底质环境。微生物可以分解有机物，将其转化为二氧化碳和水。底栖生物可以通过摄食、挖掘等活动，促进底质的通气和物质循环。另外，可向河道底质中添加微生物菌剂，这些菌剂可以是专门培养的具有污染物分解能力的细菌、真菌等。同时，可投放适量的河蚌、螺蛳等底栖生物。例如：在污染的河道中，按照一定的比例投放具有净水功能的河蚌。河蚌通过滤食作用，能够去除水中的浮游生物和有机碎屑，同时其排泄物可以为微生物提供营养，促进微生物的生长和底质的净化。

2. 水体自净能力提升技术

（1）水生植物净化技术

挺水植物生长在水边或浅水区，其根系可以吸收水中含氮、含磷等的营养物质，同时，植物的光合作用可以向水体释放氧气，增加水体的溶解氧含量。挺水植物还可以为水生动物提供栖息和繁殖场所。具体做法是在河道浅水区种植芦苇、香蒲等挺水植物。种植时，要注意两点。一是合理控制种植密度，根据河道的宽度、水深和水流速度等因素，确定植物的种植间距。例如：在水深为 1~1.5 m 的河道边，芦苇的种植间距控制在 30~50 cm。二是定期收割挺水植物，防止植物死亡后腐烂分解，重新释放营养物质。

通过叶片和根系吸收水中的营养物质和污染物的沉水植物能够在水体中进行光合作用，增加水体溶解氧，抑制藻类生长，改善水质。选择适合本地水质和水温条件的苦草、狐尾藻等沉水植物，采用播种或移栽的方式进行种植。在种植前，需要对河道底质进行适当的处理，清除过多的淤泥和杂物，为沉水植物提供良好的生长环境。同时，加强对沉水植物的养护，监测其生长状况，及时补种和调整种植密度。

（2）人工增氧技术

向水体中注入空气或氧气可以增加水体中的溶解氧含量。充足的溶解氧可以促进好氧微生物的生长和繁殖，加速水中有机物的分解，从而提升水体的自净能力。可以利用安装微孔曝气盘、曝气机等曝气设备人工增氧。微孔曝气盘可以将空气分散成微小气泡，增加氧气与水体的接触面积，提高氧气的传递效率。曝气机则通过机械搅拌，使空气与水体充分混合。安装设备时，要根据河道的长度、宽度、水深和污染程度等因素，合理确定曝气设备的数量、位置和运行时间，可在污染较重、水流缓慢的河段适当增加曝气设备的密度和运行时间。

利用河道的地形高差，设置跌水设施，使水在跌落过程中与空气充分接触，增加水体中的溶解氧。这种方式不仅可以增氧，还可以增加河道的景观效果。具体方法为在河道的落差处或人工构筑的堤坝处，设置跌水堰、阶梯式跌水等设施。跌水堰的高度和长度可以根据河道的流量和需要增加的溶解氧量来设计。对于流量较小的河道，设置高度为 0.5~1 m 的跌水堰，使水在跌落过程中能够充分曝气。同时，在跌水设施周围种植一些耐湿植物，进一步改善景观和生态环境。

（3）生态浮岛技术

生态浮岛由浮体、植物和基质等部分组成，是一种漂浮在水面上的人工生态系统。植物生长在浮岛上，其根系吸收水中的营养物质，同时，浮岛为水生生物提供了栖息和繁殖场所，促进水体生态系统的恢复和自净能力的提升。制作生态浮岛的浮体可以采用塑料、竹子等材料。具体方法为在浮体上铺设椰丝、泥炭土等种植基质，然后种植美人蕉、鸢尾等水生植物。使用该方法时，要根据河道的水面面积和污染程度，合理确定生态浮岛的面积和分布密度。在污染较轻的河道，生态浮岛的覆盖面积可以占水面面积的10%~20%；在污染较重的河道，可以适当增加覆盖面积。另外，需定期对浮岛上的植物进行修剪、施肥和病虫害防治等管理。

3.2.7 入湖口湿地建设与水质净化

1. 入湖口湿地建设

(1) 选址与规划

入湖口湿地应选在滇池小流域的河流、沟渠等水体的入湖口附近，这样能够直接拦截和处理上游来水，有效去除水中的污染物，减少入湖污染物总量。例如，在盘龙江等主要入湖河流的河口区域建设湿地。选址时，要优先选择地势较低洼、平坦的区域，以便于形成积水区域，从而有利于湿地植物的生长和水体的自然流动。同时，区域的土壤类型也很重要，黏土和粉质壤土等保水性较好的土壤更适合湿地建设。此外，还要考虑入湖口的水流速度和方向。水流速度适中的区域较为理想，既能够保证污水在湿地中有足够的停留时间进行净化处理，又不会因为水流过缓导致泥沙淤积等问题。一般来说，水流速度为 $0.1\sim0.3\text{ m/s}$ 较为合适。

(2) 规划设计要点

根据湿地的净化功能和生态功能，将入湖口湿地划分为前置沉淀区、水生植物净化区、生态缓冲区和深度净化区等不同的功能区。前置沉淀区用于初步沉淀水中的泥沙和悬浮物；水生植物净化区利用植物的吸收、吸附作用去除水中的营养物质和部分污染物；生态缓冲区主要是为野生动物提供栖息环境，同时进一步过滤水体；深度净化区采用多种人工湿地与生态浮岛生态技术组合的方式，对水体进行最后的净化处理。

湿地面积的确定要综合考虑入湖水量、污染物浓度和湿地的净化效率等因素。一般通过水质模型模拟或参考类似成功案例的经验来确定。例如：可根据滇池小流域的入湖污染负荷和期望的水质净化目标，结合湿地对污染物的去除率，计算出所需的湿地面积。

(3) 湿地类型选择与构建

地势较为平坦、有较大面积可利用且对景观要求较高的入湖口区域可选表面流湿地。表面流湿地的水流在湿地表面流动，水较浅，一般为 $0.1\sim0.6\text{ m}$。这种湿地建设成本相对较低，能够为鸟类等野生动物提供良好的栖息和觅食环境。在湿地底部和边坡进行简单的铺设黏土或防渗膜方式的防渗处理。引入水源后，在湿地表面种植芦苇、菖蒲等挺水植物，植物种植密度根据植物种类和湿地功能需求确定，一般芦苇的种植密度为 $10\sim20$ 株/m^2。

对水质净化要求和对有机物和氮、磷等营养物质的去除效率高并对土地资源相对有限的入湖口湿地建设可选择潜流湿地。通过基质、植物根系和微生物的协同作用净化水质。构建潜流湿地需要先建设进水系统、出水系统和湿地基质层。进水系统要保证均匀布水，出水系统要防止短流。基质层一般由砾石、砂和土壤等组成，不同粒径的基质分层铺设。下层铺设较大粒径的砾石（粒径为 20～30 mm），中层为较小粒径的砾石（粒径为 5～10 mm），上层为砂（粒径为 0.5～2 mm）和土壤。在基质层中移栽幼苗或种植耐水湿的美人蕉、鸢尾等植物。

用于处理污染较重、需要快速净化的入湖口污水适宜选择垂直流湿地。垂直流湿地有利于好氧微生物的生长，对有机物和氨氮的去除效果显著。垂直流湿地的构建较为复杂，需要建设布水系统、排水系统和湿地床。湿地床的基质一般由多层不同材料组成，上层为土壤，中层为砂和砾石混合层，下层为粗砾石。污水通过补水系统从湿地床的上部或下部进入，垂直流经湿地床后从另一侧排出。可选择风车草、水葱等植物种植在湿地床上层的土壤中。

2. 水质净化原理与过程

（1）物理净化过程

在湿地的前置沉淀区和水流缓慢的区域，水中的泥沙、悬浮物等大颗粒物质在重力作用下沉淀到湿地底部。当含有泥沙的入湖河水进入湿地后，随着水流速度的降低，泥沙颗粒逐渐沉降，从而降低了水体的浑浊度。沉淀过程还可以去除部分附着在悬浮物上的重金属和有机污染物。湿地中的植物根系、基质和微生物膜形成了一个天然的过滤系统。当水流经过时，水中的细小颗粒和胶体物质被拦截和吸附。潜流湿地和垂直流湿地的基质层能够过滤掉水中的悬浮颗粒，同时，植物根系的分泌物可以使水中的胶体凝聚，便于过滤去除。

（2）化学净化过程

湿地中的黏土、腐殖质等基质和植物根系表面带有电荷，能够吸附水中的阳离子和阴离子。湿地土壤中的黏土颗粒可以吸附水中的铜、锌、铅等重金属离子，可降低水中重金属的浓度。植物根系也可以吸附水中的铵根离子、磷酸根离子等营养物质。在湿地环境中，会发生一系列化学反应。水中的铁、锰等金属离子在氧化还原条件下发生沉淀反应。同时，一些有机污染物在微生物的作用下发生氧化分解反应，转化为二氧化碳和水等无害物质。在有植物存在的湿地中，植物根系分泌的有机酸等物质也可以与水中的污染物发生化学反应，促进污染物的转化和去除。

（3）生物净化过程

湿地中存在着大量的细菌、真菌等微生物。这些微生物以水中的有机物为食物来源，通过分解代谢将有机物分解为简单的无机物。在有氧条件下，好氧微生物将有机物分解为二氧化碳和水；在厌氧条件下，厌氧微生物将有机物分解为甲烷、硫化氢等物质。微生物的分解作用是湿地水质净化的重要环节，能够有效去除水中的有机物、氨氮等污染物。

湿地植物通过根系吸收水中的氮、磷等营养物质，用于自身的生长和发育。芦苇、菖蒲等挺水植物能够吸收大量的氨氮和磷酸盐，将其转化为植物体内的有机成分。同时，植物的光合作用可以向水体释放氧气，增加水体的溶解氧含量，为微生物的生长和代谢提供有利条件，进一步促进水质的净化。

3. 运行管理与维护

首先，根据湿地的类型和植物生长需求，合理控制湿地的水位。对于表面流湿地，水位一般保持在植物根系能够充分接触水体的高度，避免水位过高导致植物淹没死亡或水位过低影响植物生长和水质净化效果。有芦苇生长的表面流湿地，水位控制为 0.3~0.5 m 较为合适。对于潜流湿地和垂直流湿地，要通过进出水系统的调节，使水流在基质层中正常流动。

其次，定期对湿地植物进行修剪和收割。修剪可以控制植物的生长形态，促进植物的健康生长。收割植物可以去除植物体内吸收的营养物质，防止植物死亡后营养物质重新释放到水体中。每年秋季对芦苇进行收割，收割后的芦苇可以用于编织、造纸等。同时，要及时补种死亡或生长不良的植物，保持湿地植物的覆盖率和生态功能。

最后，定期对入湖口湿地的进出水水质进行化学需氧量（COD）、氨氮、总磷等指标的监测，建立长期的水质监测体系。根据水质监测结果，及时调整湿地的水流速度、停留时间等运行参数。如果发现水质净化效果下降，应分析原因，如植物生长不良、基质堵塞或污染物负荷过重等，并采取相应的措施进行修复和改善。

3.2.8 水环境监测与预警系统建立

1. 水环境监测系统的构建

（1）监测指标的确定

①物理指标。

水温是影响水生生物生长、繁殖和水体化学反应速率的重要因素。滇池小流域不同季节水温变化明显，水温过高或过低都可能对生态系统产生不良影响。水温升高可能导致藻类繁殖加速，引发水华。

透明度反映水体的清澈程度，主要受水中悬浮颗粒物的影响。透明度降低意味着水体浑浊，会影响水生植物的光合作用，影响整个生态系统的物质循环和能量流动。可以使用塞氏盘法进行透明度测量。

电导率与水中溶解的离子浓度有关，是判断水体中盐类含量的一个指标。通过电导率的测量可以初步了解水体是否受到盐类污染或其他电解质的影响。

②化学指标。

pH 决定了水体的酸碱性。滇池小流域的水生生物对 pH 有一定的适应范围，大多数水生生物适宜在 pH 为 6.5～8.5 的环境中生存。pH 异常可能是工业废水排放、酸雨等因素引起的。

溶解氧是水生生物生存所必需的。其含量与水温、气压、水生植物光合作用等因素有关。当溶解氧含量低于一定限度时，会导致水生生物缺氧死亡，同时也会影响水体的自净能力。可以采用碘量法或溶解氧仪进行测量。

化学需氧量（COD）表征水中还原性物质的含量，主要是有机物。高 COD 值意味着水体受到有机物污染，消耗大量溶解氧，对水生生物产生危害。常用重铬酸钾法或快速消解分光光度法来测定。

生化需氧量（BOD）反映水中有机物在微生物作用下进行生物氧化分解所消耗的溶解氧的量。BOD 值越高，说明水中有机物含量越高，水体的污染程度可能越严重。一般采用五日培养法（BOD_5）进行测量。

营养盐指标（氨氮、总磷、总氮）是衡量水体富营养化程度的关键因素。氨氮主要来源于生活污水、农业面源污染等，总磷和总氮的过量输入会使藻类等浮游生物大量繁殖，引发水华现象。

③生物指标。

浮游植物的种类与数量的波动能够揭示水体的营养水平及污染程度。例如：蓝藻等藻类的过度繁殖可能是水体富营养化的征兆。

浮游动物的种类与数量受浮游植物及水体环境的共同影响，其多样性下降可能暗示水体生态系统遭受破坏。

栖息于水体底部的螺类、贝类、寡毛类等生物，对底质环境变化极为敏感。底栖生物种类与数量的变动可作为水体污染的生物指标。若耐污性较强的底栖生物数量增多，而敏感物种数量减少，则表明水体可能遭受污染。鱼类的生存状况与行为变化亦能反映水环境的质量。例如：鱼类的死亡、生长迟缓、畸形等现象可能与水体污染相关。通过分析鱼类种类、数量、年龄组成等群落结构，可以评估水体的健康状况。

（2）监测站点的布局

①流域尺度布局。

在滇池小流域的上游山区和源头溪流设置监测站点，重点监测水源地的水质情况。这些站点可以及时发现可能影响整个流域水质的农业面源污染、水土流失带来的污染物等初期污染。站点布局要覆盖主要的溪流源头和汇水区，确保能够全面反映上游来水的质量。中游区域，在流经城镇、村庄和农业区的河段设置监测站点。此区域是人类活动密集的地方，监测站点要靠近污水排放口、农田排水口等潜在污染源，同时要考虑在主要支流与干流的交汇处设置站点，以便监测不同支流的污染对干流的影响。下游区域（入湖口），在河流入湖口附近设置密集的监测站点，这里是流域污染物最终汇集进入滇池的关键区域。重点监测水体的营养盐浓度、悬浮物含量等指标，用以评估入湖污染物的总量和对滇池的潜在影响。同时，这些站点的数据可以为入湖口湿地等生态修复措施的效果评估提供依据。

②局部区域布局（针对重点污染区域或生态敏感区域）。

在工业园区的污水排放口、雨水排放口以及周边河流设置监测站点，监测工业废水和初期雨水的水质重金属含量、有机物浓度等指标情况。站点布局要能够全面覆盖工业园区的排水系统，及时发现企业违规排放等问题。对于农业面源污染重点区域，在大规模农业种植区的农田排水渠、灌溉水渠以及附近的河流设置监测站点，采用分布式的小型监测站，覆盖不同的农作物种植区域和农业活动类型，重点监测农药、化肥等污染物的流失情况，以及氨氮、农药残留等指标。在湿地、珍稀水生生物栖息地生态敏感区域设置监测站点，主要关注水质变化对生态系统的影响。监测指标除了常规的水质参数外，还应包括对生态系统健康状况有直接影响的浮游生物多样性、底栖生物密度等生物指标。站点的位置要尽量避免对生态环境造成干扰，同时要保证能够获取具有代表性的数据。

（3）监测技术与设备选择

①室外监测设备。

使用操作简便、能够在现场及时获取水质数据的便携式水质分析仪快速测量水体的pH、溶解氧、电导率、COD等基本化学指标。多参数水质分析仪可以在几分钟内完成多个指标的测量，为现场调查和应急监测提供了便利。利用水质检测试剂盒快速定性或半定量检测某些特定的重金属、营养盐等污染物。试剂盒通常采用比色法或滴定法，通过简单的操作和颜色对比来判断污染物的大致浓度范围。虽然其精度可能不如实验室分析方法，但在初步筛查和现场快速判断方面具有很大的优势。

②实验室分析技术与设备。

对于一些高精度要求的氨氮、总磷、总氮等营养盐指标和重金属含量指标的准确测定，仍然需要采用实验室的传统化学分析方法。例如：采用纳氏试剂分光光度法测定氨氮，采用钼酸铵分光光度法测定总磷等。这些方法具有较高的准确性和精密度，但分析过程相对复杂，需要专业的实验人员和设备。先进的仪器分析方法，如气相色谱-质谱联用（GC-MS）、液相色谱-质谱联用（LC-MS）等技术，可以对水中复杂的有机污染物进行定性和定量分析[49]。这些技术能够检测出微量的持久性有机污染物（POPs）、农药残留等有机污染物，为水环境的深度监测提供了有力支持。

③在线监测技术与设备。

水质在线监测系统通过传感器对水体中的多种污染物，如持久性有机污染物（POPs）、农药残留等，进行自动采样和分析，并将数据通过网络传输到监测中心。首先，通过自动水质监测站实时连续地监测水质的多个参数。在滇池小流域的主要入湖口和重点污染区域设置的在线监测站，可以每隔一定时间（如1～2小时）自动上传水质数据，实现对水质的动态监测。其次，远程监控与数据传输技术利用物联网（IoT）技术和GPRS、4G/5G等无线通信网络，实现对监测设备的远程监控和数据传输。这样可以及时发现监测设备的故障，同时保证数据的实时性和准确性。通过建立数据管理平台，可以对来自各个监测站点的数据进行集中存储、分析和展示。

2. 预警系统的建立

（1）预警指标与阈值确定

根据国家和地方的水环境质量标准——《地表水环境质量标准》（GB 3838—2002），确定预警指标。当水体中的化学需氧量（COD）超过Ⅲ类水质标准（20 mg/L）时，可能提示水体受到有机物污染，需要发出预警。对于滇池小流域的重点保护区域或特殊用途水体（饮用水源地），可以根据更严格的标准来确定预警指标和阈值。以溶解氧（DO）为例，当DO低于5 mg/L时，水生生物的生存可能受到威胁；当DO低于2 mg/L时，水体处于严重缺氧状态，会导致鱼类等水生生物大量死亡，这两个值可以分别作为轻度预警和重度预警的阈值。

观察浮游生物的种类和数量变化。当浮游植物的生物量在一周短时间内增加超过50%时，可能预示着水体富营养化加剧，有藻类暴发的风险。同时，如果浮游动物的数量减少30%以上，可能意味着水体生态系统受到干扰，需要多加关注。

以底栖生物的密度和多样性作为预警指标。如果在一定区域内底栖生物的密度下降超过40%，且耐污性强的物种比例增加，可能表明水体底质环境恶化，存在污染风险。

监测藻类的密度和种类。当藻类密度达到一定数值（蓝藻密度超过10^6个/L）且蓝藻成为优势种时，预示着可能暴发水华。同时，结合气温升高、风速较小气象条件和总磷、氨氮升高，营养盐浓度等因素，综合判断水华暴发的风险。叶绿素 a 是藻类光合作用的重要色素，其含量与藻类生物量密切相关。当水体中叶绿素 a 含量超过 10 μg/L 时，通常被认为是水华预警的一个重要信号。

（2）预警级别划分与响应机制

①划分预警级别。

当水质指标或生态指标略微超出正常范围，但未对生态系统和人体健康造成明显危害时，发出蓝色预警。例如：个别水质指标超过标准值的 10%~20%，或者浮游生物数量有小幅度异常变化。此时，主要采取加强监测频率、初步调查污染源等措施。

当水质恶化程度较为明显，可能对水生生物产生一定影响，或者生态系统出现部分功能受损时，发出（中度）黄色预警。例如：水质指标超过标准值的 20%~50%，浮游生物种类和数量变化较大，底栖生物多样性下降等。此时，需要启动进一步的调查和污染源控制措施，对可能的污染源进行排查和整治，同时加强对生态系统的保护和修复措施。

当水质严重恶化，对水生生物造成严重危害，生态系统功能严重受损，或者可能对人体健康产生威胁时，发出（重度）橙色预警。例如：水质指标超过标准值的 50%，出现大量鱼类死亡、水华暴发等现象。此时，应采取紧急的应对措施，包括暂停相关污染源的排放、实施生态修复应急工程、对受影响区域进行隔离等。

当出现极其严重的水污染事件，如有毒有害物质泄漏、大面积水生态系统崩溃等情况时，发出（特别严重）红色预警。这是最高级别的预警，需要启动全面的应急响应机制，这些应急响应机制包括组织专业救援队伍、疏散周边居民、实施大规模的环境修复和污染治理行动等。

②响应机制。

出现预警时，及时通过信息发布告知公众。一旦发出预警，通过政府网站、手机短信、社交媒体、电视广播等多种渠道及时向社会公众发布预警信息。内容包括预警级别、污染范围、可能的影响以及建议采取的防护措施等。例如：在橙色预警发布时，告知公众避免接触污染水体，减少在受影响水域的水上活动。涉及环保、水利、农业、卫生等多个部门时，各部门根据职责分工，迅速开展应急处置工作。环保部门负责污染源的排查和控制；水利部门负责水资源的调配和水利设施的调控，通过加大入湖河流的水量调度来稀释污染水体；农业部门关注农业面源污染的控制和受影响农产品的处理；卫生部门负责对可能影响人体健康的情况进行监测和应对。在应急处置后，对水环境进行长期跟踪监测，评估生态系统的恢复情况。根据监测结果，调整恢复措施，如继续实施生态修复工程、加强对污染源的监管等，确保水环境和生态系统逐步恢复到正常状态。

3.3 生态系统修复策略与技术

3.3.1 湿地生态系统修复

1. 湿地现状评估

（1）地理信息

通过卫星遥感影像、地理信息系统（GIS）技术和实地调查相结合的方法，全面清查滇池小流域内湿地的面积和分布情况。绘制详细的湿地分布图，标注出不同类型湿地（如河流湿地、湖泊湿地、沼泽湿地等）的位置和边界。与历史数据对比，分析湿地面积的变化趋势，确定湿地萎缩或扩张的区域。

（2）湿地生态功能评估

在湿地的进水口和出水口设置监测点，定期采集水样，分析水体的化学需氧量（COD）、氨氮、总磷、总氮等水质指标，评估湿地对污染物的去除效果。例如：某河流湿地进水口的氨氮浓度为 2 mg/L，经过湿地净化后，出水口的氨氮浓度降至 1 mg/L，说明该湿地对氨氮有一定的去除能力。

（3）生物多样性维持功能

采用样方法和调查统计相结合的方式，对湿地内的植物、动物种类和数量进行调查。记录湿地内的珍稀濒危物种及其分布情况，评估湿地生态系统的物种丰富度和多样性指数。例如：在某湖泊湿地发现了多种候鸟栖息，其中包括国家二级保护动物黑脸琵鹭，但近年来其数量有所减少。

（4）水文调节功能

监测湿地的水位变化、水流速度和流量等水文参数，分析湿地对洪水的削减、蓄水和调节河流径流量的作用。这样既可以在雨季通过监测发现某湿地能够有效减缓洪水下泄速度，削减洪峰流量，减轻下游洪水压力；又可以协助诊断湿地生态系统受损情况。

（5）污染源分析

对湿地周边的污染源进行排查，包括工业废水排放、生活污水排放、农业面源污染、畜禽养殖污染等，明确主要污染物的种类和来源，并评估其对湿地生态系统的影响程度。

（6）人类活动干扰评估

调查湿地内及周边的人类活动，包括围垦、填埋、过度捕捞、旅游开发等活动，对湿地生态系统结构和功能的破坏情况。例如：一些湿地周边的居民进行围垦造田，破坏了湿地的自然生态，减少了湿地的面积和生物栖息地。

(7) 自然因素影响分析

评估气温升高、降水变化等气候变化和洪水、干旱、泥石流等自然灾害对湿地生态系统的影响。例如：连续干旱会导致湿地水位下降，部分水生植物和动物因生存环境改变而受到威胁。

2. 修复目标设定

(1) 生态功能恢复目标

设定湿地出水水质达到一定的标准。例如：COD 降低至 20 mg/L 以下，氨氮降低至 1 mg/L 以下，总磷降低至 0.2 mg/L 以下，总氮降低至 1.5 mg/L 以下，以有效改善滇池小流域的水环境质量。

(2) 生物多样性提升目标

通过修复措施，湿地内的物种丰富度增加 20% 以上，珍稀濒危物种的数量得到稳定或恢复增长。例如：某濒危鸟类的种群数量在修复后的 5 年内增加 30%。

(3) 水文调节功能改善目标

增强湿地的蓄水能力。使湿地在雨季能够储存更多的雨水，减少洪水对下游的冲击；在旱季能够缓慢释放水资源，保持周边地区的生态需水，确保湿地水位的年变化幅度在合理范围内。

(4) 生态系统结构优化目标

根据湿地的自然条件和历史植被类型，确定适宜的植被群落结构。例如：在河流湿地恢复以芦苇、菖蒲等挺水植物为主的植被群落，在湖泊湿地增加苦草、狐尾藻等沉水植物和睡莲、菱角等浮叶植物的种植面积，使植被覆盖率达到 70%。

(5) 食物链重建目标

通过引入或保护湿地内的关键物种，促进食物链的重建和完善。可在湿地中投放适量的鱼苗和虾苗，为鸟类等捕食者提供食物来源，恢复湿地的生态食物链。

(6) 景观美学价值提升目标

打造具有特色的湿地景观，增加湿地的观赏性和吸引力。规划建设湿地步道、观景台、科普馆等设施，为公众提供亲近自然、了解湿地生态的场所。吸引游客，同时提高游客对湿地生态保护的认知度和满意度。

3. 修复技术措施

(1) 水文修复

通过修建引水渠、水闸等水利设施，调节湿地的水位和水流。合理调配水资源，保证湿地有足够的水源补给[20]。在干旱季节从附近的河流引水到湿地，保持湿地的生态需水。在雨季通过水闸控制洪水流入湿地的流量，防止湿地遭受洪水破坏。

打通湿地与周边水体的阻隔,恢复水系的自然连通性。清理河道淤积物,拆除不合理的堤坝和围堰,使湿地的水流能够顺畅地与外界交流,促进物质循环和生物迁徙。例如:恢复某河流湿地与滇池的自然连通,增强了湿地的生态活力。

采用再生水、雨水等作为生态补水水源,补充湿地因蒸发、渗漏等损失的水量。例如:建设雨水收集设施和再生水处理厂,将处理后的雨水和再生水引入湿地;利用城市污水处理厂的再生水对附近的湿地进行定期补水,改善了湿地的水质和生态环境。

(2) 水质净化

选择具有较强水质净化能力的湿地植物进行种植和恢复。根据湿地的水质特点和水深条件,合理搭配挺水植物、浮水植物和沉水植物。在污染较重的区域种植芦苇、香蒲等挺水植物,吸收水中的氮、磷等营养物质和重金属。在水较深的区域种植苦草、狐尾藻等沉水植物,通过光合作用增加水中的溶解氧,促进有机物的分解。

向湿地中投放硝化细菌、反硝化细菌、芽孢杆菌等有益微生物制剂,增强湿地对污染物的分解和转化能力。微生物可以分解水中的有机物、氨氮等污染物,将其转化为无害物质[21]。在某湖泊湿地中投放微生物制剂后,水中的COD和氨氮浓度明显降低。

在湿地水面设置生态浮床,种植美人蕉、鸢尾等水生植物。生态浮床可通过植物根系吸收水中的污染物,为微生物提供附着生长的场所。城市景观河道湿地中设置生态浮床,有效改善了水体的水质和景观效果。

(3) 栖息地修复

对湿地内受损的植被进行修复和重建,种植本地乡土植物,恢复湿地的植被群落结构。在植被恢复过程中,注重不同植物种类的搭配,为野生动物提供多样化的栖息和觅食环境。首先,可在沼泽湿地中种植柳树、水杉等乔木,为鸟类提供栖息和筑巢场所。在湿地周边种植草本植物和灌木,为小型哺乳动物和昆虫提供栖息地。其次,可以建设鸟类栖息岛、浅滩、觅食区等设施,为鸟类提供适宜的生存环境。在栖息岛上种植树木和草丛,营造隐蔽的栖息空间。在浅滩区域种植水生植物,为鸟类提供觅食和栖息场所。例如:在滇池小流域的某湿地建设了多个鸟类栖息岛,吸引了大量候鸟栖息和繁殖。最后,通过改善水体水质、恢复水生植物和构建水下地形等措施,修复水生动物的栖息地。例如:在河流湿地中设置石堆、木桩等水下障碍物,为鱼类提供栖息和繁殖场所;在湖泊湿地中种植水生植物,为虾蟹等水生动物提供食物和庇护所。

(4) 生态护坡与岸线修复

一方面,采用生态护坡材料和技术,对湿地的河岸和湖岸进行修复。石笼护坡、植被混凝土护坡、土工格栅护坡等技术,可以防止河岸坍塌,为植物生长提供条件,增强岸坡的生态功能。采用石笼护坡技术时,填充石块的空隙可以为水生生物提供栖息空间;植被混凝土护坡上种植的植物可以固土护坡,美化环境。另一方面,对人工硬化的岸线进行改造，恢复自然岸线形态。拆除不必要的硬质堤坝和护岸，采用自然缓坡、曲流等形式，增加岸线的多样性和生态性。例如：将某段直线型的混凝土岸线改造成自然弯曲的生态岸线，种植芦苇、菖蒲等植物，吸引了更多的水生生物栖息。

3.3.2 湿地恢复与重建规划

通过实地调查和卫星遥感影像分析，确定滇池小流域内湿地的分布范围和类型。滇池小流域的湿地主要有河流湿地、湖泊湿地、沼泽湿地等。其中，河流湿地主要分布在入湖河流及其支流沿岸，湖泊湿地主要是滇池的周边浅水区，沼泽湿地则分布在一些地势低洼、排水不畅的区域。绘制湿地分布图，详细标注不同类型湿地的位置、面积和边界。

1. 规划原则

（1）生态优先原则

将生态保护放在首位，遵循湿地生态系统的自然规律，采取科学合理的恢复与重建措施，最大限度地减少对湿地生态系统的干扰和破坏。

（2）因地制宜原则

根据滇池小流域不同区域的自然条件、湿地类型和受损程度，制定针对性的规划方案和技术措施，确保规划的可行性和有效性。

（3）整体性原则

将滇池小流域的湿地作为一个整体进行规划，考虑湿地与周边森林、农田、河流等生态系统的相互关系，实现区域生态系统的协调发展。

（4）可持续发展原则

在湿地恢复与重建过程中，充分考虑经济、社会和环境的协调发展，合理利用湿地资源，发展生态产业，促进当地经济发展，提高居民生活水平。

（5）公众参与原则

加强宣传教育，提高公众对湿地保护的认识和意识，鼓励公众积极参与湿地恢复与重建工作，形成全社会共同参与湿地保护的良好氛围。

2. 规划策略

（1）保护与恢复并重

对于现状较好的湿地，采取严格的保护措施，防止其受到破坏。对于受损的湿地，通过生态修复技术和工程措施，逐步恢复其生态功能和生物多样性。

(2) 污染源控制与治理

加强对工业废水、生活污水和农业面源污染的治理，减少污染物的排放，从源头上改善湿地水质。推广生态农业模式，减少化肥和农药的使用。加强污水处理设施建设，提高污水的处理率和达标排放率。

(3) 生态补水与水资源管理

合理调配水资源，确保湿地有足够的水源补给。通过修建引水渠、水闸等水利设施，调节湿地的水位和水流，维持湿地的生态需水。加强水资源管理，提高水资源的利用效率，避免水资源的浪费和过度开发。

(4) 生物多样性保护与恢复

通过种植湿地植物、营造栖息地等措施，为湿地生物提供适宜的生存环境。加强对珍稀濒危物种的保护，建立自然保护区或保护小区，开展物种监测和保护研究，促进生物多样性的恢复和发展。

(5) 科学监测与评估

建立完善的湿地监测体系，对湿地的生态环境、生物多样性、水质等进行长期监测和评估。及时掌握湿地恢复与重建的效果，发现问题及时调整规划方案和管理措施，确保规划目标的实现。

3.3.3 湿地植被修复与水生生物群落构建

1. 湿地植被修复

(1) 植被现状调查与评估

首先，通过实地调查、样方设置和标本采集等方法，对滇池小流域湿地现有植物种类进行全面清查。记录植物的名称、科属、生长习性以及在湿地中的分布区域和面积。然后，绘制湿地植被分布图，标注不同植物群落的位置和边界，为后续的修复规划提供基础资料。最后，进行植被受损情况分析。评估湿地植被的受损程度，包括围垦、填埋、过度捕捞、污水排放等人为干扰和洪水、干旱、病虫害等自然因素对植被造成的影响[22]。例如：一些靠近城镇的湿地由于污水排放，芦苇群落植物生长不良，出现枯萎、死亡现象，其受损后对水中氮、磷等营养物质的吸收能力减弱，影响了湿地的水质净化效果。

(2) 修复目标设定

根据滇池小流域湿地的历史植被资料和生态特征，确定目标植物物种清单，增加植物种类，提高植被的多样性，使湿地植物群落更加丰富和稳定。计划在修复后的湿地中新增若干种本地沉水植物和湿生草本植物。设定物种多样性的量化指标，包括植物的物种丰富度（Margalef 指数）、多样性指数（Shannon-Wiener 指数）和均匀度指数（Pielou 指数）等。例如：期望在三年内湿地的物种丰富度提高 30%，多样性指数达到 2.5 以上。

生态功能提升，明确植被修复对水质净化、水土保持、生物栖息地提供等生态功能的提升目标。通过植被修复，湿地对化学需氧量（COD）、氨氮、总磷等污染物的去除率提高到一定比例，增强湿地的水质净化能力。设定植被覆盖率和生物量的增长目标，以改善湿地的生态环境和景观效果。例如：将湿地植被覆盖率从目前的 50% 提高到 70% 以上，植物生物量增加 50% 左右。

（3）修复技术与措施

首先，选择适生植物。优先选择本地乡土植物，这些植物对当地的气候、土壤和水文条件具有良好的适应性，能够更好地生长和繁衍，同时也有利于维护本地的生态平衡。根据湿地的不同区域和生态功能需求，合理搭配植物种类。在水质污染较重的区域选择具有较强耐污和净化能力的植物。在浅水区和岸边种植挺水植物和湿生植物，起到固土护岸和景观美化的作用。在深水区配置沉水植物，为水生动物提供栖息和觅食场所。同时，对于一些一年生草本和部分小型水生植物，采集成熟的种子，在适宜的季节进行播种。在播种前，对种子进行消毒、浸种等处理，提高种子的发芽率。例如：在春季将菱角的种子撒播在湿地的浅水区。对于大多数多年生植物和一些生长较慢的植物，可采用种苗移栽的方式进行种植。选择生长健壮、无病虫害的种苗，按照一定的株行距进行移栽。在移栽过程中，注意保护种苗的根系，确保其能顺利成活。例如：将芦苇种苗移栽到湿地的岸边和浅水区域，株距控制在 30～50 cm。

其次，构建水生植物群落。模拟自然湿地的植物群落结构，进行水生植物群落的构建。根据不同植物的生长习性和生态位，合理配置挺水植物、浮水植物和沉水植物，形成多层次、立体式的植物群落。根据不同植物的生长需求，合理调控湿地的水位。在植物生长初期，保持适当的浅水水位，促进植物根系的生长和发育。随着植物的生长，逐渐调整水位，满足植物不同生长阶段的需求。对于挺水植物，在生长旺季可适当降低水位，使植物的茎部露出水面，增加通风和光照。对于沉水植物，保持相对稳定的深水水位。

最后，定期对湿地植被进行病虫害监测，及时发现并采取相应的防治措施。优先采用生物防治和物理防治方法，如引入害虫的天敌、设置诱虫灯等。对于芦苇的病虫害，可以利用赤眼蜂防治蚜虫，采用人工摘除病叶的方式防治叶斑病等。定期对湿地植被进行收割和清理，去除枯萎、死亡的植物和过多的生物量，防止植物残体在水中腐烂，影响水质。同时，合理的收割可以促进植物的再生和分蘖，保持植物群落的活力。每年秋季对芦苇进行适度收割，留茬高度控制在 30～50 cm。

2. 水生动物群落构建

（1）水生动物现状调查与评估

首先，采用样线法、样方法和捕捞调查等方法，对滇池小流域湿地的水生动物种类和数量进行调查。这些动物包括鱼类、虾类、蟹类、贝类、两栖类和爬行类等。记录每种动物的名称、分类地位、生活习性以及在湿地中的分布和数量情况。

然后，分析水生动物的群落结构和多样性，计算物种丰富度、多样性指数和均匀度指数等指标，评估水生生物群落的稳定性和健康状况。

最后，调查水生动物的栖息地状况。调查湿地的水生动物栖息地类型，如浅滩、深潭、水生植物群落、水下地形等以及这些栖息地的质量和变化情况。一些浅滩由于泥沙淤积和水生植物减少，已不适宜水生动物栖息和繁殖。评估人类活动和环境污染对水生动物栖息地的破坏程度，如河道改造、围网养殖、污水排放等对水生生物生存环境的影响。

（2）构建目标设定

首先，确定目标水生动物。列出本地珍稀濒危物种和具有重要生态功能的物种清单，计划在一定时间内引入或恢复这些物种，增加水生生物的多样性。将滇池特有的金线鲃等珍稀鱼类作为重点恢复对象，通过人工繁殖和放流等方式增加其种群数量。其次，设定生物多样性的量化指标，例如：物种丰富度在若干年内提高到一定水平，珍稀物种的种群数量实现稳定增长或恢复到历史较高水平。再次，构建合理的水生生物食物链和食物网，促进物质循环和能量流动，实现水生生态系统的稳定与平衡。可通过增加浮游动物和底栖动物的数量，为鱼类提供丰富的食物资源，同时鱼类的捕食又可以控制浮游动物和底栖动物的种群数量，维持生态系统的平衡。最后，提高水生生态系统的自我调节能力和抗干扰能力，使系统能够在一定程度上抵御外界环境变化和人类活动的影响。通过构建多样化的水生生物群落，增强系统对水质变化、气候变化等因素的适应能力。

（3）构建技术与措施

①水生动物引入与放流。

根据滇池小流域湿地的生态环境和生物群落特点，选择适宜的水生动物物种进行引入和放流。引入水生动物时，要注意几点。第一，优先选择本地物种，使其能够适应本地环境并与原有生物群落和谐共生；然后，考虑引入一些具有生态修复功能的物种，如鲢鱼、鳙鱼等滤食性鱼类，这些鱼类可以通过摄食浮游生物，降低水体中的藻类含量，改善水质。第二，要确保引入的水生动物种苗来源合法、健康无病害。建立种苗检疫和检测制度，防止引入的外来物种入侵和携带疫病。例如：对于人工繁殖的鱼苗，要选择具有资质的养殖场，并对鱼苗进行严格的检验检疫，确保其符合放流标准。第三，根据水生动物的生活习性和繁殖周期,选择合适的放流时间和地点。一般在春季或秋季等适宜生长的季节进行放流,选择水流平缓、水质良好、水生生物栖息地丰富的区域作为放流地点。在湿地的入湖口附近或水生植物茂密的区域放流鱼类和虾类种苗,有利于其尽快适应环境并生存繁衍。第四,根据湿地的生态承载能力和生物群落结构,合理控制放流的数量和比例。通过科学的计算和评估,确定不同物种的放流数量,避免过度放流对生态系统造成负面影响。在放流滤食性鱼类和草食性鱼类时,要根据水体中的浮游生物和水生植物资源量,合理确定两者的比例,确保生态平衡。

②水生生物栖息地改善。

制作和投放人工鱼巢,如用竹筒、树枝等材料制作鱼巢,并放置在适宜的水域,为鱼类提供繁殖场所,提高鱼类的繁殖成功率。

加强对湿地水质的监测和管理,采取有效的水质改善措施,确保水生生物的生存环境质量。

通过湿地植被修复、污水治理、生态补水等手段,降低水体中的污染物含量,提高水质的透明度和溶解氧含量。

控制农业面源污染,减少化肥和农药的使用,加强污水处理厂的运行管理,提高污水排放标准,定期对湿地进行生态补水,维持水体的生态流量和水位。

3.3.4 湿地生态系统服务功能提升与评估

1. 湿地生态系统服务功能概述

(1) 物质生产功能

湿地可以提供丰富的鱼类、虾蟹、贝类、水生植物等生物资源,这些生物资源是当地居民重要的食物来源和经济收入来源。滇池周边的渔民每年从湿地中捕获大量的鱼类,在满足市场需求的同时也增加了自己的收入。此外,湿地中的一些水生植物如芦苇、菖蒲等还可以用于编织、造纸等工业原料生产。湿地通过水分蒸发和植物蒸腾作用,向大气中释放大量的水汽,增加空气湿度,调节局部气候。同时,湿地中的植被可以吸收和固定二氧化碳,减缓温室气体排放对气候的影响。研究表明,滇池小流域的湿地每年可以吸收大量的二氧化碳,对缓解区域气候变化起到了积极作用。

(2) 水质净化功能

湿地就像一个天然的污水处理厂,能够对流入其中的污水进行净化处理。湿地中的植物、微生物和土壤等通过物理、化学和生物过程,去除水中的悬浮物,有机物,以及氮、磷等污染物。微生物可以分解有机物,从而使湿地出水的水质得到明显改善,减轻了对滇池水体的污染负荷。

(3) 洪水调节功能

在雨季，湿地可以储存大量的雨水，削减洪峰流量，缓解洪水对下游地区的冲击。湿地的土壤和植被像海绵一样，能够吸收和储存水分，然后在旱季缓慢释放，维持河流的基流，保障水资源的可持续利用。滇池小流域的湿地在过去曾有效地减轻了洪水灾害，保护了周边地区的农田和居民安全。

(4) 生物多样性维护功能

湿地为众多的动植物提供了栖息、繁殖和迁徙的场所，是生物多样性的重要保护区。滇池小流域的湿地拥有丰富的鸟类、鱼类、两栖类、爬行类和植物等物种资源。每年都有大量的候鸟在滇池湿地停歇和觅食，这里成了它们重要的迁徙中转站或栖息地。湿地的存在对于维护区域生态平衡和生物多样性具有不可替代的作用。

2. 生态系统服务功能提升策略

(1) 湿地保护与恢复

第一，加强湿地保护立法与执法。制定和完善针对滇池小流域湿地保护的法律法规，明确湿地的保护范围、管理职责、开发利用限制等内容。加强执法力度，严厉打击非法侵占湿地、破坏湿地生态环境等违法行为。设立专门的湿地保护执法队伍，加强对湿地周边的巡查，对违法排污、围垦湿地等行为进行严肃查处，确保湿地生态环境得到有效保护。

第二，开展湿地生态修复工程，包括水域恢复、植被恢复、栖息地恢复等。对于因围垦、填埋等原因受损的湿地，进行退田还湖、疏通水系等措施，恢复湿地的原有水域面积和生态功能。通过种植适宜的湿地植物和沉水植物等，修复湿地植被群落，提高湿地的植被覆盖率和生物多样性。同时，为鸟类、鱼类等野生动物营造良好的栖息和繁殖环境，如鸟类栖息地、人工鱼巢等。

第三，减少人类活动干扰。合理规划湿地周边的土地利用，限制在湿地保护区内的开发建设活动。控制农业面源污染，推广生态农业模式，减少化肥、农药的使用量，降低农业废水对湿地的污染。加强对湿地周边居民的环保宣传教育，提高公众的湿地保护意识，减少生活污水和垃圾的排放。例如，在湿地周边村庄建设污水处理设施，集中处理居民生活污水，避免污水直接排入湿地。

(2) 水资源管理与优化

根据湿地生态系统的需求和季节变化，制定科学合理的水位调控方案。在雨季，适当降低湿地水位，增加蓄洪能力；在旱季，缓慢提升水位，保障湿地生态需水。通过修建水闸、堤坝等水利设施，实现对湿地水位的精准调控。在滇池小流域的某些湿地，根据不同季节的鸟类栖息需求调整水位，为候鸟提供适宜的觅食和栖息环境。

提高水资源利用效率，加强对湿地周边地区的水资源管理，推广节水技术和措施，提高水资源的利用效率。发展节水农业，采用滴灌、喷灌等节水灌溉方式，减少农业用水浪费。加强工业用水循环利用，提高工业废水的处理回用率。同时，加强对城市生活用水的管理，倡导居民节约用水，减少生活污水排放。

为了保障湿地的生态需水，在干旱季节或水资源短缺时期，实施生态补水工程。可以利用再生水、雨水收集等作为生态补水水源，通过修建引水渠、泵站等设施，将水引入湿地。例如：将经过处理的城市再生水引入滇池周边的湿地，补充湿地的水量，改善湿地水质，促进湿地生态系统的恢复和发展。

（3）生物多样性保护与促进

加强对滇池小流域湿地内珍稀濒危物种的保护，建立物种保护名录和档案，制定专门的保护计划。对于滇池金线鲃等濒危物种，开展人工繁育和放流工作，增加其种群数量。同时，加强对野生动物的监测和保护，打击非法捕猎和贸易行为。在湿地内设置野生动物保护区和禁猎区，为野生动物提供安全的生存环境。

构建湿地与周边生态系统的生态廊道，促进物种的迁徙和基因交流。通过种植植被、恢复河流连通性等措施，建立起连接湿地与森林、山地等生态系统的通道，野生动物能够在更大的范围内活动和觅食。可在滇池湿地与周边山脉之间种植适宜的植被带，为鸟类和小型哺乳动物提供迁徙通道，增强区域生物多样性的稳定性。

加强对外来物种的监测和管理，防止外来物种入侵对湿地生态系统造成破坏。建立外来物种入侵预警机制，对湿地内的外来物种进行定期调查和评估。一旦发现外来物种入侵，及时采取有效的清除、隔离等防控措施。同时，加强对湿地周边地区的物种引进管理，严格审批程序，避免引入有害的外来物种。

（4）科学监测与管理

首先，建立完善的水质监测、生物多样性监测、气象监测、水文监测等方面的湿地生态系统监测体系。设置多个监测站点，定期采集数据，对湿地生态系统的各项指标进行实时监测和分析。利用先进的卫星遥感、无人机监测、自动监测站等监测技术和设备，提高监测的效率和精度。其次，对监测数据进行及时的整理和分析，评估湿地生态系统服务功能的变化情况和发展趋势。通过建立生态模型，模拟不同情景下湿地生态系统的响应，为决策提供科学依据[23]。利用生态系统服务价值评估模型，对滇池小流域湿地的生态系统服务价值进行量化评估，分析其在不同保护和管理措施下的变化情况，为制定合理的管理策略提供参考。最后，根据监测和评估结果，及时调整湿地的管理措施和保护策略。实行动态管理，对湿地生态系统中出现的问题及时采取有效的应对措施。

3. 生态系统服务功能评估方法

（1）市场价值法

①直接市场价值评估。

对于湿地提供的鱼类、虾蟹、水生植物等可直接在市场上交易的产品，通过市场调查和统计数据，计算其年捕捞量或产量以及市场价格，从而得出其直接经济价值。例如：滇池湿地每年的鱼类捕捞量为 x t，市场平均价格为 y 元/t，则鱼类的物质生产价值为 xy 元。若湿地为周边地区提供了水资源供应服务，则可以通过计算水资源的市场价格来评估其价值。考虑到生活用水、工业用水、农业用水等水资源的多种用途，采用不同的水价标准进行计算。例如：湿地为某城市提供了一定量的生活用水，根据当地生活水价 z 元/m^3 以及供水量 m m^3，可计算出水资源的价值为 mz 元[24]。

②间接市场价值评估。

通过调查湿地周边的旅游景点门票收入、游客数量、旅游消费等数据，采用旅行费用法（TCM）或消费者剩余法（CS）等方法来评估湿地的旅游休闲价值。可使用 TCM 法，统计游客前往湿地旅游的交通费用、餐饮费用、住宿费用等各项支出，以及游客的旅行时间成本，结合游客的满意度等因素，估算出湿地的旅游休闲价值。

③湿地对污水的净化作用具有一定的经济价值。

可以通过计算污水处理厂处理同等水量和水质的污水所需的成本来间接评估湿地的水质净化价值。假设污水处理厂处理每立方米污水的成本为 n 元，而湿地每年能够净化的污水量为 p m^3，则湿地的水质净化价值为 pn 元。

（2）替代成本法

湿地在洪水期能够储存和调节洪水，减少洪水对下游地区造成的损失。评估其洪水调节价值时，可以采用替代成本法，通过调查和分析当地防洪工程的建设成本、维护成本以及预期的防洪效益等因素，来估算湿地的洪水调节价值。例如：建设一座能够达到与湿地相同防洪效果的水库需要投资 q 元，每年的维护成本为 r 元，则湿地的洪水调节价值近似为 $(q+r)$ 元。

湿地为生物多样性提供了重要的栖息地和保护场所。评估其生物多样性保护价值时，可以采用物种保护的替代成本法。计算为了保护湿地内的珍稀濒危物种，在人工条件下进行物种繁育、保护和管理所需的成本，包括建立繁育基地、科研投入、人工饲养等方面的费用。例如：保护某一珍稀鸟类物种，在人工繁育基地每年的投入为 s 元，则湿地对该物种的生物多样性保护价值可以参考 s 元以及相关的其他保护成本进行估算。

(3) 生态模型法

可以构建综合的生态系统服务价值评估模型，将湿地的各项生态系统服务功能纳入一个统一的框架进行评估。例如：使用生态系统服务评估与权衡（integrated valuation of ecosystem services and tradeoffs，InVEST）模型等，根据湿地的土地利用类型、植被覆盖、土壤性质、水文条件等数据，对湿地的水质净化、碳储存、生物多样性维持等多种生态系统服务功能进行量化评估，并以货币形式显示其价值。通过输入滇池小流域湿地的相关数据，运行模型得到湿地生态系统服务的总价值以及各项服务功能的价值分布。也可以利用生态过程模拟模型来评估湿地生态系统服务功能的动态变化[25]。例如：使用SWAT（soil and water assessment tool）模型等水文模型，模拟湿地的水文过程和水质变化，评估湿地对水资源调节和水质净化功能的影响。通过设置土地利用率变化、气候变化、水资源管理措施调整等不同的情景，运行模型预测湿地生态系统服务功能在不同情景下的变化趋势，为湿地的管理和保护提供决策支持[26]。

(4) 问卷调查与专家评估法

①问卷调查。

通过问卷调查的方式，了解公众对滇池小流域湿地生态系统服务功能的认知程度和支付意愿。设计的问卷内容应包括公众对湿地生态功能的了解情况、对湿地保护的态度、愿意为湿地保护支付的金额等方面。对湿地周边地区的居民、游客以及相关利益群体进行广泛的问卷调查，收集数据并进行统计分析。通过调查发现，有 $x\%$ 的公众认为湿地的生态环境对他们的生活质量有重要影响，其中 $y\%$ 的公众愿意每年支付 z 元用于湿地保护，这些数据可以为评估湿地的非使用价值提供参考。

②专家评估法。

邀请相关领域的生态学家、经济学家、水资源专家等专家对滇池小流域湿地的生态系统服务功能进行评估。专家根据自己的专业知识和经验，对湿地的各项生态功能进行定性和定量的评价，对湿地的生物多样性保护功能进行评估，考虑湿地内物种的丰富度、珍稀程度、生态系统的稳定性等因素，给出一个相对客观的评价和价值估算。专家评估可以在数据不足或情况复杂时提供重要的参考意见，但需要注意专家主观性可能带来的影响，因此通常会结合多种方法进行综合评估。

4. 评估结果应用与决策支持

(1) 制定湿地保护与管理政策

根据生态系统服务功能评估结果，政府部门可以制定更加科学合理的湿地保护与管理政策。如果评估发现湿地的水质净化功能对滇池水体质量改善具有重要作用，但当前面临着农业面源污染的严重威胁,那么政府可以出台相关政策,加强对农业面源污染的治理,限制农药、化肥的使用量,推广生态农业模式,以保障湿地的水质净化功能。同时,根据评估结果,可以确定湿地保护的重点区域和优先事项,合理分配资源,提高湿地保护和管理的效率。

(2) 规划湿地资源合理利用

在评估湿地生态系统服务功能的基础上,进行湿地资源的合理规划和利用。例如:若评估时发现某区域的湿地具有较高的旅游休闲价值和生态教育潜力,则可以在保护湿地生态环境的前提下,开发适度的生态旅游项目,建设科普教育基地,促进当地经济发展的同时提高公众对湿地的认知和保护意识。但要注意控制旅游开发的强度,避免对湿地生态系统造成破坏。通过合理规划,实现湿地生态保护与经济发展的良性互动。

(3) 开展生态补偿机制设计

生态系统服务功能评估的结果为建立生态补偿机制提供了依据。对于那些为保护湿地生态系统作出贡献的地区或群体,如湿地周边的居民,因限制开发而导致经济损失,可通过生态补偿机制给予一定的经济补偿。根据湿地生态系统服务功能的价值量化结果,确定合理的补偿标准和方式。可按照湿地提供的水质净化服务价值,向周边的污水处理厂或受益企业收取一定的费用,用于补偿湿地周边居民的生态保护成本和经济损失,激励他们积极参与湿地保护工作。

(4) 促进区域生态安全与可持续发展

滇池小流域湿地生态系统服务功能评估结果对于保障区域生态安全和促进可持续发展具有重要意义。通过评估,可以了解湿地生态系统的健康状况和服务功能的变化趋势,及时发现潜在的生态问题和风险。基于评估结果,制定相应的生态修复和保护措施,能够提高区域的生态承载能力,保障生态安全[27]。同时,将湿地生态系统服务功能纳入区域发展规划的考虑范畴,推动经济、社会和环境的协调发展,实现区域的可持续发展目标。在城市规划和建设中,需充分考虑湿地的生态功能和价值,合理布局城市空间,避免对湿地造成破坏,促进城市与湿地的和谐共生。

第4章　景观生态改造规划与设计

4.1　景观生态规划理论基础

4.1.1　景观生态学原理在湿地生态系统中的应用基础

在滇池小流域湿地中，不同类型的河流湿地、湖泊湿地、沼泽湿地等湿地斑块，连接湿地河流、溪流等的廊道，以及周边农田、森林、城市等的基质共同构成了湿地景观。优化景观结构可以提升湿地生态系统的服务功能。例如：合理分布的湿地斑块可以为不同的生物提供多样化的栖息环境，增加生物多样性；连接湿地的廊道可以促进物种的迁移和扩散，增强生态系统的稳定性。

（1）尺度效应

景观生态学关注不同尺度上的生态过程和现象。在滇池小流域湿地生态系统服务功能提升中，需要考虑从局部湿地斑块到整个小流域的不同尺度。不同尺度上的生态系统服务功能的重点和需求不同，采取的措施也应有所差异。例如：在小流域尺度上，需要考虑水资源的分配和管理，以确保湿地有足够的水源补给；在湿地斑块尺度上，重点关注湿地植被的恢复和生物栖息地的营造。

（2）生态过程与动态变化

景观生态学研究生态系统中的物质循环、能量流动和生物迁移等生态过程以及景观随时间的动态变化。了解这些生态过程和动态变化，有助于采取有效的措施来提升湿地生态系统服务功能[28]。通过监测湿地水质的变化，来分析营养物质的输入和输出过程，从而采取针对性的措施来减少污染，提升水质净化功能。观察湿地生物群落的演替过程，可以适时进行干预，促进生物多样性的恢复。

4.1.2　景观格局分析与优化

1. 景观格局分析

（1）数据收集与处理

获取滇池小流域湿地的 Landsat 系列卫星影像、高分二号卫星影像等高分辨率遥感影像数据，同时收集相关的地形数据、土地利用现状图、土壤类型图等辅助数据。对遥感影像进行辐射校正、几何校正、大气校正等处理，以消除影像中的噪声和误差，提高影像的质量和精度。利用地理信息系统（GIS）软件对土地利用现状图等数据进行数字化和矢量化处理，使其能够与遥感影像进行叠加分析[29]。

（2）景观分类

根据滇池小流域湿地的特点和研究目的，将景观类型划分为水体（如滇池湖体、河流、湖泊湿地等）、湿地植被（如芦苇荡、菖蒲沼泽、水生植物群落等）、农田（包括水田和旱地）、林地（包括森林和灌木林）、建设用地（城镇、村庄、工业用地等）和其他用地（裸地、沙地等）等几大类。采用监督分类和非监督分类相结合的方法对遥感影像进行分类。首先，通过非监督算法ISODATA分类方法对影像进行初步分类，得到若干个聚类类别。然后，结合实地调查数据和先验知识，对这些聚类类别进行目视解译和修正，确定每个类别的具体含义和边界[30]。最后，采用监督分类的最大似然法方法对影像进行再次分类，得到最终的景观分类结果。

（3）景观格局指标计算

斑块面积（patch area，PA）：计算每个景观斑块的面积，用于反映斑块的大小。对于滇池小流域湿地的水体斑块，可以分析不同面积大小的湖泊湿地和河流湿地的分布情况；对于湿地植被斑块，了解不同面积的芦苇荡、菖蒲沼泽等的特征。

斑块周长（patch perimeter，PP）：测量每个斑块的周长，用于描述斑块的形状复杂程度。周长较长的斑块可能与周边环境的交互作用更强。例如：一些形状不规则的湿地植被斑块可能具有更丰富的边缘生境。

斑块形状指数（patch shape index，PSI）：通过计算斑块周长与等面积圆周长的比值来衡量斑块的形状。形状指数越接近1，说明斑块形状越接近圆形；形状指数越大，则斑块形状越复杂。复杂的形状可能提供更多的生态位和栖息地多样性，比如蜿蜒的河流湿地具有更丰富的水生生物栖息环境[31]。

（4）类型水平指标

面积比例（percentage of landscape，PLAND）：指某一景观类型在整个研究区域中所占的面积比例。面积比例反映了该景观类型的优势度。例如：计算滇池小流域湿地中湿地植被类型的面积比例，了解其在整个景观中的重要性。较高的面积比例可能意味着该景观类型对生态系统功能的贡献较大。

斑块密度（patch density，PD）：表示每单位面积内某一景观类型的斑块数量。斑块密度较高，说明该景观类型的破碎化程度较高。例如：农田景观的斑块密度较高可能是土地分割和细碎化经营导致的。

边缘密度（edge density，ED）：指某一景观类型的边缘长度与景观总面积的比值。边缘密度反映了景观类型之间的接触程度和边界效应。湿地与周边其他景观类型的边缘区域，往往具有较高的生态敏感性和物种交流频繁性。

景观形状指数（landscape shape index，LSI）：用于衡量整个景观的形状复杂程度，是所有景观类型的斑块形状指数的加权平均值。LSI 值越大，景观形状越复杂，生态系统的稳定性和抗干扰能力可能相对较强[32]。

（5）景观水平指标

蔓延度指数（contagion index，CONTAG）：反映景观中不同斑块类型的团聚程度或蔓延趋势。较高的蔓延度指数表示景观中的斑块类型相对集中和连续，连通性较好；较低的蔓延度指数则表示景观破碎化程度较高，斑块分布较为分散。在滇池小流域湿地景观中，水体与湿地植被的连通性对水生生物的迁徙和生态过程的连续性具有重要影响。

香农多样性指数（shannon's diversity index，SHDI）：用于衡量景观的多样性，综合考虑了景观中各斑块类型的丰富度和均匀度。SHDI 值越高，说明景观中包含的斑块类型越多，且各类型在面积上分布相对均匀。丰富的景观多样性有利于维持生态系统的稳定性和提供多种生态服务功能，例如，滇池小流域湿地景观的多样性有助于水质净化、生物多样性保护等。

聚集度指数（aggregation index，AI）：用于描述景观中不同斑块类型的聚集程度。高聚集度指数表明相同类型的斑块倾向于聚集在一起，形成较大的斑块集群；低聚集度指数则表示斑块类型分布较为分散[33]。对于湿地生态系统，湿地植被的聚集度可能影响其对水体污染的净化效果和为野生动物提供栖息地的能力。

2. 景观格局优化

（1）优化目标设定

景观格局优化以增强滇池小流域湿地的生态系统服务功能为主要目标，例如：提高水质净化能力、增加生物多样性、调节气候、防洪抗旱等。通过优化景观格局，促进物质循环、能量流动和信息传递，使湿地生态系统更加稳定和健康。优化目标致力于保护和恢复滇池小流域湿地的生物多样性，为各种野生动物提供适宜的栖息、繁殖和迁徙环境[34]。合理配置不同景观类型，增加栖息地的多样性和连通性，减少生物栖息地的破碎化，提高物种的生存概率和种群数量。同时，在保障生态功能和生物多样性的前提下，实现滇池小流域湿地的可持续利用和区域经济的协调发展。促进生态旅游、生态农业等绿色产业的发展，提高当地居民的生活质量，并确保湿地资源的长期可持续利用，实现人与自然的和谐共生。

（2）优化策略制定

识别和划定滇池小流域湿地的核心区域，通过生态修复和保护措施，扩大湿地核心区的面积。减少对核心区的人类干扰,限制开发建设、减少农业面源污染,为湿地生物提供更广阔、更稳定的栖息环境。例如:在滇池周边一些生态敏感区域,通过退耕还湿、湿地恢复工程等,增加湖泊湿地和沼泽湿地的面积,打造湿地生态核心区。在滇池小流域湿地景观中,识别和建立连接不同湿地斑块、湿地与周边森林、农田等生态系统的生态廊道。生态廊道可以是河流、溪流、绿化带等形式,它们有助于促进物种的迁移和扩散,增强生态系统的连通性和稳定性[35]。例如:沿着滇池流域的主要河流两岸建设一定宽度的绿化带作为生态廊道,连接滇池湿地与周边的山地森林生态系统,为鸟类、鱼类等生物提供迁徙通道和栖息场所。

对湿地景观中的斑块进行合理调整,使其形状更加规则或自然化,布局更加合理。避免过于破碎和狭长的斑块形状,减少边缘效应的负面影响。对于一些不规则的农田斑块,可以通过土地整理和规划,使其形状更加规整,减少对周边湿地生态系统的干扰。对于湿地植被斑块,可以通过种植和管理,使其形成更加自然、多样化的形状,提高生态功能和景观美学价值。

合理调整滇池小流域湿地周边的土地利用结构,减少建设用地对湿地的侵占,增加生态用地的比例。鼓励发展生态农业、生态旅游等友好型的土地利用方式。在湿地周边的农业区域,推广有机农业和生态农业模式,减少化肥、农药的使用,降低农业面源污染对湿地的影响。在适宜的区域发展生态旅游,合理规划旅游设施和线路,避免对湿地生态环境造成破坏。

4.1.3 生态廊道与生态节点理论

1. 生态廊道理论

(1) 生态廊道的定义与特征

生态廊道是指具有一定宽度的线性景观要素,它连接不同的生态斑块,是促进物种、能量、物质和信息流动与交换的区域。它可以是河流、山脉等自然形成的,也可以是防护林带、绿道等人工构建的。生态廊道具有以下特征。

第一,连接性。生态廊道将分散的生态斑块连接起来,形成一个连续的生态网络,为物种的迁移和扩散提供通道。

第二,宽度。生态廊道具有一定的宽度,以确保能够容纳足够的生物多样性和生态过程。较宽的生态廊道可以提供更多的生境类型和资源,支持更多的物种生存。

第三,结构复杂性。生态廊道通常包含多种森林、草地、湿地等生境类型,为不同的生物提供适宜的栖息环境。结构复杂的生态廊道能够提供更多的生态服务功能[36]。

(2) 生态廊道的类型

生态廊道主要分为河流廊道、防护林带和绿道三种类型。

河流廊道由河流及其两岸的植被组成,是水生生物和陆地生物的重要迁移通道。河流廊道还具有调节气候、净化水质、防洪等生态功能。

防护林带主要由树木组成,用于防风固沙、保持水土、净化空气等。防护林带可以连接不同的生态系统,为野生动物提供栖息地和迁移通道。

绿道通常是为人类休闲和娱乐而设计的线性开放空间,但也可以作为生态廊道,连接城市中的公园、绿地和自然保护区等生态斑块[37]。绿道可以促进城市居民与自然的接触,提高城市的生态质量。

(3) 生态廊道的功能

生态廊道有五个功能。第一,生态廊道可以为珍稀濒危物种提供避难所和迁徙通道,保护生物多样性的完整性。第二,促进物种的迁移和扩散,增加物种的基因交流,提高生物多样性。第三,通过连接不同的生态系统,促进物质和能量的流动,提高生态系统的稳定性和抗干扰能力。第四,生态廊道还可以提供水源涵养、土壤保持、气候调节等多种生态服务功能。第五,生态廊道可以连接不同的景观要素,使其形成一个有机的整体,改善景观的破碎化状况,提高景观的连接性和整体性,提高景观的美学价值和生态功能。

2. 生态节点理论

(1) 生态节点的定义与特征

生态节点是指生态廊道上的关键位置,对生态系统的功能和结构具有重要影响。生态节点可以是自然形成的河流交汇处、山脉垭口等,也可以是人工构建的生态公园、湿地保护区等。生态节点具有以下特征。

第一,重要性。生态节点通常是生态廊道上生物多样性最丰富、生态功能最重要的位置,它们对生态系统的稳定性和可持续发展起着关键作用。

第二,连接性。生态节点是生态廊道的连接点,它将不同的生态廊道连接起来,形成一个复杂的生态网络。生态节点的连接性越强,生态系统的稳定性和抗干扰能力就越高。

第三,多功能性。生态节点通常具有生物栖息地、水源涵养地、物质和能量交换中心等多种生态功能,生态节点的多功能性使其成为生态系统中不可或缺的组成部分。

(2) 生态节点的类型

生态节点主要分为生物栖息地节点、水源涵养节点、物质和能量交换节点三种类型。

生物栖息地节点是野生动物的重要栖息和繁殖场所,通常具有丰富的生境类型和资源。生物栖息地节点可以为珍稀濒危物种提供避难所,保护生物多样性的完整性。

水源涵养节点位于河流、湖泊等水源地附近，具有重要的水源涵养功能。水源涵养节点可以调节水流、净化水质、保护水源地的生态环境。

物质和能量交换节点是生态廊道上物质和能量交换最频繁的位置，通常具有较高的生物生产力和生态服务功能。物质和能量交换节点可以促进生态系统的物质循环和能量流动，提高生态系统的稳定性和抗干扰能力。

（3）生态节点的功能

生态节点有三个功能。第一，保护生物多样性。生态节点为野生动物提供了栖息和繁殖场所，保护了生物多样性的完整性。生态节点可以作为珍稀濒危物种的避难所，提高物种的生存概率。第二，提升生态系统服务功能。生态节点通过调节水流、净化水质、保持水土等方式，提高生态系统的服务功能。生态节点还可以作为物质和能量交换中心，促进生态系统的物质循环和能量流动。第三，增强景观连接性。生态节点连接不同的生态廊道，形成一个复杂的生态网络，提高景观的连接性和整体性。生态节点可以作为景观的焦点和标志性元素，提高景观的美学价值和生态功能。

3. 生态廊道与生态节点在滇池小流域湿地中的应用

（1）生态廊道构建

首先，可以根据地形地貌、水系分布、植被覆盖等因素，确定滇池小流域湿地中生态廊道的位置和走向。例如：利用河流、山脉等自然要素作为生态廊道的基础，连接不同的湿地斑块和生态系统。其次，选择适宜的生态廊道类型。根据滇池小流域湿地的特点和需求，选择合适的生态廊道类型。可以选择河流廊道、防护林带、绿道等类型的生态廊道，以满足不同的生态功能和景观需求。再次，根据生态廊道的功能和目标物种的需求，确定生态廊道的宽度和结构。一般来说，生态廊道的宽度应足够宽，以容纳足够的生境类型和资源，支持多种生物的生存。生态廊道的结构应尽可能复杂，包含多种生境类型，以提高生态服务功能和生物多样性。最后，可根据生态廊道的规划设计，实施植被恢复、栖息地营造、水系连通等生态廊道建设工程，并在生态廊道上种植本地适宜的植物物种，为野生动物营造栖息环境。清理河道淤积物，恢复水系的连通性，促进水生生物的迁移和扩散。

（2）生态节点建设

首先，可以通过生物多样性调查、生态功能评估等方法，识别滇池小流域湿地中的河流交汇处、湿地保护区、生态公园等生态节点位置。这些地方通常是生态节点的重要位置。其次，根据生态节点的位置和周边环境，确定生态节点的类型和功能。如果生态节点位于河流交汇处，可以将其建设成水源涵养节点，发挥调节水流、净化水质的作用；如果生态节点位于湿地保护区，可以将其建设成生物栖息地节点，为野生动物提供栖息和繁殖场所。最后，实施生态节点建设工程。根据生态节点的规划设计，实施生态节点栖息地营造、生态修复、设施建设等建设工程。例如：在生物栖息地节点上建设人工鸟巢、兽穴等设施，为野生动物提供栖息场所；在水源涵养节点上建设湿地、水塘等设施，调节水流、净化水质。

（3）生态廊道与生态节点的管理与维护

首先，制定相关的管理规定和制度，明确管理机构和职责，加强对生态廊道和生态节点的管理和维护。例如：成立专门的生态廊道和生态节点管理机构，负责生态廊道和生态节点的日常管理和维护工作。其次，定期对生态廊道和生态节点的生态功能、生物多样性、景观连接性等方面进行监测和评估，及时掌握生态廊道和生态节点的变化情况，为管理和维护提供科学依据。可以利用遥感技术、生物多样性监测等方法，对生态廊道和生态节点进行监测和评估。最后，通过多种形式的宣传教育活动，提高公众对生态廊道和生态节点的认识和保护意识。在生态廊道和生态节点上设置宣传标识、开展科普教育活动等，让公众了解生态廊道和生态节点的重要性和保护方法。

（4）生态廊道与生态节点的意义和价值

生态廊道和生态节点为野生动物提供了栖息和繁殖场所，促进了物种的迁移和扩散，增加了物种的基因交流，提高了生物多样性。在滇池小流域湿地中，生态廊道和生态节点可以连接不同的湿地斑块和生态系统，为珍稀濒危物种提供避难所和迁徙通道，保护生物多样性的完整性。

生态廊道和生态节点通过连接不同的生态系统，促进了物质和能量的流动，提高了生态系统的稳定性和抗干扰能力。生态廊道和生态节点还可以提供水源涵养、土壤保持、气候调节等多种生态服务功能。在滇池小流域湿地中，生态廊道和生态节点可以调节水流、净化水质、保持水土，提高湿地的生态服务功能。

生态廊道和生态节点改善了景观的破碎化状况，提高了景观的连接性和整体性。生态廊道和生态节点可以连接不同的景观要素，使其形成一个有机的整体，提高景观的美学价值和生态功能。在滇池小流域湿地中，生态廊道和生态节点可以连接不同的湿地斑块、河流、山脉等景观要素，形成一个连续的生态网络，提高湿地的景观连接性和整体性。

4.1.4 景观美学原则与审美价值

1. 景观美学原则

（1）多样性原则

在滇池小流域的景观设计中，应包含多种不同的水体、湿地、森林、草地、农田等景观元素，这些元素的组合能够创造出丰富多样的景观效果，满足人们对不同自然景观的审美需求。滇池周边的湿地公园中，既有大片的水域，又有茂密的芦苇荡、错落有致的树木和开阔的草地，它们为人们提供了丰富的视觉体验。生物多样性是景观美学的重要组成部分，滇池小流域拥有丰富的动植物资源，保护和恢复这些资源有助于提升景观的美学价值。在湿地中种植多种本地水生植物，可以吸引各种鸟类、鱼类和昆虫栖息，形成生机勃勃的生态景观。同时，生物多样性也有助于增强景观的稳定性和可持续性。另外，不同季节的景观变化能够给人们带来不同的审美感受。在滇池小流域，可以通过选择不同季节开花或变色的植物，以及营造不同季节的水体景观（冬季的候鸟栖息地、夏季的荷花盛开等），展现出季节的更替和自然的韵律。

（2）协调性原则

在滇池小流域的景观建设中，要注重自然景观与人工景观的协调统一。一方面，尽量减少对自然景观的破坏，保留和修复原有的自然风貌；另一方面，合理规划和设计人工景观，使其与自然景观相融合。可在湿地周边建设观景平台和步道，采用与自然环境相协调的材料和设计风格，避免对湿地生态系统造成干扰。景观中的各种元素，如山石、水体、植被、景观小品、地形等，应相互协调，形成一个整体。例如：在滇池岸边的景观设计中，可以利用地形的起伏，搭配不同高度和科属的植物，使景观层次更加丰富，同时也能更好地与滇池的水面相呼应。此外，不同颜色、质地和形态的景观元素也应相互搭配，营造出和谐的视觉效果[38]。景观设计不仅要考虑美学价值，还要兼顾其功能需求。在滇池小流域的景观建设中，要确保景观的功能性与美学性相统一。湿地的生态修复工程既要考虑水质净化、生物栖息地营造等生态功能，又要注重景观的美观性，通过合理的植物配置和景观布局，打造出既具有生态价值又具有审美价值的湿地景观。

（3）独特性原则

滇池小流域拥有独特的自然和文化资源，景观设计应充分挖掘和展现这些地域特色。可利用滇池周边的民族文化元素，如将彝族、白族等的传统建筑风格和服饰图案等融入景观设计中，打造具有民族特色的景观节点。同时，结合滇池的地理特征，如高原湖泊的独特风貌、周边山脉的雄伟景色等，营造出具有地域特色的景观氛围。

历史文化是景观美学的重要内涵之一。滇池小流域有着悠久的历史和丰富的古滇国遗址、西山龙门石窟等文化遗产。在景观设计中，可以通过保护和修复这些历史文化遗迹以及运用历史文化元素进行景观创作，传承和弘扬历史文化。在古滇国遗址周边建设的公园中，可设置展示古滇国历史文化的展览馆、雕塑等，让人们在欣赏自然景观的同时，了解和感受历史文化的魅力。

在景观设计中，应鼓励创新和个性的表达，避免千篇一律的景观风格。同时，可以运用现代的设计理念和技术手段，创造出具有独特个性的景观作品。在滇池小流域的一些现代艺术公园中,设计师运用抽象的雕塑、彩色的灯光等元素,打造出充满创意和个性的景观空间,为人们带来全新的审美体验。

2. 审美价值

(1) 自然美

首先,滇池小流域的山水景观具有独特的自然美。滇池作为高原湖泊,湖水清澈,波光粼粼,周边山脉连绵起伏,与湖水相互映衬。人们可以在滇池边欣赏到湖光山色的美景,感受大自然的雄伟和宁静。其次,滇池小流域的湿地景观充满了生机与活力。湿地中的水生植物郁郁葱葱,各种鸟类在水面上嬉戏觅食,构成了一幅美丽的生态画卷。湿地的自然美不仅体现在其丰富的生物多样性上,还体现在其独特的生态功能和景观特征上[39]。例如:湿地的水质净化功能使得水体更加清澈,为人们提供了优美的自然环境。最后,滇池小流域的森林景观给人以宁静和神秘的感觉。森林中的树木高大挺拔,枝叶繁茂,形成了绿色的海洋。人们可以在森林中漫步,呼吸新鲜的空气,感受大自然的恩赐。森林的自然美还体现在其丰富的生态系统和生物多样性上,它为人们提供了探索和发现自然的机会。

(2) 生态美

生物多样性是生态美的重要体现。滇池小流域丰富的动植物资源为人们展示了大自然的神奇和美丽。不同种类的植物、动物在各自的生态位上相互依存、相互作用,形成了复杂而稳定的生态系统。人们可以通过观察和了解这些生物的生活习性和生态关系,感受生态之美。

生态过程是生态美的另一个重要方面。例如:湿地的生态净化过程、森林的光合作用过程等,都展现了大自然的智慧和力量。人们可以通过参与生态科普活动、实地观察生态过程等方式,了解生态系统的运作机制,感受生态之美。生态平衡是生态系统稳定和可持续发展的基础,也是生态美的重要体现。滇池小流域的生态系统在长期的演化过程中形成了相对稳定的平衡状态,各种生物之间、生物与环境之间相互适应、相互协调。人们可以通过欣赏滇池小流域的自然景观,感受生态平衡之美,同时也能认识到保护生态环境的重要性。

(3) 人文美

滇池小流域的历史文化遗产丰富多样,这些历史文化遗迹承载着悠久的历史和丰富的文化内涵。人们可以通过参观这些历史文化遗迹,了解滇池小流域的历史变迁和文化传承,感受历史文化之美。

滇池小流域周边居住着彝族、白族等多个少数民族,这些民族有着独特的风俗习惯、传统服饰和民间艺术。人们可以通过参与民族文化活动、欣赏民族艺术表演等方式,感受民族风情之美,增进对不同民族文化的了解和尊重。景观设计本身就是一种艺术创造,滇池小流域的景观作品中蕴含着设计师的智慧和创造力。例如：一些现代艺术公园中的雕塑、景观小品等，都展现了独特的艺术风格和审美价值。人们可以通过欣赏这些艺术作品，感受艺术创造之美，同时也能激发自己的创造力和想象力。

4.1.5 地域文化传承与景观表达

1. 滇池小流域地域文化概述

（1）历史文化

滇池地区拥有悠久的历史，是古滇文化的发祥地之一。古滇国时期的青铜器文化独具特色，其造型精美、工艺精湛，反映了当时高超的艺术水平和社会生活。牛虎铜案等青铜器不仅是艺术珍品，更是研究古滇国历史文化的重要物证。滇池周边还留存有许多历史遗迹，如西山龙门石窟。它是云南最大、最精美的道教石窟，雕刻精美，蕴含着丰富的宗教文化和艺术价值，见证了滇池地区历史上的宗教信仰和文化交流。

（2）民族文化

滇池小流域是多民族聚居的地区，主要有彝族、白族、哈尼族等。各民族都有自己独特的文化传统和风俗习惯。彝族的火把节热烈奔放，白族的三月街热闹非凡，这些节日不仅是民族文化的集中展示，也是民族情感的重要纽带。民族服饰也是地域文化的重要体现。彝族的服饰色彩鲜艳，图案丰富，常以火纹、虎纹等象征民族精神的图案装饰；白族的服饰则以白色为主色调，搭配精致的刺绣和配饰，展现出简洁大方的美感。各民族的传统建筑也各具特色，彝族的土掌房、白族的三坊一照壁等，都反映了不同民族的居住文化和审美观念。

（3）民俗文化

滇池地区的民间传说、歌舞艺术、传统手工艺等民俗文化丰富多彩。关于滇池的形成就有许多美丽的传说，这些传说承载着人们对这片土地的情感和想象。花灯、滇剧等地方戏曲艺术形式在民间广为流传。花灯表演形式多样，内容贴近生活，具有浓郁的乡土气息；滇剧则融合了多种戏曲元素，唱腔独特，表演细腻，是滇池地区人民喜闻乐见的艺术形式。此外，还有剪纸、刺绣、木雕等传统手工艺，这些手工艺作品不仅具有实用价值，更是艺术的结晶，传承着地域文化的基因。

2. 地域文化在景观中的传承意义

（1）增强地方认同感和归属感

地域文化是当地人民共同的精神财富，将其融入景观中可以让人们在日常生活中感受到家乡的独特魅力，增强对地方的认同感和归属感。在滇池周边的公园中设置以古滇文化为主题的雕塑和景观小品，能够让当地居民和游客更加深入地了解滇池的历史文化，从而产生对这片土地的深厚情感。对于在外工作和生活的滇池人来说，看到带有家乡地域文化特色的景观，能够唤起他们的乡愁和对家乡的思念之情，增强他们与家乡的联系和情感。

（2）保护和弘扬传统文化

随着现代化进程的加速，许多地域文化面临着失传和消失的危险。在景观设计中传承地域文化，可以为传统文化提供一个展示和传承的平台。将彝族的传统手工艺刺绣运用到景观座椅的装饰上，不仅可以增加景观的美观性，还可以让更多的人了解和认识彝族刺绣文化，促进其传承和发展。景观作为一种公共空间的艺术形式，能够吸引大量的人，从而扩大地域文化的传播范围，提高其影响力，有助于保护和弘扬优秀的传统文化。

（3）丰富景观内涵和特色

地域文化为景观注入了独特的灵魂和内涵，使其区别于其他地区的景观。滇池小流域的地域文化丰富多样，将其融入景观设计中可以创造出具有鲜明特色的景观作品。例如：以白族的建筑风格为灵感，设计具有白族特色的亭台楼阁，搭配以白族传统图案为元素的景观铺装，能够使景观充满浓郁的民族风情，增加景观的吸引力和观赏性。丰富的地域文化元素还可以为景观设计提供源源不断的创意和灵感，使景观更加富有创新性和艺术性，满足人们对景观多样性和个性化的需求。

3. 地域文化在景观中的表达策略

（1）元素提取与转化

建筑元素：借鉴滇池地区传统建筑的形式、结构和装饰元素，并应用到现代景观建筑中。例如：提取白族三坊一照壁的建筑布局形式，在景区的游客服务中心设计中，采用类似的围合布局，营造出具有地域特色的空间氛围。同时，将传统建筑中的木雕、砖雕等装饰元素进行简化和抽象，运用到建筑的门窗、栏杆等部位，增加建筑的艺术感和文化内涵。

图案元素：从滇池地区的民族服饰、传统工艺品等中提取具有代表性的图案，如彝族的火纹、白族的蝴蝶纹等，通过雕刻、彩绘、铺装等方式应用到景观设施和地面铺装中。在公园的广场铺装上设计以蝴蝶纹为主题的图案，既美观又能体现地域文化特色。还可以将这些图案运用到景观灯具、垃圾桶等设施的表面装饰上，使其成为景观中的文化点缀。

色彩元素：参考滇池地区民族文化中常用的色彩，如彝族的红、黑、黄等鲜艳色彩，白族的白、蓝等淡雅色彩，并运用到景观设计中。在植物配置上，可以选择一些具有地域特色色彩的花卉和树木，如红色的山茶花、黄色的迎春花等，营造出具有地方特色的植物景观。在建筑和景观小品的色彩设计上，也可以借鉴民族色彩搭配，使景观与地域文化相呼应。例如，将一座景观亭的柱子涂成红色，屋顶采用蓝色琉璃瓦，能体现出浓郁的民族风格。

（2）场景再现与叙事

通过景观设计再现滇池地区的历史场景，让人们能够直观地感受历史文化。可在滇池畔打造一个古滇国文化主题公园，设置古滇国时期的集市、战船等场景雕塑，以及模拟古滇人生活祭祀、狩猎等的场景。游客在游览过程中仿佛穿越时空，回到古滇国时期，亲身体验当时的历史文化氛围。也可将滇池地区的民俗活动场景融入景观中，增加景观的趣味性和参与性。节日期间，在公园内设置火把节、三月街等民俗活动场景，摆放火把、特色商品等道具，组织游客参与跳舞、品尝美食等民俗活动，这样不仅能够让游客更好地了解地域文化，还能增强他们的旅游体验。

（3）文化叙事

通过景观的序列和空间布局讲述地域文化的故事。例如：在一条滨水景观带上设置多个景观节点，分别展示滇池的形成传说、历史变迁、民族文化等内容。从源头开始，以雕塑、壁画、解说牌等形式依次呈现相关的文化故事，让游客在游览过程中如同阅读一本关于滇池地域文化的书籍，逐步深入了解地域文化的内涵。

4.2 景观生态改造目标与原则

4.2.1 景观生态改造目标

1. 生态目标

（1）提升生态系统稳定性

通过景观生态改造，优化滇池小流域的生态结构，增加生态系统的复杂性和多样性，提高生态系统的自我调节能力和抗干扰能力。增加湿地面积、恢复河流自然形态、营造多样化的植被群落等措施，能够为各类生物提供更多的生存空间和资源，促进生态系统的良性循环，从而增强生态系统的稳定性。加强生态廊道建设，连接破碎化的生态斑块，促进物种的迁移和扩散，提高生态系统的连通性。在滇池周边建设生态廊道，连接不同的湿地、森林和草地等生态系统，为野生动物提供迁徙通道，增加物种的基因交流，提升生态系统的整体稳定性。

（2）增强生态服务功能

首先，提高滇池小流域的水质净化能力。通过湿地恢复、水生植物种植、生态护坡等措施，利用自然生态系统的净化功能，去除水体中的污染物，改善水质。在入湖河流和滇池周边建设湿地生态系统，利用湿地植物和微生物的作用，吸附和降解水中的氮、磷等营养物质，降低水体富营养化程度。其次，增强水土保持功能。通过植被恢复、坡地改造等措施，减少水土流失，保护土壤资源。例如：在滇池周边的山区和丘陵地带种植树木和草地，加固土壤，防止雨水冲刷造成的水土流失；对坡地进行梯田化改造，减缓水流速度，增加土壤的蓄水能力。最后，提升气候调节功能。通过增加植被覆盖、改善水体质量等措施，调节局部气候，缓解城市热岛效应。在滇池小流域大规模种植树木和水生植物，增加植被的蒸腾作用，降低气温，提高空气湿度；改善滇池水体质量，增加水体的蒸发量，调节周边地区的气候。

（3）保护生物多样性

创造多样化的生境，为不同种类的生物提供适宜的生存环境。可在滇池小流域建设河流湿地、湖泊湿地、沼泽湿地等不同类型的湿地，以满足不同水生生物的生存需求；在山区和丘陵地带建造不同阔叶林、针叶林、混交林等类型的森林，为鸟类、哺乳动物等提供栖息和觅食场所[40]。通过建立自然保护区、保护小区等措施，对滇池小流域的珍稀濒危物种进行重点保护。对滇池特有的金线鲃等鱼类进行人工繁育和放流，恢复其种群数量；对滇池周边的珍稀鸟类进行监测和保护，为其提供安全的栖息环境。

2. 美学目标

（1）打造优美的景观风貌

通过景观生态改造，提升滇池小流域的景观美感，打造具有地域特色和艺术价值的景观风貌。可以在滇池周边建设景观公园、湿地公园等，利用自然山水和人文景观元素，营造出优美的景观环境；也可以对入湖河流进行生态改造，打造生态河道景观，增加河流的观赏性。在打造景观的过程中，要注重景观的色彩、形态和质感搭配，创造出丰富多样的视觉效果。在景观植物的选择上，搭配不同颜色、形态和花期的植物，营造出四季有景的景观效果；在景观建筑和设施的设计上，注重材质的选择和质感的表现，使其与自然环境相融合，增加景观的艺术感。

（2）提升景观的文化内涵

挖掘滇池小流域的历史文化和地域文化资源，将其融入景观设计中，提升景观的文化内涵。在景观中设置历史文化遗迹展示区、民族文化广场等，展示滇池地区的悠久历史和丰富文化；利用当地的传统建筑风格和工艺，设计具有地域特色的景观建筑和设施，体现地域文化的独特魅力。通过景观叙事和文化表达，讲述滇池小流域的故事，增强人们对地域文化的认知和认同感。可以在景观中设置文化解说牌、雕塑等，讲述滇池的形成历史、民族传说等故事；也可以举办文化活动和艺术展览，展示滇池地区的文化艺术成果，提升景观的文化品位。

3. 社会目标

(1) 提供休闲游憩场所

建设多样化的休闲游憩设施,满足人们对自然体验和休闲娱乐的需求。例如:在滇池周边建设步行道、自行车道、观景平台等,为人们提供亲近自然、欣赏美景的机会;建设露营地、烧烤区等,为人们提供户外活动和社交聚会的场所。举办各类文化活动和体育赛事,丰富人们的精神文化生活。例如:在滇池周边举办音乐节、艺术展览、马拉松比赛等活动,吸引人们参与,提升区域的活力和吸引力。

(2) 促进经济发展

通过景观生态改造,可以提升滇池小流域的旅游吸引力,发展生态旅游产业,促进当地经济发展。例如:开发湿地生态旅游、乡村旅游、文化旅游等特色旅游产品,吸引游客前来观光、休闲和度假,带动当地餐饮、住宿、交通等相关产业的发展。景观生态改造还可以带动环保产业、园林绿化产业、生态农业等相关产业的发展。例如:在滇池小流域推广生态农业模式,发展有机农产品种植和生态养殖,为市场提供绿色、健康的农产品;发展园林绿化产业,为景观生态改造提供苗木和技术支持。

(3) 增强社区凝聚力

鼓励社区居民参与景观生态改造过程,增强社区居民对环境的责任感和归属感。组织社区居民参与植树造林、垃圾清理等环保活动。例如:邀请社区居民参与景观设计和规划,听取他们的意见和建议,使景观生态改造更加符合社区居民的需求和利益。建设社区花园和公共绿地,为社区居民提供交流和互动的场所,增强社区凝聚力。例如:在社区内建设小型花园和绿地,种植花卉和蔬菜,让居民参与管理和维护,可以促进邻里之间的交流和合作,增强社区的凝聚力和活力。

4.2.2 景观生态改造原则

1. 生态优先原则

(1) 保护自然生态系统

在景观生态改造过程中,首先,要保护滇池小流域现有的自然生态系统,避免对其造成破坏。在进行工程建设时,要尽量减少对湿地、森林、河流等生态系统的占用和破坏。其次,对受到破坏的生态系统,要及时进行修复和保护。最后,划定生态保护红线,明确生态保护的范围和要求[41]。在滇池周边划定湿地保护红线、水源保护区等,限制开发建设活动,保护生态环境的敏感区域。

（2）模拟自然生态过程

景观生态改造要尽可能模拟自然生态过程，遵循自然规律。例如：在湿地恢复中，要模拟自然湿地的水文过程、植被演替过程等，创造适宜的生境条件，促进湿地生态系统的自我恢复和发展；在河流生态改造中，要恢复河流的自然形态和水流特征，促进河流生态系统的健康发展。

利用生态工程技术，实现生态系统的自我修复和维持。例如，采用生态护坡技术、生物滞留设施等，利用植物和微生物的作用，净化水质、保持水土，实现生态系统的可持续发展。

2. 整体优化原则

（1）统筹考虑景观生态系统的各个要素

景观生态改造要从整体上考虑滇池小流域的景观生态系统中的山体、水体、植被、土壤、生物等各个要素。例如：在进行山体生态修复时，要考虑到山体与周边水体、植被的关系，采取综合的修复措施，实现山体生态系统的整体优化；在进行水体生态改造时，要考虑到水体与周边土地利用、植被覆盖等因素的影响，采取有效的治理措施，改善水体质量。景观生态改造要协调景观生态系统与人类社会系统的关系，不仅要考虑生态系统的需求，还要考虑人类社会的需求，实现生态、经济、社会的协调发展。在进行景观规划时，要合理布局生态功能区、休闲游憩区、农业生产区等，满足不同功能的需求；在进行生态旅游开发时，要注重生态保护和游客体验的平衡，实现可持续发展。

（2）实现景观生态系统的多功能性

景观生态改造要注重实现景观生态系统的多功能性，满足不同方面的需求。例如：在滇池周边建设湿地公园，不仅要发挥水质净化、生物多样性保护等生态功能，还要发挥休闲游憩、科普教育等社会功能；在进行河流生态改造时，要兼顾防洪、灌溉、生态景观等多种功能，实现河流生态系统的综合效益最大化，提高景观生态系统的效率和效益。景观生态改造要通过优化景观结构和功能，提高景观生态系统的物质循环、能量流动和信息传递效率，实现资源的高效利用和生态效益的最大化。例如：在景观植物的选择上，要选择多种既能净化水质又能提供栖息地的具有水生生态功能的植物；在景观设施的设计上，要采用节能环保的材料和技术，降低能源消耗和环境污染。

3. 地域特色原则

（1）挖掘地域文化和自然资源

景观生态改造要深入挖掘滇池小流域的地域文化和自然资源，将其融入景观设计中，体现地域特色。例如：挖掘滇池地区的历史文化、民族文化、民俗文化等，并通过景观建筑、雕塑、壁画等形式进行展示；利用滇池周边的自然山水、植被、动物等资源，打造具有地域特色的自然景观。景观生态改造要保护和传承地域文化和自然资源。在景观生态改造过程中，要注重保护和传承滇池小流域的地域文化和自然资源，避免其遭到破坏和流失。例如：对历史文化遗迹进行保护和修复，使其得以保存和传承；对珍稀濒危物种进行保护，维护生态平衡。

（2）创造具有地域特色的景观风貌

景观生态改造要根据滇池小流域的自然地理条件和文化特色，创造具有地域特色的景观风貌。例如：在山区和丘陵地带，可以利用地形地貌的特点，打造具有山地特色的景观；在滇池周边，可以利用湖泊和湿地的资源，打造具有水乡特色的景观。景观生态改造要运用地域特色的材料和工艺。在景观建筑和设施的设计中，可以运用当地的石材、木材、竹子等传统材料和工艺，体现地域特色和文化内涵。例如：采用传统的石砌工艺建造景观墙、护坡等，既美观又环保；利用竹子编制景观小品、座椅等，增加景观的自然气息。

4. 可持续发展原则

（1）节约资源和保护环境

首先，景观生态改造要注重节约资源和保护环境，实现资源的可持续利用。在景观建设中，要采用节能环保的材料和技术，降低能源消耗和环境污染；在水资源管理中，要采用节水技术和措施，提高水资源的利用效率。其次，景观生态改造要减少废弃物的产生和排放。一方面，在景观生态改造过程中，要尽量减少废弃物的产生，对废弃物进行分类回收和处理，降低对环境的污染。另一方面，要合理规划施工场地，减少建筑垃圾的产生；对园林废弃物进行堆肥处理，实现资源的循环利用。

（2）实现长期稳定的生态效益

首先，景观生态改造要注重实现长期稳定的生态效益，避免短期行为和过度开发。在湿地恢复中，要采取科学合理的措施，确保湿地生态系统的长期稳定。在生态旅游开发中，要控制游客数量和开发强度，保护生态环境的敏感区域。其次，景观生态改造要建立健全的管理和维护机制。景观生态改造完成后，要建立健全的管理和维护机制，确保景观生态系统的正常运行和可持续发展。可成立专门的管理机构，负责景观生态系统的日常管理和维护，制定相关的规章制度，规范人们的行为，保护生态环境。

总之，目标与原则强调提升生态系统的稳定性，这促使景观设计更加注重保护和恢复滇池小流域的自然生态系统。在设计中，会优先考虑增加湿地面积、恢复河流自然形态等措施。这些措施能够为各类生物提供更多的生存空间和资源，从而丰富生态系统的物种组成。通过恢复河流的自然弯曲和浅滩深潭结构，可以为鱼类提供产卵、栖息和觅食的场所，同时也有利于水生昆虫和底栖生物的生存，进而为鸟类等更高营养级的生物提供食物来源。加强生态廊道建设是生态改造的重要目标之一，这直接影响景观设计中的空间布局。设计师会在滇池小流域内规划和建设连接不同生态斑块的河流廊道、林带廊道等生态廊道。这些廊道不仅能够促进物种的迁移和扩散，提高生态系统的连通性，还能在景观层面上形成连续的生态网络，增强景观的整体性和稳定性。在滇池周边的山区和湿地之间建设林带廊道，可以为野生动物提供安全的迁徙通道，同时也提升了整个区域的生态景观品质。保护生物多样性的目标要求景观设计在创造多样化生境方面下功夫。设计师会根据不同生物的生态需求，设计出包括河流湿地、湖泊湿地、沼泽湿地、森林等多种类型的生境，以满足不同种类生物的生存需要。例如，在景观设计中可以规划不同水深的湿地区域，种植不同类型的水生植物，为水鸟、鱼类、两栖动物等提供丰富的栖息环境。提高水质净化能力也是生态改造的重要目标之一，这使得景观设计在处理水体方面更加注重生态方法的运用。可在入湖河流和滇池周边设计湿地生态系统，利用湿地植物和微生物的自然净化作用来去除水体中的污染物。同时，还可以通过生态护坡、雨水花园等措施，减少地表径流中的污染物进入水体，从而改善滇池小流域的水质。增强水土保持功能的目标促使景观设计在坡地处理和植被选择上更加科学合理。对于滇池周边的山区和丘陵地带，设计师会采用梯田化改造、植被恢复等措施来减少水土流失。在植被选择上，会优先选择根系发达、固土能力强的植物品种，如松树、柏树等乔木以及一些草本植物。这些措施不仅能够保护土壤资源，还能够提升景观的生态稳定性。提升气候调节功能的目标要求景观设计在增加植被覆盖和改善水体质量方面做出努力。大规模种植树木和水生植物，既可以增加植被的蒸腾作用，降低气温，提高空气湿度，调节局部气候，又可以改善滇池水体质量，增加水体的蒸发量，有助于调节周边地区的气候。例如：在滇池周边的公园和绿地中种植大量的乔木和灌木，形成多层次的植被结构，能够有效地降低周边地区的温度，为人们提供更加舒适的生活环境。

4.3 景观生态功能分区与布局

4.3.1 功能分区

1. 分区依据

（1）生态敏感性分析

对滇池小流域的地形地貌、土壤类型、植被覆盖、水文条件等自然因素进行综合分析，评估不同区域的生态敏感性。坡度较大、土壤侵蚀严重的山区，以及靠近滇池的湿地核心区等通常具有较高的生态敏感性。这些区域对生态系统的平衡和稳定起着关键作用，需要重点保护。通过生态敏感性分析，确定生态保护的优先区域，为景观生态功能分区提供基础依据。在生态敏感性较高的区域，应限制人类活动的强度和范围，以减少对生态系统的干扰和破坏。

（2）土地利用现状与适宜性评价

对滇池小流域现有的土地利用类型进行耕地、林地、建设用地、水域等调查和分析。同时，结合区域的自然条件和社会经济发展需求，对不同土地利用类型的适宜性进行评价。对于一些已经受到破坏或不适宜农业生产的土地，可以考虑进行生态修复和景观改造，转变为生态用地。而对于具有发展潜力的建设用地，应合理规划布局，提高土地利用效率，同时减少对周边生态环境的影响。根据土地利用现状与适宜性评价结果，划分不同的功能区域，实现土地资源的合理配置和高效利用。

（3）生态服务功能重要性评估

评估滇池小流域不同区域在水源涵养、水质净化、生物多样性保护、气候调节等生态服务功能方面的重要性。滇池周边的湿地对水质净化和生物多样性保护具有重要意义，应划分为重要的生态功能区。以生态服务功能重要性为依据，确定各功能区的主导生态功能和保护目标。对于生态服务功能重要性较高的区域，应采取更加严格的保护措施，加强生态建设和管理，提高生态服务功能的质量和效益。

2. 分区原则

（1）生态优先原则

将生态保护放在首位，确保生态系统的结构和功能完整。优先划分出生态保护区和生态修复区，保护珍稀濒危物种的栖息地和生态敏感区域，促进生态系统的自我修复和恢复。

（2）功能协调原则

各功能区之间应相互协调、相互补充，形成一个有机的整体。若生态保护区与生态缓冲区相邻，生态缓冲区可以为生态保护区提供一定的缓冲和保护作用，减少外界干扰对生态保护区的影响。同时，不同功能区的布局应考虑到生态过程的连续性和完整性，如水文循环、物种迁徙等。

（3）可持续发展原则

在满足生态保护要求的前提下，兼顾社会经济发展的需求。合理划分出适度开发区域，发展生态农业、生态旅游等生态友好型产业，实现生态保护与经济发展的良性互动。同时，要注重资源的合理利用和环境保护，确保景观生态功能分区的可持续性。

(4) 因地制宜原则

根据滇池小流域的自然地理条件、生态特征和社会经济发展水平，制定符合实际情况的分区方案。充分考虑当地的地形地貌、气候条件、土壤类型等因素，以及当地的文化传统和居民需求，使分区方案具有可操作性和实用性。

3. 功能分区方案

(1) 生态保护区

范围：主要包括滇池周边的湿地核心区、水源地保护区、自然保护区等生态敏感和重要区域。

特点：这些区域具有独特的生态系统和丰富的生物多样性，对维护滇池小流域的生态平衡和生态安全起着至关重要的作用。

主导功能：生态保护和维护生物多样性。

保护目标：保护珍稀濒危物种及其栖息地，维持生态系统的结构和功能稳定，提高生态系统的服务功能。

保护措施与管理策略：加强对滇池湿地鸟类栖息地的保护，确保候鸟的迁徙和栖息安全；保护水源地的水质，保障区域的供水安全；实施严格的保护措施，禁止任何形式的开发建设活动，限制人类活动的干扰；建立自然保护区管理机构，加强对保护区的日常巡查和监管，严厉打击非法捕猎、采挖等破坏生态环境的行为；开展生态监测和科学研究，了解生态系统的动态变化，为保护措施的制定提供科学依据；通过生态修复工程，恢复受损的生态系统，提高生态系统的质量和稳定性。

(2) 生态缓冲区

范围：位于生态保护区与其他功能区之间的滇池周边的湿地缓冲区、山地林缘带等过渡地带。

特点：这些区域具有一定的生态敏感性，能够起到缓冲和保护生态保护区的作用，同时也具有一定的生态服务功能。

主导功能：生态缓冲和生态服务。

保护目标：减少外界干扰对生态保护区的影响，净化空气和水质，调节气候，为生物提供迁徙和栖息的通道。

保护措施与管理策略：在湿地缓冲区种植水生植物，吸收和过滤污染物，减少农业面源污染对滇池湿地的影响；在山地林缘带建设防护林带，防止水土流失，调节局部气候；限制大规模的开发建设活动，控制人类活动的强度和范围；加强对生态缓冲区的植被保护和恢复，开展植树造林、植被修复等工程，提高植被覆盖率和生态系统的稳定性；合理规划和建设生态廊道，连接生态保护区和其他生态功能区，促进物种的迁徙和基因交流。加强对生态缓冲区的生态监测，及时掌握生态系统的变化情况，采取相应的保护和管理措施。

（3）生态修复区

范围：主要包括滇池小流域内受到破坏或退化的废弃矿山、水土流失严重的地区、污染土地等区域。

特点：这些区域的生态系统功能受损，需要通过生态修复工程进行恢复和改善。

主要功能：生态修复和环境改善。

修复目标：恢复土地的生产力，改善土壤质量，提高植被覆盖率，恢复生态系统的结构和功能，减少水土流失和环境污染。

保护措施与管理策略：可对废弃矿山进行土地复垦和生态修复，种植适宜的植物，恢复矿山的生态环境；对水土流失严重的地区实施水土保持工程，如修建梯田、护坡等，减少水土流失；制定科学合理的生态修复方案，根据不同区域的特点和生态问题，选择合适的修复技术和方法，如植被恢复技术、土壤改良技术、水体修复技术等；加强对生态修复工程的管理和监督，确保修复工程的质量和效果；在修复过程中，注重生态系统的自我修复能力，尽量减少人工干预，促进生态系统的自然恢复；建立生态修复监测体系，对修复效果进行长期监测和评估，及时调整修复措施[42]。

（4）农业生产区

范围：主要包括滇池小流域内适宜进行农业生产的平原地区的耕地、山地的梯田等区域。

特点：这些区域是当地农业发展的重要基地，具有一定的经济价值和生态功能。

主要功能：农业生产和生态农业发展。

发展目标：保障农产品的供应，提高农业生产效率和质量，促进农业可持续发展，同时减少农业面源污染对生态环境的影响。

发展措施与管理策略：可发展生态种植和养殖，推广有机农业和绿色农业技术，减少化肥、农药的使用量，提高农产品的质量和安全性；优化农业产业结构，调整种植和养殖布局，发展特色农业和高效农业；推广生态种植、生态养殖、农业废弃物资源化利用等生态农业技术，提高农业资源的利用效率，减少农业面源污染；加强对农业生产区的基础设施建设，改善农田水利条件，提高农业抗灾能力；建立农产品质量安全监测体系，加强对农产品的质量监管，确保农产品的质量安全；加强对农业生产者的培训和指导，提高他们的生态意识和农业生产技术水平。

（5）城乡建设区

范围：包括滇池小流域内的城镇和乡村建设用地。

特点：这些区域是人口聚集和经济发展的中心，具有较高的人类活动强度和土地开发利用程度。

主要功能：城乡建设和经济发展。

发展目标：提高城乡居民的生活质量，促进城乡一体化发展，推动经济社会的可持续发展。

发展措施与管理策略：注重环境保护和生态建设，减小城乡建设对生态环境的影响；合理规划城乡建设用地，优化城镇和乡村的空间布局，提高土地利用效率；加强城市基础设施建设，完善交通、供水、供电、供气等设施，提高城市的承载能力和服务水平；推进城市生态建设，建设城市公园、绿地、绿道等生态景观，改善城市生态环境；加强对乡村建设的指导和管理，推进美丽乡村建设，改善农村人居环境；发展绿色建筑和节能技术，减少建筑能耗和环境污染；加强对城乡建设区的环境监管，严格控制工业污染和生活污染，提高环境质量。

4.3.2 空间布局规划

1. 生态廊道布局

在滇池小流域内规划和建设河流廊道、林带廊道、绿道等生态廊道，连接不同的生态功能区和生态斑块。例如：沿着滇池周边的河流建设河流廊道，保护和恢复河流生态系统，为水生生物和陆生生物提供迁徙和栖息的通道；在山地和平原地区建设林带廊道，连接森林和其他生态系统，提高生态系统的连通性。

2. 生态节点布局

在生态廊道上设置湿地、公园、自然保护区等生态节点。生态节点是生态廊道的重要组成部分，具有较高的生态价值和景观价值。在滇池湿地内设置一些小型的湿地保护区和湿地公园作为生态节点，以加强对湿地生态系统的保护和管理，同时也为人们提供休闲和娱乐的场所。根据生态敏感性分析和生态服务功能重要性评估结果，优化生态廊道和生态节点的布局，确保生态廊道和生态节点的分布合理，能够有效地连接和保护重要的生态功能区和生态斑块。同时，要考虑生态廊道和生态节点的宽度和长度，以及与周边环境的协调性，以提升生态廊道和生态节点的生态功能和景观效果。

4.3.3 景观多样性布局

1. 景观多样性的重要性

（1）生态稳定性

丰富的景观多样性有助于维持生态系统的稳定性。不同类型的森林、湿地、草地、农田等景观，具有独特的生态结构和功能。它们相互交织形成的复杂景观格局能够提供多样化的生态位，为众多生物物种提供适宜的生存环境。例如：森林可以为鸟类和哺乳动物提供栖息和繁殖场所，湿地则是水生生物的重要栖息地，而农田可为一些昆虫和小型动物提供食物来源。当生态系统面临外界干扰时，多样的景观能够增加其抗干扰能力和恢复能力，因为不同景观类型对干扰的响应和恢复机制不同，从而降低了整个生态系统因单一因素干扰而崩溃的风险。

（2）生物多样性保护

景观多样性是生物多样性的重要基础。多样的景观为不同的生物物种提供了各种各样的食物、水源、栖息地等生存条件。不同的生物具有不同的生态需求，一些珍稀鸟类需要特定类型的湿地环境进行觅食和繁殖，而某些昆虫则依赖特定的植物群落。通过布局多样的景观，可以满足更多物种的生存需求，促进物种的繁衍和迁徙，从而有效地保护生物多样性。此外，景观之间的边界和过渡区域往往具有较高的生物多样性，因为这些区域能够提供多种生态条件的混合，为一些特殊的物种提供独特的生存空间。

（3）生态服务功能提升

多样化的景观能够提供更丰富的生态服务功能。森林具有水源涵养、土壤保持、碳储存等功能，湿地可以净化水质、调节气候、防洪抗旱，农田则能够提供粮食生产等经济服务。合理布局不同类型的景观，可以使这些生态服务功能相互补充和协同，提高整个区域的生态服务价值。例如：湿地在净化水质方面发挥重要作用，其净化后的水可以为周边的农田灌溉提供优质水源，同时也有利于森林生态系统的稳定。景观多样性还能够增加生态系统的服务功能弹性，即在不同的环境条件下，能够更好地维持生态服务功能的稳定供应。

（4）审美与文化价值

景观多样性为人们带来了丰富的审美体验和文化价值。不同的景观类型具有独特的美学特征，如山川的雄伟、湖泊的宁静、森林的幽深、田园的诗意等。这些多样的景观元素相互组合，形成了美丽而独特的自然景观和人文景观，满足了人们对自然美的追求和精神文化的需求。滇池小流域的自然风光吸引了众多游客前来观赏，其周边的民族文化与自然景观相结合，形成了独特的地域文化景观。例如：具有民族特色的村落与山水相依，为当地的文化传承和旅游业发展提供了重要的资源基础。景观多样性还承载着丰富的历史文化信息，见证了人类与自然的相互作用和历史变迁，对文化的传承和发展具有重要意义。

2. 景观多样性布局策略

（1）自然景观与人工景观的融合

在滇池小流域的景观布局中，要注重自然景观与人工景观的有机融合。自然景观中，滇池、西山等山水资源是区域的生态本底和特色所在，应加以保护和利用。同时，合理规划人工景观，使其与自然景观相互协调。例如：在滇池周边建设的城市公园和休闲广场，可以采用自然式的设计手法，融入当地的自然元素，使用本地石材建造景观小品，种植适应本地气候的植物，使人工景观与自然景观无缝衔接。在城市建设中，要注重建筑风格与周边自然环境的协调性，避免出现高大突兀的建筑破坏自然景观的整体美感。例如：在滇池附近的建筑设计可以借鉴当地传统建筑的特色，采用坡屋顶、白墙灰瓦等元素，与山水景观相融合，营造出具有地域特色的城市风貌。

（2）农业景观与生态景观的协同

滇池小流域的农业景观是当地景观的重要组成部分。在布局上，要将农业景观与生态景观相结合，实现农业生产与生态保护的协同发展。首先，可以发展生态农业，如有机农田、观光农业等。在农田周边设置生态缓冲带，种植防护林、花卉等，既可以减少农业面源污染对周边环境的影响，又能增加景观的多样性。其次，也可以在滇池周边的农田种植一些具有观赏价值的花卉和果树，形成"花海""果园"等景观，同时在农田与滇池之间建设湿地生态系统，作为农业面源污染的净化区，实现农业生产与生态保护的双赢。最后，还可以发展农田生态旅游，让游客参与农事体验，了解农业文化，增加农业景观的附加值和吸引力。

（3）湿地景观与其他景观的连接

滇池小流域的湿地景观具有重要的生态和景观价值。因此，首先要加强湿地景观与其他景观类型的连接，形成一个有机的整体。通过建设河流廊道、林带廊道等生态廊道，将湿地与周边的森林、山地、农田等景观连接起来。这些生态廊道不仅可以促进物种的迁移和扩散，还能增加景观的连通性和整体性。沿着滇池的入湖河流建设河流廊道，在河流两岸种植水生植物和树木，形成一个连续的生态系统，将滇池湿地与周边的山地森林连接起来。其次，在湿地内部，可以设置不同类型的浅滩、深潭、沼泽等湿地斑块，丰富湿地景观的多样性，同时为不同的水生生物提供适宜的栖息环境。

3. 景观斑块的分布与大小

（1）核心斑块与边缘效应

首先，确定景观中的核心斑块，这些斑块对维持生物多样性和生态系统功能具有重要意义。滇池周边的大型湿地保护区、森林保护区等可以作为核心斑块。核心斑块应具有足够的面积和良好的生态条件，以支持内部生物的生存和繁衍。其次，要注重核心斑块的保护，减少人类活动的干扰。在核心斑块周围设置边缘缓冲带，利用边缘效应增加景观的多样性。边缘缓冲带可以种植多种植物，吸引不同的生物栖息，形成一个过渡区域。这样既保护了核心斑块的生态稳定性，又增加了生物多样性。例如，在森林核心斑块与农田之间设置一定宽度的林带作为边缘缓冲带，林带中可以种植一些既适应森林环境又能与农田环境相过渡的植物，为鸟类、昆虫等提供栖息和觅食的场所，同时减少农田活动对森林生态系统的影响。

（2）小型斑块的镶嵌与分散

在景观布局中，合理镶嵌和分散一些小型湿地、林地斑块、草地斑块等斑块。这些小型斑块虽然面积较小，但能够增加景观的异质性和复杂性。它们可以为一些特定的生物提供栖息场所，同时也有助于生态过程的扩散和连接。例如，在农田景观中分散一些小型的林地斑块，这些林地斑块可以为一些农田鸟类提供栖息地和觅食场所，同时也有助于改善农田生态环境。

4.3.4 生态廊道规划与构建

1. 生态廊道规划布局

（1）水系生态廊道

以滇池为核心，规划和修复入湖河流和湖泊周边的水系生态廊道。首先，加强对入湖河流的生态治理，恢复河流的自然形态和生态功能，在河流两岸设置一定宽度的植被缓冲带，种植柳树、菖蒲、芦苇等水生植物和耐水树木，形成河流廊道的生态景观。其次，连接滇池周边的湖泊和湿地，形成湖泊湿地生态廊道网络。最后，通过疏通水系、恢复湿地植被等措施，提高湖泊和湿地之间的连通性，为水生生物提供更广阔的生存空间。例如：在滇池与周边的一些小型湖泊之间建设生态沟渠或水系连通管道，促进水体的循环和生物的交流。

（2）陆域生态廊道

依托西山山脉等山地地形，规划建设山地林带生态廊道。在山脉的山脊线和山坡上种植本地的乔木和灌木，形成连续的林带，连接滇池周边的森林生态系统。林带可以起到涵养水源、保持水土、保护生物栖息地的作用，同时也为野生动物提供了迁徙通道。在城市与滇池之间，规划建设城市绿道生态廊道。结合城市规划和绿地系统建设，打造连接城市公园、绿地和滇池的绿道网络。绿道可以作为城市居民休闲健身的场所，同时也具有生态功能，能够隔离城市的污染和噪声，为动、植物提供一定的栖息空间。在绿道的设计中，要注重景观的多样性和生态性，设置自行车道、步行道、绿化带和生态栖息地等。

（3）复合生态廊道

在一些生态功能重要、人类活动频繁的区域，规划建设复合生态廊道，将水系生态廊道和陆域生态廊道相结合。在滇池周边的一些城镇和乡村地区，沿着河流和道路建设复合生态廊道，既可以改善水环境，又可以美化乡村景观，同时还能为居民提供生态服务。复合生态廊道的建设可以采用多种形式，例如：在河流岸边建设林带和湿地，在道路两侧设置绿化带和生态隔离带等。通过合理的布局和设计，复合生态廊道能够同时发挥多种生态功能，提高生态系统的综合效益。

2. 滇池小流域生态廊道构建

(1) 植被恢复与种植

根据滇池小流域的气候、土壤等自然条件，选择适合本地生长的植物物种进行植被恢复和种植。选择植物时，优先选择具有生态功能强、适应性好、抗逆性强的本地植物，如云南松、华山松、滇朴、冬樱花、马缨花等乔木，杜鹃、火棘、金丝桃等灌木，以及菖蒲、水葱、狐尾藻等水生植物。然后，建立本地植物种子库和种苗繁育基地，为生态廊道的植被恢复提供充足的种苗资源。最后，加强对本地植物的研究和培育，提高其繁殖能力和生长质量，保障植被恢复的效果和可持续性。

设计多层次的乔木层、灌木层、草本层和地被层植被结构。乔木层可以选择高大的乔木作为主要树种，为生态廊道提供遮阴和防风功能；灌木层可以种植一些开花结果的灌木，为鸟类和昆虫提供食物和栖息场所；草本层和地被层可以选择一些耐阴、耐旱的植物，以起到固土保水和美化环境的作用。在水系生态廊道中，根据不同的水位和水深条件，选择不同的水生植物进行种植。在浅水区可以种植菖蒲、水葱等挺水植物，在深水区可以种植狐尾藻、苦草等沉水植物，在水陆交界处可以种植芦苇、荻等湿生植物，形成丰富多样的水生植物群落。

(2) 种植技术与管理

采用科学的种植技术，使植物生长正常并保证一定的成活率和质量。在种植前，对土壤进行改良和处理，增加土壤的肥力和透气性。根据植物的生长习性和需求，合理确定种植密度和种植时间。在种植过程中，注意保护植物的根系，避免损伤。种植后加强对植被的后期管理和养护，定期进行浇水、施肥、修剪、病虫害防治等工作。

建立植被监测体系，对植被的生长状况和生态功能进行实时监测和评估，及时调整管理措施，确保植被的健康生长和生态功能的发挥。

4.3.5 景观视线通廊设计

景观视线通廊是指在一定区域内，为了使人们能够获得良好的视觉体验，通过规划和设计形成的具有连续性和方向性的视觉通道。它连接着重要的景观节点、地标建筑、自然景观等，能够引导人们的视线，将不同的景观元素有机地组织在一起，形成一个整体的视觉景观网络。在滇池小流域中，景观视线通廊可以涵盖从滇池水面到周边山脉、城市建筑以及各种人文景观和自然景观之间的视线联系。景观视线通廊的设计应以保护滇池小流域的自然生态环境为前提。避免在设计和建设过程中对生态系统造成破坏，尽量减少对原有植被、地形地貌和水体的干扰。在确定视线通廊的路径时，应避开重要的野生动物栖息地、珍稀植物生长区等生态敏感区域。对于无法避开的区域，要采取建设生态桥梁、地下通道等生态保护措施，确保野生动物的迁徙通道不受影响，同时保护植物的生长环境。

通过景观视线通廊的设计，可以促进区域内生态系统的连通性。在滇池周边的湿地与森林之间规划视线通廊时，可以适当保留和修复一些河流、林带等自然廊道，为动植物的迁徙和生态过程的延续提供通道。同时，在视线通廊的周边进行植被恢复和生态修复工作，增加生物多样性，提高生态系统的稳定性和抗干扰能力。例如：在一些城市建设区域与自然景观交界的地方种植本地植物，形成生态缓冲带，既可以美化景观视线，又能促进生态系统的连通和融合。

在景观视线通廊的设计中，要采用生态设计手法，以实现可持续发展。利用雨水收集和利用系统，将雨水收集起来用于景观灌溉和生态补水，减少对自来水的依赖。在景观照明方面，采用太阳能、风能等清洁能源，降低能源消耗。在材料选择上，优先使用可回收、可降解的环保材料，减少对环境的污染。同时，通过合理的植物配置，发挥植物净化空气、调节气候、降低噪声等的生态功能，提高景观视线通廊的生态效益。

4.3.6　各功能区之间的衔接与过渡设计

1. 生态保护区与生态缓冲区的衔接与过渡

（1）生态要素的流动与缓冲

①水体。

在滇池小流域中，生态保护区如滇池湿地核心区与生态缓冲区之间的水体衔接至关重要。可以通过自然的溪流、沟渠或人工设计的生态水渠等方式，使水体正常地自然流动。在连接处设置水生植物净化带，对从生态缓冲区流入生态保护区的水体进行初步净化，减少污染物的进入。同时，合理控制水流速度和水位变化，为水生生物提供适宜的栖息环境，促进它们在两个区域之间的迁徙和交流。

②植被。

生态保护区边缘的植被应与生态缓冲区的植被相互融合过渡。在生态保护区周边种植一些适应湿地环境且具有较强生态功能的垂柳、水杉等植物，作为过渡带的植被。这些植物可以起到防风固沙、涵养水源、吸收污染物等作用。同时，逐渐向生态缓冲区过渡，种植一些本地的草本植物和灌木，形成多层次的植被结构，为鸟类、昆虫等生物提供栖息和觅食场所，实现生态系统的平稳过渡。

③土壤。

加强对生态保护区与生态缓冲区土壤的保护和改良。在过渡区域，可以通过种植绿肥植物、施加有机肥料等方式，改善土壤的结构和肥力，提高土壤的保水、保肥能力。同时，设置一些生态护坡、挡土墙等，防止土壤侵蚀，确保两个区域之间土壤的稳定性和生态功能的连续性。

（2）生态廊道的构建

可以利用自然的林带、河流廊道，也可以利用人工营造的绿道、生物通道等，为动植物的迁移和扩散提供通道，建立连接生态保护区和生态缓冲区的生态廊道。在滇池周边的山地生态保护区与平原生态缓冲区之间，保留和修复原有山林植被，形成林带生态廊道，可以使山地的野生动物能够顺利进入平原地区觅食和栖息。在生态廊道内，设置一些小型的树洞、水池等栖息地和水源点，为生物提供必要的生存条件。生态廊道的宽度和结构应根据不同生物的需求进行设计。对于大型哺乳动物和鸟类，需要较宽的廊道和较高的植被覆盖率。对于小型昆虫和两栖动物，较窄的廊道和多样化的微生境即可满足其生存需求。同时，要确保生态廊道的连通性，避免被道路、建筑物等人为设施切断。可以通过建设生态桥、地下通道等方式，解决生态廊道与人类活动区域的交叉问题。

（3）管理措施的协同

生态保护区和生态缓冲区应制定协同的管理措施，确保两个区域的生态功能得到有效的保护和衔接。在生态保护区内，实施严格的保护制度，限制人类活动的强度和范围，禁止非法捕猎、采伐、开垦等行为。在生态缓冲区内，虽然允许一定程度的人类活动，但要进行合理规划和管理，控制农业面源污染、规范旅游活动等，减少对生态保护区的影响。

建立统一的监测和评估体系，对两个区域的生态环境质量、生物多样性等进行定期监测和评估。通过数据分析，及时发现问题并采取相应的措施进行调整和改进。同时，加强对周边居民和游客的生态教育宣传，提高他们的生态保护意识，鼓励他们积极参与生态保护工作，共同维护生态保护区与生态缓冲区的生态平衡。

2. 生态缓冲区与生态修复区的衔接与过渡

（1）生态修复目标的延续

生态缓冲区的生态功能在一定程度上是为了保护生态修复区的修复成果和促进其生态系统的恢复。在衔接过渡设计中，要使生态修复区的目标在生态缓冲区得以延续。如果生态修复区的目标是恢复湿地生态系统，那么生态缓冲区在植被选择、水文调节等方面应与湿地生态修复的要求相匹配。可以在生态缓冲区种植一些具有水质净化功能的狐尾藻、金鱼藻等水生植物，对流入生态修复区的水体进行进一步净化，为湿地植物的生长提供良好的水质条件。

在生态缓冲区设置一些生态监测点,实时监测生态修复区的生态环境变化情况。根据监测数据,及时调整生态缓冲区的管理措施,确保生态修复区的生态系统能够按照预期目标进行恢复。例如:如果监测到生态修复区内的某些物种数量减少或出现异常,可能需要在生态缓冲区加强对其栖息地的保护或采取相应的生态修复措施。

(2) 植被群落的过渡

生态修复区通常需要进行植被的恢复和重建,而生态缓冲区的植被群落可以作为其过渡和延伸。在生态缓冲区与生态修复区的交界处,采用逐渐过渡的植被种植方式。从生态缓冲区的现有植被类型开始,逐渐引入适合生态修复区生态条件的植物物种。例如,在从山地生态缓冲区向受损山体生态修复区过渡时,可以先在交界处种植一些耐旱、耐瘠薄的酸枣和荆条等灌木,然后逐步向生态修复区内种植乔木和其他草本植物,形成稳定的植被群落结构。

注重植被的多样性和层次感,在过渡区域营造多样化的生境。可以通过不同高度、不同季节开花结果的植物搭配,为各种昆虫、鸟类等生物提供食物和栖息场所,促进生物多样性的恢复和提升。同时,合理规划植被的种植密度和布局,避免过度种植或种植过于单一,影响生态系统的稳定性和生态功能的发挥。

(3) 土地利用方式的协调

生态缓冲区与生态修复区的土地利用方式应相互协调,以实现生态保护与经济发展的平衡。在生态缓冲区内,可以适当发展一些生态友好型产业并严格控制其规模和强度,避免对生态修复区造成负面影响。例如:在滇池周边的生态缓冲区内,可以发展有机农业,减少化肥、农药的使用,防止农业面源污染对生态修复区的水体和土壤造成污染。同时,开展生态旅游活动时,要合理规划旅游线路和设施,使游客的活动范围不超出生态缓冲区的承载能力,不对生态修复区的生态环境造成破坏。

在生态修复区内,根据其生态功能定位和修复目标,合理规划土地利用。对于一些需要进行生态修复的废弃矿山、荒地等,可以通过土地整治、植被恢复等措施,将其转变为生态用地或具有生态功能的农用地。例如:将废弃矿山修复后,改造成生态公园或种植经济林,既实现了土地的生态修复,又产生了一定的经济效益。在土地利用规划过程中,要充分考虑生态缓冲区与生态修复区之间的相互关系,确保两个区域的土地利用方式能够有机衔接,共同促进区域的可持续发展。

3. 生态修复区与农业生产区的衔接与过渡

(1) 农业面源污染的控制与治理

农业生产区是面源污染的主要来源之一,为了减少其对生态修复区的影响,在衔接过渡区域需要加强农业面源污染的控制与治理。可以在农业生产区与生态修复区之间设置生态隔离带，如种植防护林、花卉带等，减少农药、化肥等污染物随地表径流进入生态修复区。同时，推广生态农业技术，如测土配方施肥、病虫害绿色防控等，降低农业生产对环境的污染。

建设农田生态沟渠和污水处理设施，对农业生产区的排水进行净化处理后再排入生态修复区。生态沟渠内可以种植水生植物，利用其吸附和降解作用去除水中的污染物。污水处理设施可以采用沼气池、人工湿地等生物处理技术，将农业污水转化为可利用的水资源或达到排放标准后再排放，确保生态修复区的水体质量不受农业面源污染的严重影响。

（2）生态农业与生态修复的结合

在生态修复区与农业生产区的衔接过渡地带，可以发展生态农业，实现生态修复与农业生产的有机结合。可推广种植具有生态修复功能的能够吸收土壤重金属、改善土壤结构的农作物。同时，利用在农田休耕期间进行土地整治、植被恢复等农业生产活动促进生态修复，提高土壤肥力和生态系统的稳定性。对于在生态修复区周边从事生态农业生产的农民，给予一定的经济补偿或政策支持，如提供生态农业技术培训、补贴生态农业设施建设等，提高农民的积极性和主动性。通过生态农业的发展，不仅可以减少对生态修复区的负面影响，还可以为市场提供绿色、健康的农产品，实现经济效益与生态效益的双赢。

（3）景观与生态功能的融合

在生态修复区与农业生产区的衔接过渡区域，注重景观与生态功能的融合设计。可以将农田景观与生态修复景观相结合，打造具有特色的田园风光。在农田周边的生态修复区设置一些景观小品、休闲步道等，既为人们提供了休闲娱乐的场所，又增加了景观的美感和生态功能。同时，合理规划农田的布局和种植结构，使其与周边的自然景观相协调，形成美丽的乡村景观画卷。

利用生态修复区的自然资源，发展农业生态旅游。例如：在滇池周边的生态修复区，可以依托湿地、森林等景观，开展农家乐、采摘园等旅游项目，让游客在体验农业生产的同时，欣赏到自然生态美景，促进当地旅游业的发展。通过景观与生态功能的融合，提升区域的整体价值和吸引力，实现生态修复区与农业生产区的可持续发展。

4. 农业生产区与城乡建设区的衔接与过渡

（1）城乡生态空间的构建

在农业生产区与城乡建设区之间，构建绿色生态空间，作为两者的衔接和过渡。可以规划建设城市公园、绿地、绿道等生态景观，将城市与乡村的生态系统连接起来。这些生态空间不仅可以改善城市的生态环境，还可以为居民提供休闲娱乐的场所，同时也有助于保护农业生产区的生态环境。在城市边缘的城乡建设区与农业生产区交界处,建设大型的城市公园,种植各种花草树木,营造自然生态的景观环境,吸引城市居民前来游玩,同时也为农业生产区提供了一道生态屏障。利用城市的河道、水系等自然资源,打造滨水生态景观带,连接城乡建设区和农业生产区。在滨水区域种植水生植物,建设步行道、自行车道等休闲设施,形成集生态、休闲、观光于一体的生态空间。这样的生态景观带不仅可以提升城市的品质和形象,还可以促进城乡之间的生态交流和融合,为农业生产区带来更多的发展机遇。

（2）产业与就业的协同发展

促进农业生产区与城乡建设区的产业协同发展,实现产业与就业的有效衔接。在城乡建设区,可以发展与农业相关的农产品加工、物流配送、农业科技研发等产业,为农业生产提供支持和服务,同时也创造更多的就业机会。在城市的工业园区内设立农产品加工企业,将农业生产区的农产品进行深加工,提高产品附加值,带动农村经济发展。同时,企业的发展也为城市居民和农村劳动力提供了就业岗位,促进城乡居民的收入增长。

鼓励城市的资本和技术向农业生产区流动,推动农业现代化发展。城市的企业可以通过投资农业项目、开展农业合作等方式,将先进的技术和管理经验引入农业生产区,提高农业生产效率和质量。城市的科技企业可以与农村合作社合作,开展智慧农业项目,利用物联网、大数据等技术,实现农业生产的智能化管理,提高农业生产的效益和竞争力。通过产业与就业的协同发展,促进城乡之间的资源优化配置和经济社会的协调发展。

（3）文化与景观的传承与创新

在农业生产区与城乡建设区的衔接过渡区域,注重文化与景观的传承与创新。保护和传承农业生产区的农耕文化、民俗文化等,将其融入城乡建设的景观设计和文化活动中。可在城市的公园或广场内设置农耕文化展示区,展示传统的农业生产工具、农事活动等,让城市居民了解农村的历史文化。同时,在城乡建设中,创新景观设计理念,将现代城市元素与乡村景观特色相结合,打造具有地域特色的城乡景观。

利用农业生产区的自然资源和乡村景观,发展乡村文化旅游。在城乡建设区与农业生产区交界处,打造一些具有乡村特色的民俗村、乡村庄园等旅游景点,吸引城市居民前来体验乡村生活和文化。通过乡村文化旅游的发展,促进城乡之间的文化交流和互动,同时也为农村经济发展注入新的活力。在文化与景观的传承与创新过程中,要注重保护生态环境和历史文化遗产,通过政策支持和宣传教育,实现经济发展与文化保护的良性互动。

第5章　滇池小流域综合治理与景观生态改造实践案例分析

5.1　相关规划及工程概述

5.1.1　《昆明市国土空间总体规划（2020—2035年）》草案

1. 昆明城市的发展定位与目标

在《昆明市国土空间总体规划（2021—2035年）》草案中，明确了昆明的发展定位和发展目标。昆明是云南省省会城市，是中国春城，是历史文化名城，是国家战略支点城市，也将是国际大健康名城，还致力于成为"美丽中国"典范城市。发展目标是通过"一枢纽、四中心"，建设立足西南，面向全国、辐射南亚东南亚区域性国际中心城市。

2. 城市职能

作为"一带一路"西南地区的重要战略支点城市，昆明依托长江黄金水道，努力打造为面向南亚、东南亚开放的区域中心城市。该市充分利用其作为省会城市在交通、经贸、科技创新、金融及人文等方面的独特优势，引领滇中城市群向一个面向南亚东南亚开放的区域性国际绿色城市群迈进。在城市空间结构上，昆明市依托于其市域的自然地理格局和生态特色，结合"山、川、湖、坝、城"的要素格局，精心构建了"双核、三区、六脉"的生态安全屏障。该屏障旨在统筹保护大川、大湖等重要的生态要素。昆明市以功能为骨架，以交通为脉络，以产业为肌体，形成了"四轴、多点"的市域城乡发展空间格局。这种格局将昆明市域内的山、川、湖、坝、城视为一个生命共同体，进行统一保护和统一修复。到2020年，昆明全市年用水总量被严格控制在 $33.88 \times 10^8 \text{ m}^3$ 以内，而到2030年，这一数字将被控制在 $37.08 \times 10^8 \text{ m}^3$ 以内。截至2035年，城镇污水处理率预计将提升至95%，而乡村地区的污水处理率也将达到85%。同时，至2035年，全市地表水水质达到环境功能区水质目标的比例将不低于95%，地下水环境质量将保持稳定并持续改善，集中式饮用水水源地的水质达标率将稳定维持在100%。

截至2035年，滇池流域的水环境质量预计将实现整体提升，水生态系统功能也将得到初步恢复。滇池外海和草海的水质将稳定在Ⅲ类或更优水平；主要流入滇池的河流中，水质达到或超过Ⅲ类标准的比例将超过95%，同时滇池流域内将彻底消除黑臭水体现象。为实现这一宏伟目标，昆明市将实施最为严格的水资源管理制度，并完善滇池流域城乡污水收集与处理系统。昆明市还将加强对点源污染的控制力度，显著提升管网覆盖范围和污水截留效率，持续提高流域内污水的收集和处理率。另外，昆明市将继续推进河道及其支流沟渠的综合整治工作，以提升河道水质，并根据各条河道当前的水质状况及流入河中的污染负荷，制定针对性的改善方案。

5.1.2 《昆明市中心城区排水专项规划（2009—2020年）》

1. 排水体制的确定

根据《昆明市中心城区排水专项规划（2009—2020年）》，结合昆明市的现实情况以及未来发展的宏伟蓝图，昆明市的排水体制将按照规划期限分阶段逐步实施。目前，昆明市采用的是合流制与分流制排水体制并存的模式。在保留现有40%的合流制系统的基础上，随着城市扩张和老城区的更新改造，昆明市逐步合流制排水系统升级为完全分流制系统。具体规划如下。近期规划：计划至2015年，将主城内二环以外的合流制系统全面转换为分流制系统，二环以内的新建和改造区域必须采用分流制排水体系，现有的合流制系统可暂时保留。在雨季，若合流污水量超出污水处理厂的设计处理能力，将考虑提前建设远期污水处理厂，并预留一定的处理余量，以应对二环以内合流污水超出设计处理量的情况。远期规划：至2020年，昆明市的建成区实现完全的雨污分流排水体制，确保城市排水系统的高效运行和环境保护。

2. 排水规模

（1）污水规模的确定

根据《城市排水工程规划规范》（GB 50318—2017）和《城市给水工程规划规范》（GB 50282—2016），城市污水量的确定应当基于城市用水量以及城市污水排放系数来进行。因此，在进行城市规划时，首先需要预测出各个规划区域的需水量，然后根据这些数据来计算出相应的污水排放量。

根据相关规范的规定，城市综合生活污水排放系数通常为0.80~0.90。在中心城区的远期规划中，排水体制被确定为雨污分流制。在考虑完全分流、污水收集率、地下水渗入系数等多种因素后，本规划采用的城市污水排放系数为0.80，同时地下水入渗系数定为12%。此外，根据规划原则，基础设施供需比被设定为1.2，这样做是为了保留20%的余量，以应对未来可能出现的需求增加或其他不可预见的情况。基于上述参数，计算出各个

分区的污水量（见表5-1），进而确定各分区污水厂的规模。具体的计算公式为

城市污水量=城市平均日用水量×城市污水排放系数×（1+地下水入渗系数）
　　　　×基础设施供需比

通过计算可得到更为精确的污水量数据，从而为污水处理设施的建设和规划提供科学依据。

表5-1　各分区预测污水规模

分区	纳污面积/km²	预测污水规模/（×10⁴ m³·天⁻¹）
主城北	61.4	27.8
主城西	66.9	30.5
主城东	60.8	29.0
主城南	51.3	22.9
主城东南	124.3	41.2
主城小计	364.7	151.4

（2）雨水规模的确定

昆明在城市环境与经济发展中承载着重要作用。经过对昆明市中心城区的建设特性、地形地貌、气象条件等多方面因素的深入评估与分析，为了有效应对潜在的雨水问题，并确保城市的可持续发展，应适当提高昆明城市雨水管渠设计的重现期。这一决策是基于对昆明特有的地理环境和气候条件的全面考量。目的是增强城市的防洪排涝能力，确保市民的生命财产安全。同时，也充分考虑了不同下垫面条件下的次洪径流系数，包括硬化地面、绿地、湿地等。通过对这些不同下垫面条件下的次洪径流系数进行精确计算，能够更准确地估算出城市雨水量。这不仅有助于优化雨水管渠的设计，还能为城市排水系统的规划和管理提供科学依据，确保在极端天气条件下，城市能够有效应对雨水径流，减少内涝和洪涝灾害的发生。

3. 排水系统规划

昆明主城区的地形特征呈现出北部较高而南部较低的态势，这种独特的地理布局使得规划区内的河流和沟渠基本上都沿着自北向南的方向流动，最终汇入滇池。滇池因此成了这座城市雨水和污水排放的唯一接纳水体。在进行昆明主城区污水系统的规划时，主要依据现有的八个污水处理厂的分布位置以及与这些污水处理厂相配套的污水主干管网所覆盖的服务范围和区域来进行划分。目前，昆明主城区的污水排水系统已经基本形成了五个主要的分区，分别是城北片区、城西片区、城南片区、城东片区以及城东南片区。下面主要讲述城西片区和城南片区的污水处理，城西片区和城南片区的信息见表5-2所列。

表 5-2　城西片区和城南片区的相关信息

区域	城西片区	城南片区
范围	东以翠湖、正义路为界，南至草海，西至西山，北至普吉	城南片区位于主城盘龙江以西的城市南部，东以盘龙江为界，南至滇池外海，西至大观河，北至圆通公园、青年路
建设用地面积	66.89 km²	51.25 km²
规划人口	87.2万人	65.4万人
系统内河道	大观河、乌龙河、老运粮河、小路沟、中干渠、大沙沟	金太河、杨家河、采莲河、兰花沟、船房河、永昌河、西坝河、正大河
服务分区的污水处理厂	第三污水处理厂 第九污水处理厂	第一污水处理厂 第七、八污水处理厂

（1）城西片区的污水处理

针对当前存在的分流制管道系统错接、乱接等问题，进一步完善污水收集系统，实施分流区域有效分流的系统性改造。改造项目具体对张峰泵站、土堆泵站等关键节点进行针对性处理，以保障整个污水收集和处理系统的高效运行。

（2）城南片区的污水处理

城南片区的污水处理设施位于日新路以南、广福路以北的金家河两岸。目前，该区域已安装直径为 600 mm 的截污干管，这些管道自北向南延伸，并最终接入广福路直径为 800 mm 的污水干管。在广福路西南侧、红塔东路北侧的区域，直径为 500～600 mm 的管道将污水从东北方向引导至南侧，分段汇入红塔东路的污水干管中。这些污水最终将流入第七污水处理厂。同时，周边道路的污水支管也正在进行相应的改造工程，以确保污水能够顺利地流入主干管。沿着前旺路自东向西铺设了一条直径为 600 mm 的污水截污干管，干管经过四道坝后，沿着金家河北向南延伸至广福路。接着，沿广福路接入环湖东路滇北项目的直径为 1 200 mm 的主干管。该系统负责收集日新路以南、正大河以西以及广福路以北地区的大部分污水。最终，这些污水将汇入第七污水处理厂，确保整个片区的污水得到有效的处理。沿着正大河两岸，日新路以南区域自北向南布设了直径为 500～800 mm 的污水截污管道，并将这些管道接入广福路的直径为 800 mm 的主干管。该系统负责收集前兴路东部、盘龙江西部、前旺路南部以及广福路北部的大部分污水。最终，这些污水将通过广福路输送到第七污水处理厂进行处理，确保整个片区的污水得到有效的处理。

此外，针对现有漏接、错接、乱接的管段的改造工程正在进行中。这包括小区庭院分流接入雨水或合流管道和污水管或合流管直接排入沟道、河道的情况。通过这些改造工程，可以确保污水和雨水的分流更加合理，减少污水直接排入沟道、河道的情况，从而保护环境，提高污水处理效率。

4. 雨水系统规划

根据自然水系与流域的划分，雨水系统被划分为若干个独立的区域，以便于雨水的就近分散排放。昆明主城区依据雨水受纳区域，共划分为二十一个雨水排放系统。具体包括：盘龙江系统、金汁河系统、东干渠系统、自卫村系统、新运粮系统、马街系统、小路沟系统、老运粮系统、乌龙河系统、草海西岸系统、大观河系统、船房河系统、采莲河系统、正大河系统、草海东岸系统、大清河系统、东白沙河系统、宝象河系统、小清河系统、老河系统以及马料河系统。

5.1.3 《昆明市城市排水（雨水）防涝综合规划（2014—2030 年）》

昆明市城市不会发生内涝的判断标准主要体现在两个方面：首先，居民住宅和工商业建筑物的底层不会出现进水现象，确保居民和商户的财产安全；其次，城市道路中任意一条车道的淹水深度不得超过 15 cm，以保障交通的畅通无阻。《昆明市城市排水（雨水）防涝综合规划（2014—2030 年）》的制定是为了更好地指导城市排水防涝设施的建设，解决昆明主城区当前面临的内涝问题，提升城市的排水防涝能力，同时促进基础设施及民生工程的建设与城市化进程的协调发展。本规划的目标是使昆明市的排水防涝建设达到国内知名旅游城市的先进水平，为昆明建设国际旅游城市、塑造现代新昆明提供坚实的民生基础和重要保障。规划的具体目标包括以下几个方面。

1. 源头控制

为实现年径流总量控制率达到 85%，可采取源头削减和过程蓄滞措施，有效地进行径流控制，外排径流的总量不会增加，径流总量可以得到有效的削减。源头削减措施主要包括地表覆盖植被、增加透水性铺装、建设雨水花园等，以减少雨水径流的产生。过程蓄滞措施包括建设雨水蓄水池、湿地、渗透性沟渠等，在径流过程中蓄滞和净化雨水。通过这些综合措施，可以在开发过程中最大限度地减少对自然水文循环的影响，开发后的地块不会增加外排径流的总量。

2. 排水网络

对于城市排水，相关部门可实行合流制与分流制排水体制并存的策略。在近期规划中，二环以内的所有新建和改造区域都必须严格采用分流制排水体制，进一步完善和优化城市排水系统，提升其整体效能。在远期规划中，在既定的规划范围内实现基本的雨水管理。届时城市雨水管网将具备更强的应对能力，确保在符合设计标准的降雨情况下，地面不会出现明显的淹水现象，同时路边的淹水深度也将严格控制在 15 cm 以内，从而有效保障市民的出行安全和城市的正常运行。

此外，结合滇池水环境严重污染的现状以及国家对滇池水环境治理提出的高要求，相关部门还制定了更为长远的规划目标。到 2030 年，将致力于实现完全雨污分流的排水体制。

3. 汇水区域

通过打造一个能够自然积存、自然渗透、自然净化的"海绵城市"，在不超过城市内涝防治标准的降雨情况下，整个雨水管理系统能够正常运作，有效避免城市内涝灾害的发生。这需要在进行城市防洪及雨水排放系统的设计与规划时，综合考虑防洪水位与雨水排放口的标高，使外河与内河水位之间协调一致，以防止在各种不利条件下河水倒灌现象发生。汛期时，城市管理者需在汛期到来之前预留足够的调蓄水深，保证城市排水系统的顺畅运行，避免因排水不畅而导致的内涝问题。

结合昆明市的城市性质和汇水区域的地形特点，未来城市排水标准的制定应与城市的整体政治经济地位相匹配。在参考国内其他城市，特别是省内与昆明地形相近的城市的相关标准后，可以确定规划范围内新建管渠设计重现期应不低于 5 年，中心城区地下通道和下凹式广场等雨水管渠重现期应不低于 20 年。这样的规划标准将有助于昆明市在面对极端天气事件时，能够更好地保障城市的安全和稳定运行。

5.1.4 《昆明主城西片区（二环路外）排水控制性详细规划（2010—2020 年）》

《昆明主城西片区（二环路外）排水控制性详细规划（2010—2020 年）》（简称《城西片区详细规划》）的规划范围覆盖了昆明市中心城区的西部，具体地理界线囊括了总面积为 54.5 km² 的广大区域。在该规划区域内，将实施一系列旨在增强排水系统效能与可持续性的详细规划措施。昆明主城区西部区域排水系统的控制性详细规划的主要目标涉及以下几个方面。

1. 完善片区排水系统

结合滇池水环境遭受的严重污染以及国家对滇池水环境治理的严格要求，《城西片区详细规划》旨在确保至规划期末实现雨污分流的排水体系。第一，通过科学合理的排水系统设计，有效应对暴雨等极端天气事件，减少城市内涝的风险，确保城市运行的安全与稳定。至规划期末，片区内在完成城中村改造和庭院雨污分流的前提下，工程范围内的污水收集率可以稳定在 95% 以上，市政道路下的雨污分流管覆盖率将达到 100%，污泥处理率达到100%。第二，推广各种雨洪利用措施，通过广泛采用透水铺装、绿地渗蓄、修建蓄水池等措施，收集处理初期雨水，减少雨水径流，有效利用雨洪。第三，结合城市防洪规划，解决片区内涝淹水问题，保障片区内居民生产、生活安全。第四，树立一个多学科的、广泛的、可操作的城市片区排水发展模式，与昆明市其他方面协同发展。

2. 排水设施协调管理

建议设立一个独立统一的机构，专门负责排水设施的规划、建设、管理与维护工作，增进排水设施协调管理的效能。通过科学的管网布局和设施性能提升，显著增强排水系统的处理能力，可应对日常的雨水和污水排放需求，保障城市排水系统的稳定运行。

5.1.5 《昆明市城市防洪总体规划》（修编）

为全面提升城市防洪能力，确保城市安全，《昆明市城市防洪总体规划》（修编）提出了多项关键措施。总体规划方案：加固城市上游病险水库，整治城区及拟建城区防洪、排水河道，改造城市淹水点排水管网，优化滇池的运行调度机制，拓宽滇池下游螳螂川、沙河泄洪河道，形成城市上游水库群有效拦蓄、城区防洪排涝河道迅速排泄、下游滇池调节，滇池出口海口河和西园隧洞沙河泄洪的防洪工程体系，辅以"松—昆—滇—螳"联合调度，确保昆明城市的防洪安全。

根据规划成果，盘龙江和新运粮河（龙院村以下）已确定按照100年一遇的防洪标准进行设防，能够抵御百年一遇的特大洪水。老运粮河、鱼翅沟、乌龙河、大观河、西坝河、船房河、采莲河、金家河以及正大河的防洪标准则定为50年一遇，确保这些河流在50年一遇的洪水情况下能够安全运行。规划中明确了两岸河堤需增加的高度以及桥涵的净空高度等关键信息，以确保河堤和桥涵在洪水期间能够发挥其应有的作用。城区排涝河道的设计考虑了安全超高，并将其作为允许越浪的2级堤防工程来处理，超高部分定为0.4 m，以确保在极端情况下河道能够安全越浪，减少洪水对城市的冲击。

5.1.6 《滇池流域水环境保护治理"十四五"规划（2021—2025年）》

1. 规划范围

滇池流域覆盖了总面积为2 920 km²的广阔区域，这个区域主要包括了昆明市内的五华区、盘龙区、官渡区、西山区和呈贡区，以及晋宁区的54个街道办和3个乡镇。这些地区共同构成了滇池流域的核心区域，涵盖了众多的城镇和乡村，形成了一个复杂而独特的生态系统。滇池流域不仅是昆明市的重要水源地，也是云南省内一个重要的经济和文化中心。

2. 规划总体思路

在对基础数据进行细致梳理和分析的基础上，相关职能部门对"十三五"期间水生态环境保护所取得的成就与经验进行了全面的回顾与总结。通过深入而系统地分析水生态环境状况及水污染排放情况，成功地识别了重点区域和关键问题，并对这些问题的成因以及潜在的水环境风险进行了详尽的分析。相关职能部门在结合流域"十四五"社会经济发展趋势的同时，也充分考虑了群众对改善生态环境的迫切需求。基于这些考量，制定了一套全面而系统的指标体系，该体系综合考虑了水资源、水生态和水环境等多个维度。再兼顾必要性和可达性，科学确定目标。在规划实施过程中，按照"流域统筹、区域落实"的思路，构建了一个完善的流域空间管控体系，以确保各项生态保护措施的有效实施。

依据问题导向和目标导向，相关职能部门精心设计了七大方面支撑目标实现的主要任务，包括控源减排、水源配置利用、生态修复保护、环境管理提升、饮用水源保护、体制机制创新和滇池治理模式提炼。为了进一步推动这些任务的实施，相关职能部门还提炼了一份详尽的规划项目清单，明确了各项任务的具体内容和实施步骤。此外，还提出保障规划顺利实施的政策措施。

5.1.7 《滇池流域城镇水系专项规划》

为充分发掘牛栏江水资源潜力，确保城区河流清澈见底，进而美化并改善昆明中心城市水环境，从根本上解决河道蓝线、绿线长期不足的问题，特制定了《滇池流域城镇水系专项规划》。该规划覆盖了23条河流，其汇水面积达到1 785 km^2，占滇池流域总面积的61.1%。

《滇池流域城镇水系专项规划》对城市河道水系进行系统性布局、水面规划、河道功能定位、控制规划、水系生态补水规划、水质控制以及详尽的工程规划。在城市水系布局方面，重点聚焦于滇池流域的"一湖四片"开发和滇池水体的综合治理，同时以市域内中小河道的整治为基础。该规划充分利用现有的河网水系，在市区着重亲水性和文化氛围的营造，在郊区则强调自然和生态的展现。通过在昆明市内实施"全面截污、全面禁养、全面绿化、全面整治"的水环境策略，构建昆明中心城区"依山傍水，一湖三山"的绿色生态背景，塑造"水清、岸绿、景美、游畅"的昆明春城新景观。该规划还基于对昆明中心城区水系现状的分析以及中心城区用地布局规划，遵循尊重自然和统筹兼顾水系利用保护与城市总体规划、城市开发的原则，力求最大限度地保留现状的河湖水系生态系统。

5.1.8 《滇池西岸面山洪水拦截及水环境综合治理项目可行性研究报告》

通过利用现有的坝塘和水库来滞留山洪，对当前状况不佳、存在安全隐患的老旧坝塘进行加固改造，实现滞洪、防洪和控制污染。通过这些措施，可以有效地减少山洪对下游村庄和农田的冲击，降低洪峰和洪量，从而减轻下游地区的排洪压力。此外，对于那些没有坝塘且下游防洪压力较大的山区沟谷，项目计划新建调蓄池，进一步优化山洪的调节效果，以实现对滇池西岸区域山洪的"错峰"和"调峰"调节，确保山洪在进入下游村庄和农田之前得到有效的控制。同时，在拦截山洪的同时，通过修建边沟沉沙池对携带泥沙的山洪进行拦截和沉积。这些沉沙池将有效地拦截山洪中的泥沙，减少泥沙对下游地区的污染和破坏。针对目前存在雨污合流问题的区域，新建村庄截污支次管网，直接引入已建的截污干管，完善规划区的雨污分流和截污体系，减轻雨季期间的截污和治污压力。

此外，项目还将对那些无法满足过流要求的防洪沟进行整治，完善山区下游的排洪系统，提升防洪沟的过流能力，确保这些沟渠在洪水季节能够有效排洪，减少洪水对下游地区的威胁。

1. 设计标准

在当前工程区域范围内，尚未制定可供参考的防洪或排水规划。依据《防洪标准》（GB 50201—2014）的规定，本次项目中排洪沟和调蓄池的保护对象为人口数量不足20万的村庄以及耕地面积小于30万亩（200 km²）的区域。鉴于工程区内的水系主要由小沟小溪组成，没有大江大河，因此将堤防防护等级定为Ⅳ级，洪水标准则定为10至20年一遇。然而，考虑到该地区位于昆明市郊，未来的发展方向是建设为休闲度假区，因此在本次设计中，取规范的上限值。综合考量后，排洪沟和调蓄水池的设计洪水标准最终确定为$P=5\%$（即20年一遇）。

此外，本项目还包括对7座坝塘进行除险加固工程。依据《水利水电工程等级划分及洪水标准》（SL 252—2017），鉴于本项目仅对坝塘进行除险加固[不包括现状小(2)型水库的处理]，坝塘洪水标准适当降低，综合确定。西化坝塘工程被分类为Ⅴ等，属于小(2)型。其永久性水工建筑物定为5级。洪水标准参照山区和丘陵区水库工程中5级水工建筑物土石坝的标准，并适当降低。在具体实施过程中，将严格按照相关标准和规范进行操作，确保工程质量和安全。同时，也将充分考虑未来该地区的发展需求，以确保工程的可持续性和长期效益。具体如下：

设计洪水标准：$P=10\%$（即10年一遇）

校核洪水标准：$P=1\%$（即100年一遇）

施工期导流标准：5年一遇枯期洪水标准

西化二社坝塘、老深沟坝塘、小松林坝塘、凹子坝塘、小凹子坝塘以及老河凹坝塘等工程都被归类为Ⅴ等，属于小型(2)型工程。这些工程中的永久性水工建筑物都被评定为5级。在洪水标准方面，遵循平原区和滨海区水库工程中5级水工建筑物的防洪标准的下限。设计洪水标准按照 $P=10\%$（即10年一遇）进行。

设计洪水标准：$P=10\%$（即10年一遇）

校核洪水标准：$P=5\%$（20年一遇）

施工期导流标准：5年一遇枯期洪水标准

依据西山区国民经济和社会发展的整体规划，现状水平年被确定为2018年，设计水平年则设定为2030年。确保各项建设与社会发展相协调，为西山区的长远发展提供科学指导。在规划过程中，相关部门严格依据《中国地震动参数区划图》（GB 18306—2015）的相关规定，以确保工程设施在地震等自然灾害面前的安全性与稳定性。根据区划图，工程区的地震动峰值加速度为 $0.20g$，地震动反应谱特征周期为 $0.45\ \text{s}$，从而确定了工程区相对应的基本地震烈度为Ⅷ。在进行各类工程设计和建设时，相关部门必须严格按照Ⅷ的地震烈度进行设防，以确保建筑物在地震发生时能够承受相应的震动，从而有效保障人民的生命财产安全。

2. 工程建设规模

滇池西岸面山洪水拦截工程主要工程措施包括防洪滞蓄措施及村庄截污措施。

主要工程建设内容如下：为确保防洪安全，需对7座塘坝进行加固处理；为提升水资源调蓄能力，计划新建15座调蓄水池，具体包括1座 $1\ 000\ \text{m}^3$、3座 $2\ 000\ \text{m}^3$、2座 $3\ 000\ \text{m}^3$、6座 $4\ 000\ \text{m}^3$ 以及3座 $5\ 000\ \text{m}^3$ 的调蓄水池；为优化水资源输送系统，将新建 $9.62\ \text{km}$ 的沟渠，并对 $12.72\ \text{km}$ 现有沟渠进行清理，以提升其输送效率；为进一步提升水质，将建设119个沉沙池，以去除水中泥沙。

截污措施的核心建设内容包括：为有效控制污水排放，需新建 $19.67\ \text{km}$ 截污支管、$18.34\ \text{km}$ 截污分支管及 $89.86\ \text{km}$ 截污入户管；这些管道的建设将有助于将污水从源头直接输送到污水处理设施，减少污水在环境中的扩散；为更好地收集和处理污水，需建设5 372座纳污池、3 809座检查井及2 590座洗涤池，这些设施有助于集中收集污水，便于后续处理、净化和再利用；为进一步处理污水中的有机物质，需建设780座化粪池，这些化粪池将有助于分解和去除污水中的有机物质，提高污水处理的效果。

5.1.9 《滇池分级保护范围划定方案》

为了加强滇池的保护与管理，防治水污染，改善流域生态环境，促进经济社会可持续发展，根据《云南省滇池保护条例》关于滇池一、二、三级保护区的具体范围由昆明市人民政府划定并公布的规定，昆明市人民政府组织编制了《滇池分级保护范围划定方案》。该方案明确了各级保护区界线，为管理部门提供科学指导。通过实施该方案，可以协调环境保护与经济社会发展的关系，确保滇池生态安全和水资源可持续利用，周边区域生态环境将得到有效保护。

1. 滇池一级保护区

滇池流域一级保护区指滇池水域以及保护界桩向外水平延伸100 m以内的区域，但保护界桩在环湖路（不含水体上的桥梁）以外的，以环湖路以内的路缘线为界。一级保护区面积为323.97 km^2，占滇池流域的11%。

2. 滇池二级保护区

滇池流域的二级保护区指一级保护区以外至滇池面山以内城乡规划确定的禁止建设区与限制建设区，及主要入湖河道两侧沿地表向外水平延伸50 m以内区域。二级保护区面积为606.94 km^2，占滇池流域总面积的21%。其中，禁止建设区的面积为393.84 km^2，占14%；限制建设区的面积为213.1 km^2，占7%。上述提到的二级保护区的面积并未完全包括主要入湖河道两侧沿地表向外水平延伸50 m以内的区域，这部分区域的具体范围将在《滇池流域城镇水系专项规划（修编）》中得到明确界定。

3. 滇池三级保护区

滇池流域三级保护区是指位于一、二级保护区以外，滇池流域分水岭以内的区域。三级保护区的总面积为1 112.558 9 km^2，占滇池流域总面积的38%。

在本项目中，尽管有些地块位于滇池的一级保护区内，但仅限于对现有的沟渠进行生态化改造，而不包括任何新增建设用地的开发。

5.2 滇池小流域的现状及存在的问题

5.2.1 滇池小流域的现状

1. 晖湾一组旱秧地沟

位于晖湾地区的晖湾一组旱秧地沟，起于晖湾新村内部，终点延伸至滇池西岸，全长约为685 m，宽度为1~2 m。该沟渠主要承担旱秧地的灌溉与排水任务。在旱秧地种植期间，为秧苗提供了必要的水分条件，在雨季，将雨水有效地排出田间积水，避免内涝对农作物生长造成影响。沟渠的水流主要来源于附近的山泉水和雨水的汇集。

沟渠的上游部分位于村内，采用盖板沟的形式，经过高海路后转为明沟，穿越道路等区域时，则变为暗涵。该沟渠主要负责晖湾新村内部的排水工作。其长度相对较短，规模较小，具体长度和断面尺寸根据当地农田面积和地形而定，一般宽度为1~2 m，深度为0.5~1 m，可以满足周边少量旱秧地的用水和排水需求。沟渠的水源主要来自新村内部的排水系统，上游部分以盖板沟的形式存在，经过高海路之后则为敞开式沟渠，其护坡采用浆砌石堤岸作为防护。沟渠的污染源主要为村庄的面源污染。

晖湾一组旱秧地沟起始于晖湾新村内部，穿过新村，向北下穿高海高速，经过农田及荒地，最终接入滇池。目前，晖湾一组旱秧地沟已经完成了截污工程。截污管道始于西化村，自西向东延伸，最终接入晖湾新村。在晖湾新村内，截污管道被安置在河道中，其管径为DN300。该管道沿着河道方向，穿越高海高速公路，最终连接至沿滇截污干管（见表5-3、5-4所列）。

表5-3 晖湾一组旱秧地沟小流域基本情况调查表

晖湾一组旱秧地沟小流域基本情况调查表			
流域用地情况			
流域面积/km²	山地面积/km²	建设用地面积/km²	农田绿地面积/km²
0.286	0.12	0.062	0.104
流域人口情况			
流域总人口/人		晖湾新村人口/人	
879		879	
沟道基本情况			
长度/m	宽度/m	起点	止点
685	1~2	晖湾新村	滇池

续表

截污情况				
污染源	截污完成情况	年污水排放量/m³	污水去向
生活污水	是	80 209	滇截污干管

表5-4 晖湾一组旱秧地沟小流域工程量统计表

晖湾一组旱秧地沟小流域工程量					
序号	类型	项目	规格	单位	数量	备注
1	入滇段生态改造	生态化改造	—	m	251	松木桩堤岸改造
2		生态廊道建设	—	m²	2 510	两栖植物补植
3		河道清淤	—	m³	75	高蒋段—滇池

2. 富善大闸水库排洪沟及岔沟

富善大闸水库排洪沟及其分支沟渠起始于富善大闸水库，贯穿富善村，向东穿越高海高速公路。该沟渠途经农田及荒地，最终在滇池西岸终止，全长约为2 446 m，宽度介于1～2 m，深度为0.8～1 m。河道部分区域存在淤积现象。

该沟渠的主要水源是富善大闸水库。在高海高速公路的上段，富善大闸水库排洪沟及其分支沟渠采用混凝土堤岸；在高海高速公路的下段，富善大闸水库排洪沟呈现自然断面形态，堤岸及沟底杂草丛生，淤积严重，坡度不畅。富善大闸水库排洪沟的分支沟渠保持混凝土堤岸结构。沟渠的主要污染源为沿线村庄的面源污染。尽管相关村庄已完成污水截流工程，但在下游地区，滇池水位顶托，形成死水区，导致水质恶化。此外，河道部分区域亦存在淤积问题。

富善大闸水库的排洪沟及其分支沟渠的现状已经完成了污水截流工程。这项工程的截污管道起点位于富善村内部，从西向东延伸。截污管道被布置在河道之中，其管径大小为DN300。这条截污管道沿着河道顺势而下，穿越了高海高速公路，最终接入沿着滇池的主截污干管（见表5-6、5-7所列）。

表5-6 富善大闸水库排洪沟及岔沟小流域基本情况调查表

富善大闸水库排洪沟及岔沟小流域基本情况调查表			
流域用地情况			
流域面积/km²	山地面积/km²	建设用地面积/km²	农田绿地面积/km²
0.953	0.117	0.239	0.597
流域人口情况			
流域总人口/人		富善村人口/人	
1 048		1 048	

续表

沟道基本情况			
长度/m	宽度/m	起点	止点
2 446	1~2	富善大闸水库	滇池
截污情况			
污染源	截污完成情况	年污水排放量/m³	污水去向
生活污水	是	95 630	滇截污干管

表5-7 富善大闸水库排洪沟及岔沟工程量统计表

富善大闸水库排洪沟及岔沟工程量					
序号	类型	项目	规格	单位	数量	备注
1	入滇段生态改造	新建滚水坝	—	m³	5.5	—
2		壁挂式净水器		m²	150	滇池顶托水净化
3		生态廊道建设		m²	15 780	两栖植物补植
4		河道清淤		m³	592	高蒋段—滇池

3. 古莲新村沟

古莲新村沟渠位于古莲新村内，从高蒋段公路旁的排水沟延伸至滇池。该沟渠全长为311.27 m，主要流经古莲新村的现有农田，主要为农田灌溉。沟渠的水源来自古莲大闸水库的分流，沟渠宽度为0.7 m，深度为0.6 m。沟渠上游采用盖板沟形式，高海路以下的河渠则采用自然断面形式。目前，沟渠的污染源主要为农业面源污染。沟渠上游的水质相对较好，但下游滇池水位顶托，水流缓慢，形成死水区，导致水质变差。

古莲新村的地形特征表现为西北部地势较高，而东南部地势较低。目前，该村已经完成了雨水和污水的分流处理。在古莲新村的沟渠汇水区域内，主要涉及编号为5号的截污支管。该截污支管位于古莲新村沟的北侧，主要负责接收周边各个截污次管排放的污水。这些污水从西向东流动，最终汇入已经建成的滇池环湖西岸截污干管。通过这条已经建成的滇池环湖西岸截污干管，污水会被输送至白鱼口污水处理厂进行进一步的处理（见表5-8、5-9所列）。

表5-8 古莲新村沟小流域基本情况调查表

古莲新村沟小流域基本情况调查表			
流域用地情况			
流域面积/km²	山地面积/km²	建设用地面积/km²	农田绿地面积/km²
0.02	0.007	0	0.01

续表

流域人口情况	
流域总人口/人	古莲新村人口/人
760	760
沟道基本情况			
---	---	---	---
长度/m	宽度/m	起点	止点
311.27	0.7	高蒋段公路	滇池
水质现状			
类别	COD/(mg·L^{-1})	TN/(mg·L^{-1})	TP/(mg·L^{-1})
劣Ⅴ类	44	28.8	0.471
截污情况			
污染源	截污完成情况	年污水排放量/m^3	污水去向
农业面源	是	55 480	白鱼口污水处理厂

表 5-9 古莲新村工程量统计表

古莲新村工程量						
序号	类型	项目	规格	单位	数量	备注
1	入滇段生态改造	新建滚水坝	—	m^3	4.8	—
2		生态廊道建设	—	m^2	160	两栖植物补植
3		河道清淤	—	m^3	4.8	高蒋段—滇池

4. 古莲抽水站进水沟

古莲抽水站进水沟位于古莲新村内，从高蒋段公路边沟延伸至滇池，全长为 404.66 m。该沟渠主要流经古莲新村的现有农田，主要为农业灌溉。古莲抽水站进水沟的水源主要来自古莲大闸水库的分流，沟渠的宽度和深度均为 0.7 m。沟渠的上游部分采用明渠形式，高海路以上部分及高海路以下段均为自然断面。现状主要为农业面源污染，上游水质相对较好；下游滇池水顶托，形成死水区，导致水质变差。

古莲新村的地理位置特征为西北部地势较高，东南部地势较低。目前，该村已实现雨水与污水的分流处理。在古莲抽水站进水沟的汇水区域，主要涉及 1 号截污支管。该截污支管位于古莲新村沟北侧，主要职责为接收周边截污次管中的污水，并将其引导至自西向东的流向。最终，这些污水将汇入已建成的滇池环湖西岸截污干管，并通过该干管输送至白鱼口污水处理厂进行处理（见表 5-10、表 5-11 所列）。

表 5-10　古莲抽水站进水沟小流域基本情况调查表

古莲抽水站进水沟小流域基本情况调查表			
流域用地情况			
流域面积/km²	山地面积/km²	建设用地面积/km²	农田绿地面积/km²
0.04	0.01	0.005	0.02
流域人口情况			
流域总人口/人		古莲新村人口/人	
760		760	
沟道基本情况			
长度/m	宽度/m	起点	止点
404.66	0.7	高蒋段公路边沟	滇池
水质现状			
类别	COD/（mg·L⁻¹）	TN/（mg·L⁻¹）	TP/（mg·L⁻¹）
劣Ⅴ类	30	9.42	0.531
截污情况			
污染源	截污完成情况	年污水排放量/m³	污水去向
农业面源	是	55 480	白鱼口污水处理厂

表 5-11　古莲抽水站进水沟工程量统计表

古莲抽水站进水沟工程量						
序号	类型	项目	规格	单位	数量	备注
1	入滇段生态改造	新建滚水坝	—	m³	1.09	—
2		生态廊道建设	—	m²	240	两栖植物配置
3		河道清淤	—	m³	7.2	高蒋段—滇池

5. 古莲大闸排水沟

古莲大闸排水沟位于碧鸡街道办事处西华社区内，从古莲大闸起延伸至滇池，全长约 1.81 km，覆盖的流域面积为 1.25 km²。该沟渠主要汇集沿线山区洪水以及农村地区雨水，在西华社区防洪和排涝方面发挥着至关重要的作用。古莲大闸排水沟的水源主要来自古莲大闸水库，沟渠的宽度为 2.5 m，深度为 1.2 m。在古莲新村段，排水沟采用盖板沟的形式；古莲新村至高海路段，排水沟为明渠形式；从高海路以下至入滇口段，排水沟为明渠形式，水流畅通。目前，古莲大闸排水沟所受污染主要来自生活污水和农业面源污染，沟渠的水质总体上保持在较高水平。

古莲新村的地形特征为西北部较高,东南部较低。目前,该地区已经实施了雨水和污水的分流处理。在古莲大闸排水沟的汇水区域内,主要包含2号、3号、4号三条截污支管:2号截污支管位于古莲大闸排水沟的北侧,全长为678 m,管径为DN300,主要收集周边的次级截污管排放的污水,并将其自西向东方向输送,最终汇入3号截污支管;3号截污支管位于古莲大闸排水沟的北侧,全长为1 767.8 m,管径为DN400,汇集并接收周边次级截污管排放的污水,并自西向东方向排放,最终汇入1号截污支管;4号截污支管位于古莲大闸排水沟的南侧,全长为473.1 m,管径为DN400,收集周边的次级截污管排放的污水,并自西向东方向排放,最终汇入3号截污支管。

古莲大闸排水沟的汇水区域内涉及的三条主要截污支管最终将污水输送至已建的滇池环湖西岸截污干管,并通过该干管将污水输送到白鱼口污水处理厂进行处理(见表5-12、表5-13所列)。

表5-12 古莲大闸排水沟小流域基本情况调查表

古莲大闸排水沟小流域基本情况调查表			
流域用地情况			
流域面积/km²	山地面积/km²	建设用地面积/km²	农田绿地面积/km²
1.25	0.8	0.19	0.25
流域人口情况			
流域总人口/人		古莲新村人口/人	
517		517	
沟道基本情况			
长度/m	宽度/m	起点	止点
1 810	2.5	古莲大闸水库	滇池
水质现状			
类别	COD/(mg·L^{-1})	TN/(mg·L^{-1})	TP/(mg·L^{-1})
劣Ⅴ类	37	8.21	0.305
截污情况			
污染源	是否完成截污	年污水排放量/km³	污水去向
生活污水、农业面源	是	37 741	白鱼口污水处理厂

表 5-13　古莲大闸排水沟工程量统计表

古莲大闸排水沟工程量					
序号	类型	项目	规格	单位	数量	备注
1	入滇段生态改造	新建滚水坝	—	m^3	3.9	—
2		生态廊道建设	—	m^2	1 330	两栖植物配置
3		壁挂式净化设施	—	m^2	133	滇池顶托水净化
4		河道清淤	—	m^3	39.9	高蒋段—滇池

6. 小石墙村下大棚排灌沟

小石墙村下大棚排灌沟从小石墙村起，终点延伸至滇池，沟渠全长约为 97.77 m。该沟渠主要收集上游山体的雨水，以满足灌溉需求。沟渠的水源主要来自沿线雨水，其宽度为 0.5 m，深度为 0.8 m。沟渠采用盖板沟结构形式，将水流导入截污井。沟渠水质状况欠佳，主要污染源为上游村庄酿酒厂排放的污水。目前，位于小石墙村上游的区域已经顺利完成了清污分流的改造工程。污水的截流工作也已经顺利实现，污水不会继续对环境造成污染。在小石墙村下方的大棚排灌沟汇水区域，排水沟渠为 50 cm×50 cm。这些排水沟渠经过精心设计和施工，能够有效地将污水引导至下游的截污管检查井，再被顺利引入滇池西岸的截污干管中（见表 5-14、表 5-15）。

表 5-14　小石墙村下大棚排灌沟小流域基本情况调查表

小石墙村下大棚排灌沟小流域基本情况调查表			
流域用地情况			
流域面积/km^2	山地面积/km^2	建设用地面积/km^2	农田绿地面积/km^2
0.04	0.03	0.009	0.001
流域人口情况			
流域总人口/人		小石墙村人口/人	
20		20	
沟道基本情况			
长度/m	宽度/m	起点	止点
97.77	0.5	小石墙村	滇池
截污情况			
污染源	是否完成截污	年污水排放量/km^3	污水去向
企业污水	是	1 460	白鱼口污水处理厂

表 5-15　小石墙村下大棚排灌沟工程量统计表

序号	类型	项目	规格	单位	数量	备注
小石墙村下大棚排灌沟工程量							
1	入滇段生态改造	生态化改造	—	m	220	松木桩堤岸改造
2		生态廊道建设	—	m²	2 200	两栖植物配置
3		河道清淤	—	m³	66	高蒋段—滇池

7. 大七十郎北排水沟

大七十郎北排水沟从昆明市恒康医院附近起延伸至滇池，全长约为 779 m，宽度介于 1～2 m。该排水沟主要汇集大七十郎南部区域的雨水及山洪，并将其引入滇池，避免雨水和山洪水在城市中泛滥，降低洪涝灾害的风险。

目前，大七十郎北排水沟的截污工程已经完成。截污管起始于小七十郎地区，沿高海高速公路左侧由南向北延伸，最终在小七十郎东侧接入环湖截污干渠，汇入白鱼口污水处理厂。该工程的完成显著提升了排水沟的排水效率，并有效减少了污染物进入滇池，保护了湖泊的水质和生态环境（见表 5-16、表 5-17 所列）。

表 5-16　大七十郎北排水沟小流域基本情况调查表

大七十郎北排水沟小流域基本情况调查表			
流域用地情况			
流域面积/km²	山地面积/km²	建设用地面积/km²	农田绿地面积/km²
52.4	42.7	8.08	1.62
流域人口情况			
流域总人口/人		大七十郎村人口/人	
213		213	
沟道基本情况			
长度/m	宽度/m	起点	止点
779	1～2	昆明市恒康医院附近	滇池
截污情况			
污染源	是否完成截污	年污水排放量/km³	污水去向
生活污水、农业面源	是	19 436	白鱼口污水处理厂

表 5-17　大七十郎北排水沟工程量统计表

\multicolumn{6}{c	}{大七十郎北排水沟工程量}
序号	类型	项目	规格	单位	数量	备注
1	入滇段生态改造	生态化改造	—	m	237	松木桩堤岸改造
2		生态廊道建设	—	m²	2 370	两栖植物配置
3		河道清淤	—	m³	47.4	高蒋段—滇池

8. 杨林港小组村前雨水沟、杨林港抽水房入水机沟、杨林港黑泥沟

杨林港小组村前雨水沟、杨林港抽水房入水机沟以及杨林港黑泥沟，均起源于杨林港村，并终止于滇池。这三条沟渠的总长度约为 875 m，宽度为 1～2 m。杨林港小组村前雨水沟是环湖截污管的一个交会点，该沟渠的雨水通过边沟流入湿地，而合流水则被引入环湖截污管中；杨林港抽水房入水机沟和杨林港黑泥沟，主要功能是收集杨林港周边的雨水以及山洪水，并将这些水流排入滇池中。目前，这些沟渠已经完成了截污工作，截污管主要沿着杨林港的右侧和高海高速公路的左侧，从南向北延伸。最终，这些截污管在杨林港的北侧接入环湖截污干渠（见表 5-18、表 5-19 所列），汇入白鱼口污水处理厂。

表 5-18　杨林港小组村前雨水沟、杨林港抽水房入水机沟、杨林港黑泥沟小流域基本情况调查表

\multicolumn{4}{c	}{杨林港小组村前雨水沟、杨林港抽水房入水机沟、杨林港黑泥沟小流域基本情况调查表}
\multicolumn{4}{c	}{流域用地情况}
流域面积/km²	山地面积/km²	建设用地面积/km²	农田绿地面积/km²
89.3	70.7	7.6	11
\multicolumn{4}{c	}{流域人口情况}
\multicolumn{2}{c	}{流域总人口/人}	\multicolumn{2}{c	}{杨林港村人口/人}
\multicolumn{2}{c	}{336}	\multicolumn{2}{c	}{336}
\multicolumn{4}{c	}{沟道基本情况}
长度/m	宽度/m	起点	止点
875	1～2	杨林港村	滇池
\multicolumn{4}{c	}{水质现状}
类别	COD/(mg·L⁻¹)	TN/(mg·L⁻¹)	TP/(mg·L⁻¹)
劣Ⅴ类	173	47.1	4.69
\multicolumn{4}{c	}{截污情况}
污染源	是否完成截污	年污水排放量/m³	污水去向
生活污水、农业面源	是	30 660	白鱼口污水处理厂

表 5-19 杨林港小组村前雨水沟、杨林港抽水房入水机沟、杨林港黑泥沟工程量统计表

杨林港小组村前雨水沟、杨林港抽水房入水机沟、杨林港黑泥沟工程量					
序号	类型	项目	规格	单位	数量	备注
1	入滇段生态改造	生态化改造	—	m	293	松木桩堤岸改造
2		生态廊道建设	—	m²	2 930	两栖植物配置
3		河道清淤	—	m³	58.6	高蒋段—滇池

9. 观音山竹盆大沟

观音山竹盆大沟起源于白草村山脚，终于滇池，全长约为 1.4 km，宽度为 1.2～2 m。该河流穿越观音社区，流域内主要为农业用地，主要用于农业灌溉。在观音山竹盆大沟流域内，白草村正在进行雨污分流整治工程，改善水质，减少污水直接排入河流。流域内主要涉及环湖路 d1200 截污管道，该管道沿高海高速公路向南延伸，最终接入白鱼口污水处理厂（见表 5-20、表 5-21 所列）。

表 5-20 观音山竹盆大沟小流域基本情况调查表

观音山竹盆大沟小流域基本情况调查表			
流域用地情况			
流域面积/km²	山地面积/km²	建设用地面积/km²	农田绿地面积/km²
0.99	0.26	0.17	0.56
流域人口情况			
流域总人口/人		白草村人口/人	
336		336	
沟道基本情况			
长度/km	宽度/m	起点	止点
1.4	1.2～2	白草村山脚	滇池
水质现状			
类别	COD/(mg·L^{-1})	TN/(mg·L^{-1})	TP/(mg·L^{-1})
劣Ⅴ类	65	1.68	0.681
截污情况			
污染源	是否完成截污	年污水排放量/m³	污水去向
农业面源	是	66 065	白鱼口污水处理厂

表 5-21 观音山竹盆大沟工程量统计表

序号	类型	项目	规格	单位	数量	备注
		观音山竹盆大沟工程量				
1	入滇段生态改造	壁挂式净水装置	—	m²	251	滇池顶托水净化
2		新建滚水坝	—	m³	3.12	—
3		生态廊道建设	—	m²	2 510	—
4		河道清淤	—	m³	125.5	高蒋段—滇池、黑荞母村现状坝塘
5	点源污染治理	污水处理	新建污水处理设施	—	座	1	黑荞母村污水处理，规模 50 m³/d
6		截污工程	污水管 PE	d300	m	650	布设在河道
7			污水管 PE	d400	m	0	布设在河道
8			污水检查井	1 000 mm ×1 000 mm	座	13	市政排水管道和附属构筑物图集（2013 版）第 33 页
9			支墩	—	座	163	采用现浇 C25 素砼，支墩间距为 4 m，每个支墩砼为 0.065 m³
10			UPVC 排水管	d110	m	641	住户内部污水出户管改造
11			UPVC 排水管	d160	m	4 772	
12			挖方（庭院）	—	m³	670	
13			填方（庭院）	—	m³	570	
14		村庄雨污分流	污水管混凝土	d300	m	3 160	村子路上雨污分流
15			污水检查井	D700	座	158	—
16			挖方	—	m³	8 491	
17			填方	—	m³	7 447	
18			路面破除与恢复	沥青路面	m²	3 160	按污水管沟槽宽度 1 m 计算
19			纳污池	—	座	362	—
20			洗涤池	—	座	207	—
21			化粪池	—	座	60	—

10. 观音山新砂子沟、观音山观山凹

观音山新砂子沟起始于观音山山麓，终止于滇池，全长约为 1.13 km，宽度为 1~2 m。该沟渠主要穿越农田用地，并将水体排入滇池。观音山观山凹起始于观音山山麓，终止于滇池，全长约为 0.8 km，宽度为 1~3 m。该沟渠主要穿越观音山村，并将水体排向滇池。观音山观山凹周边主要为农田用地。上游涉及的观音山村已基本完成截污工程，截污管道主要沿环湖路 d1200 的截污管道接入白鱼口污水处理厂。沟渠沿线已进行截污改造，沿线无排口。目前，存在黑荞母村污水通过落水洞排入观音山新砂子沟的问题，这会对河道水质造成一定的影响（见表 5-22、表 5-23 所列）。

表 5-22 观音山新砂子沟、观音山观山凹小流域基本情况调查表

观音山新砂子沟、观音山观山凹小流域基本情况调查表			
流域用地情况			
流域面积/km²	山地面积/km²	建设用地面积/m²	农田绿地面积/km²
1.01	0.17	0.36	0.48
流域人口情况			
流域总人口/人			观音山村人口/人
1 468			1 468
沟道基本情况			
长度（km）	宽度（m）	起点	止点
1.13/0.8	1~2/1~3	观音山山麓	滇池
水质现状			
类别	COD/（mg·L^{-1}）	TN/（mg·L^{-1}）	TP/（mg·L^{-1}）
劣Ⅴ类（新砂子沟）	31	6.46	0.34
Ⅳ类（观山凹）	29	3.68	0.27
截污情况			
污染源	是否完成截污	年污水排放量/m³	污水去向
农业面源	是 但污水无出处	133 955	白鱼口污水处理厂

表 5-23　观音山新砂子沟、观音山观山凹工程量统计表

观音山新砂子沟、观音山观山凹工程量					
序号	类型	项目	规格	单位	数量	备注
1	入滇段生态改造	壁挂式净水装置	—	m²	140	滇池顶托水净化
2		新建滚水坝	—	m³	4.68	—
3		生态廊道建设	—	m²	1 400	—
4		河道清淤	—	m³	84	高蒋段—滇池
5	点源污染治理	UPVC 排水管	d110	m	64	观音山村混错接改造，以实际为准
6		UPVC 排水管	d160	m³	50	—
7		挖方（庭院）	—	m³	70	—
8		填方（庭院）	—	m³	60	—
9		污水管 HDPE	d300	m	20	—
10		污水检查井	D700，井深 1.5 m	座	4	—
11		挖方	—	m³	85	—
12		填方	—	m³	74	—
13		路面破除与恢复	路面混凝土	m²	316	—

11. 小黑桥水库泄洪沟

小黑桥水库泄洪沟的起点位于小黑桥水库，终点延伸至滇池，全长约为 4.29 km。该泄洪沟途经小黑桥、黑桥坝子、禄海新村、白鱼口等村庄，流域覆盖面积约为 14.07 km²。该泄洪沟已经完成了排洪整治工作，目前沟渠宽度大约为 1.2～3.2 m。在小黑桥水库泄洪沟流域范围内，采用末端截污的方式。流域内的四个村庄所排放的雨污合流水及山洪水通过明渠流入环湖截污管道，最终进入白鱼口污水处理厂进行处理，但部分水流通过涵洞直接排入滇池，未经过净化处理（见表 5-24、表 5-25 所列）。

表 5-24　小黑桥水库泄洪沟小流域基本情况调查表

小黑桥水库泄洪沟小流域基本情况调查表			
流域用地情况			
流域面积/km²	山地面积/km²	建设用地面积/km²	农田绿地面积/km²
14.07	11.92	1.38	0.77

续表

流域人口情况			
流域总人口/人	白鱼口村人口/人	小黑桥村人口/人	黑桥坝子村人口/人	禄海新村人口/人
2 859	1 828	347	313	371
沟道基本情况				
长度/km	宽度/m		起点	止点
4.29	1.2～3.2		小黑桥水库	滇池
水质现状				
类别	COD/(mg·L^{-1})		TN/(mg·L^{-1})	TP/(mg·L^{-1})
V类	13		7.03	0.38
截污情况				
污染源	是否完成截污		年污水排放量/km^3	污水去向
生活污水、农业面源	否		260 884	白鱼口污水处理厂

表5-25　小黑桥水库泄洪沟工程量统计表

小黑桥水库泄洪沟工程量						
序号	类型		项目	规格	单位	数量	备注
1	入滇段生态改造		壁挂式净水装置	—	m^2	277	滇池顶托水净化
2	入滇段生态改造		沟渠生态化改造	—	m	554	松木桩堤岸改造
3	入滇段生态改造		生态廊道建设	—	m^2	2 770	—
4	入滇段生态改造		河道清淤	—	m^3	151	高蒋段—滇池
5	点源污染治理	截污工程	污水管PE	d300	m	1 420	布设在河道
6	点源污染治理	截污工程	污水管PE	d400	m	3 120	布设在河道
7	点源污染治理	截污工程	污水检查井	1 000 mm×1 000 mm	座	61	市政排水管道和附属构筑物图集（2013版）第33页
8	点源污染治理	截污工程	支墩	—	座	1 135	采用现浇C25素砼，支墩间距为4 m，每个支墩砼为0.065 m^3
9	引清工程		清淤	—	m^3	10	—
10	引清工程		现状沟渠恢复	400 mm×600 mm	m	52	现状被填埋沟渠恢复
11	引清工程		现状管道封堵	—	个	1	—

12. 蒋凹老村云南水泥厂旁大沟排水沟

蒋凹老村紧邻一座水泥厂。水泥厂旁的大沟排水沟起点位于蒋凹老村北侧的山沟，终点位于滇池西岸海口附近，全长约为 1 282 m，宽度为 1~3 m。在蒋凹老村段，排水沟较为狭窄，沟内有淤积现象。农田区域的排水沟，沟渠宽度有所增加，但淤积问题更严重，且沟内出现了农作物种植的情况。该排水沟的主要水源来自蒋凹老村北侧的山沟，沟渠宽度为 1~3 m，深度为 0.5~1 m。沟渠整体结构为三面光明渠，即沟渠的三面有明确的边界。沟渠的污染源主要包括村庄生活污水和面源污染。目前，上游沿线村庄尚未实施有效的截污措施。由于长期未进行清淤，沟渠内杂草丛生，加上入湖口滇池水的顶托作用，排水沟下游部分形成了死水区，水质因此恶化。

蒋凹老村旁的排水沟尚未完成截污工程，排污情况较为混乱，处于雨污合流状态。这意味着雨水和污水未经过有效的分离处理，直接混合排放，这进一步加剧了水质污染的问题。由于排水沟的污染问题，周边环境和滇池的水质均受到了负面影响，需采取有效的治理措施以改善当前状况（见表 5-26、表 5-27 所列）。

表 5-26 蒋凹老村云南水泥厂旁大沟排水沟小流域基本情况调查表

蒋凹老村云南水泥厂旁大沟排水沟小流域基本情况调查表			
流域用地情况			
流域面积/km²	山地面积/km²	建设用地面积/km²	农田绿地面积/km²
0.813	0.383	0.241	0.189
流域人口情况			
流域总人口/人		蒋凹老村人口/人	
1 185		1 185	
沟道基本情况			
长度/m	宽度/m	起点	止点
1 282	1~3	蒋凹老村北侧山沟	滇池
水质现状			
类别	COD/（mg·L^{-1}）	TN/（mg·L^{-1}）	TP/（mg·L^{-1}）
劣V类	64	11.4	1.56
截污情况			
污染源	截污完成情况	年污水排放量/m³	污水去向
生活污水、面源污染	否	108 131	河道

表 5-27 蒋凹老村云南水泥厂旁大沟排水沟工程量统计表

<table>
<tr><th colspan="7">蒋凹老村云南水泥厂旁大沟排水沟工程量</th></tr>
<tr><th>序号</th><th>类型</th><th>项目</th><th>规格</th><th>单位</th><th>数量</th><th>备注</th></tr>
<tr><td>1</td><td rowspan="3">入滇段生态改造</td><td>生态化改造</td><td>—</td><td>m</td><td>428</td><td>松木桩堤岸改造</td></tr>
<tr><td>2</td><td>生态廊道建设</td><td>—</td><td>m²</td><td>4 280</td><td>两栖植物补植</td></tr>
<tr><td>3</td><td>河道清淤</td><td>—</td><td>m²</td><td>428</td><td>—</td></tr>
<tr><td>4</td><td rowspan="4">截污工程</td><td>污水管 PE</td><td>d300</td><td>m</td><td>394</td><td>布设在河道</td></tr>
<tr><td>5</td><td>污水检查井</td><td>1 000 mm×1 000 mm</td><td>座</td><td>8</td><td>市政排水管道和附属构筑物图集（2013 版）第 33 页</td></tr>
<tr><td>6</td><td>支墩</td><td>—</td><td>座</td><td>99</td><td>采用现浇 C25 素砼，支墩间距为 4 m，每个支墩砼为 0.065 m³</td></tr>
<tr><td>7</td><td>清淤</td><td>—</td><td>m³</td><td>20</td><td>现状河道清淤</td></tr>
<tr><td>8</td><td rowspan="18">村庄雨污分流</td><td rowspan="5">庭院内</td><td>UPVC 排水管</td><td>d110</td><td>m</td><td>1 492</td><td>—</td></tr>
<tr><td>9</td><td>UPVC 排水管</td><td>d160</td><td>m</td><td>5 470</td><td>—</td></tr>
<tr><td>10</td><td>挖方（庭院）</td><td>—</td><td>m³</td><td>1 641</td><td>按宽度 0.6 m、深度 0.5 m 计算</td></tr>
<tr><td>11</td><td>填方（庭院）</td><td>—</td><td>m³</td><td>1 531</td><td>—</td></tr>
<tr><td>12</td><td>路面破除与恢复</td><td>—</td><td>m²</td><td>3 282</td><td>恢复为 C20 混凝土路面</td></tr>
<tr><td>13</td><td rowspan="13">庭院外</td><td>DN150 球墨铸铁管</td><td>—</td><td>m</td><td>5 743</td><td>纳污池至污水分支管</td></tr>
<tr><td>14</td><td>污水管 HDPE</td><td>d200</td><td>m</td><td>959</td><td>极窄巷道污水分支管，总排车行道长度三分之一</td></tr>
<tr><td>15</td><td>污水管 HDPE</td><td>d300</td><td>m</td><td>1 598</td><td>非车行道，SN8</td></tr>
<tr><td>16</td><td>污水管钢筋混凝土</td><td>d300</td><td>m</td><td>1 662</td><td>车行道，Ⅱ级钢筋混凝土管</td></tr>
<tr><td>17</td><td>污水管钢筋混凝土</td><td>d400</td><td>m</td><td>500</td><td>车行道，Ⅱ级钢筋混凝土管</td></tr>
<tr><td>18</td><td>污水检查井</td><td>D700，井深 1.5 m</td><td>座</td><td>236</td><td>塑料检查井，按 20 m 一个计算</td></tr>
<tr><td>19</td><td>挖方</td><td>—</td><td>m³</td><td>8 591</td><td>—</td></tr>
<tr><td>20</td><td>填方</td><td>—</td><td>m³</td><td>8 292</td><td>—</td></tr>
<tr><td>21</td><td>路面破除与恢复</td><td>混凝土路面</td><td>m²</td><td>6 042</td><td>—</td></tr>
<tr><td>22</td><td>路面破除与恢复</td><td>沥青路面</td><td>m²</td><td>1 265</td><td>—</td></tr>
<tr><td>23</td><td>纳污池</td><td>—</td><td>座</td><td>593</td><td>—</td></tr>
<tr><td>24</td><td>洗涤池</td><td>—</td><td>座</td><td>339</td><td>—</td></tr>
<tr><td>25</td><td>化粪池</td><td>—</td><td>座</td><td>99</td><td>—</td></tr>
<tr><td>26</td><td>净化槽</td><td>—</td><td>座</td><td>15</td><td>15 户人家</td></tr>
</table>

13. 蒋凹村苗圃内大沟

蒋凹村苗圃内的主要沟渠起源于蒋凹新村文化小区东北侧的山沟，该沟渠贯穿蒋凹新村，向南延伸，穿越高海高速公路；随后，它经过了农田和荒地；最终在滇池西岸海口附近终止，沟渠全长约为 1 425 m，宽度为 1～1.5 m，深度为 0.5～1 m。沟渠的前段采用混凝土建造，而后段则为浆砌片石沟渠。沟渠的水源主要来自蒋凹新村东北侧的山沟。沟渠前段为混凝土沟渠，后段为浆砌片石沟渠。

沟渠的主要污染源为村庄的面源污染。目前，沿线村庄已经完成了截污措施。然而，下游由于滇池水的顶托作用，形成了死水区，水质恶化。蒋凹村苗圃内的主要沟渠已经完成了截污工作，截污管道起始于蒋凹新村东侧，管道直径为 DN300，沿河布置。截污管道穿越高海高速公路辅道后，接入一体化泵站进行污水排放（见表 5-28、表 5-29 所列）。

表 5-28 蒋凹村苗圃内大沟小流域基本情况调查表

蒋凹村苗圃内大沟小流域基本情况调查表			
流域用地情况			
流域面积/km²	山地面积/km²	建设用地面积/km²	农田绿地面积/km²
1.116	0.30	0.684	0.132
流域人口情况			
流域总人口/人		蒋凹老村人口/人	
1 215		1 215	
沟道基本情况			
长度/m	宽度/m	起点	止点
1 425	1～1.5	蒋凹新村东北侧山沟	滇池
水质现状			
类别	COD/(mg·L⁻¹)	TN/(mg·L⁻¹)	TP/(mg·L⁻¹)
劣Ⅴ类	61	12.1	0.78
截污情况			
污染源	截污完成情况	年污水排放量/m³	污水去向
面源污染	是	110 869	滇池截污干管

表 5-28 蒋凹村苗圃内大沟工程量统计表

序号	类型	项目	规格	单位	数量	备注
	蒋凹村苗圃内大沟工程量					
1	入滇段生态改造	生态化改造	—	m	635	松木桩堤岸改造
2		生态廊道建设	—	m²	6 350	两栖植物配置
3		河道清淤	—	m³	127	高蒋段—滇池

5.2.2 存在的问题

第一，龙潭水和山洪水仍被纳入截污管道系统，导致清水与污水未能充分分离。这一现象对水质净化厂的处理效率造成了不利影响。由于清水与污水未能有效分离，净化厂需处理更多的污染物，因此增加了处理成本，影响了整个水质净化系统的运行效率。

第二，在一些沟渠的沿线区域，密集的植被杂草等覆盖了地面，枯枝落叶落入河中，长时间堆积在河底，逐渐腐败分解，形成了河道的内源污染。这种内源污染不仅影响了河流的美观，还可能导致水质的恶化。此外，由于淤积物的不断堆积，河道的过水能力受到了严重影响，水流变得不畅，从而进一步加剧了河流的污染问题。因此，需要及时清理这些堆积物。

第三，在当前的流域范围内，农田所占面积较大，农田中广泛施用化肥、频繁使用农药。这些污染物随着雨水的冲刷流入河流，对水质造成了持续且深远的威胁，形成较为严重的面源污染，控制和治理面临较大的难度。

第四，大部分沟渠上游村庄虽已实施清污分流改造，但部分合流仍然存在。雨季上游来水较大时，沟渠流量加大，超过下游截污管纳污能力，存在合流水溢流的风险。

第五，现状沟渠水质较差，无法达到《西山区滇池保护治理"三年攻坚"行动2020年主要工作任务分解细化实施方案》中提出的西山区滇池流域总体水质目标：滇池草海、外海水质均稳定达到Ⅳ类水标准（外海化学需氧量≤40 mg/L），所有主要入湖河道水质均达到Ⅳ类水及以上标准。部分沟渠水质情况见表5-29所列。

表 5-29 部分沟渠水质情况调查表

序号	河道	水质	COD/(mg·L⁻¹)	TN/(mg·L⁻¹)	TP/(mg·L⁻¹)
1	晖湾一组旱秧地沟	—	—	—	—
2	富善大闸水库排洪沟及岔沟	—	—	—	—
3	古莲新村沟	劣Ⅴ类	44	28.8	0.471
4	古莲抽水站进水沟	劣Ⅴ类	30	9.42	0.531

续表

序号	河道	水质	COD/(mg·L^{-1})	TN/(mg·L^{-1})	TP/(mg·L^{-1})
5	古莲大闸排水沟	劣Ⅴ类	37	8.21	0.305
6	小石墙村下大棚排灌沟	—	—	—	—
7	大七十郎北排水沟	—	—	—	—
8	杨林港小组村前雨水沟、杨林港抽水房入水机沟、杨林港黑泥沟	劣Ⅴ类	173	47.1	4.69
9	观音山竹盆大沟	劣Ⅴ类	65	1.68	0.681
10	观音山新砂子沟	劣Ⅴ类	31	6.46	0.34
10	观音山观山凹	Ⅳ类	29	3.68	0.27
11	小黑桥水库泄洪沟	Ⅴ类	13	7.03	0.38
12	蒋凹老村云南水泥厂旁大沟排水沟	劣Ⅴ类	64	11.4	1.56
13	蒋凹村苗圃内大沟	劣Ⅴ类	61	12.1	0.78
	平均值	—	26	9.55	0.43
	Ⅳ类水限值	—	30	1.5	0.3

第六，对沟渠沿线进行详细调查，发现大多数驳岸采用了硬质材料，其占比高达89%。由于硬质驳岸的特性，河道的自净能力相对较弱。沟渠的硬质驳岸使得水流速度加快，减少了水体与土壤之间的自然交换，进而影响了水生生物的生存环境。另外，当前的设计和维护更多地侧重于防洪排涝功能，这会导致自然生态系统的受损情况较为严重。同时，由于缺乏足够的植被覆盖和生物多样性，沟渠的自然净化能力进一步降低，水质问题更加突出（见表5-30）。

表5-30 部分沟渠河道长度、硬质断面长度、硬质驳岸占比情况调查表

序号	河道	河道长度/m	硬质断面长度/m	硬质驳岸占比/%
1	晖湾一组早秧地沟	685	685	100
2	富善大闸水库排洪沟及岔沟	2 446	2 446	100
3	古莲新村沟	311.27	258.44	83
4	古莲抽水站进水沟	404.66	280.61	69
5	古莲大闸排水沟	1 810	1 810	100
6	小石墙村下大棚排灌沟	97.77	97.77	100
7	大七十郎北排水沟	779	779	100
8	杨林港小组村前雨水沟	60	60	100
9	杨林港抽水房入水机沟	510	510	100

续表

序号	河道	河道长度/m	硬质断面长度/m	硬质驳岸占比/%
10	杨林港黑泥沟	305	305	100
11	观音山竹盆大沟	1 400	790	56
12	观音山新砂子沟	1 130	1 130	100
13	观音山观山凹	800	800	100
14	小黑桥水库泄洪沟	4 290	4 290	100
15	蒋凹老村云南水泥厂旁大沟排水沟	1 282	1 282	100
16	蒋凹村苗圃内大沟	1 425	1 025	72
	合计	17 735.7	16 548.82	93

5.3 工程方案

5.3.1 设计原则

1. 遵循城市规划，并兼顾现状原则

在进行任何城市规划和建设时，须严格遵循城市总体规划等相关上位规划的要求并充分考虑现状实际情况，制定合理、可行的设计方案。保证城市发展的连贯性，避免因规划不当而带来的资源浪费和建设冲突。

2. 统筹兼顾，系统治理

从整个小流域系统的角度出发，全面开展水资源保护、面源污染防治、农村污水处理、生态修复等系统综合治理工作。采取统筹兼顾的方法，将"生态修复、生态治理、生态保护"等多项措施有机结合。通过这种综合治理方式，能够有效提升区域水环境质量，建立一个健康、稳定、可持续发展的生态系统。

3. 因地制宜，注重可实施性

充分考虑当地的自然条件、社会经济状况、文化背景等因素，制定出科学、合理、切实可行的工程方案。坚持从实际出发，进行现场情况调查，因地制宜地制定可实施的工程方案。

4. 经济性

以节约工程投资，实现节能减耗为目标，对工程方案进行科学的经济分析和成本控制，合理评估各种方案的经济性，降低运营成本。同时，积极稳妥地采用先进技术，提高项目的经济效益，并在一定程度上减少对环境的影响，实现经济与环境的双赢。

5.3.2 整治策略

1. 山体修复工作

一方面，依据山体受损程度，对小流域上游部分山体存在植被缺失的问题，采取提升植被生长环境的土壤肥力、优化土壤结构方式进行改良，为植被生长创造适宜条件。另一方面，开展植被修复种植工作，精选适宜当地环境的植物种类，逐步恢复山体植被。这两个方面的措施可以改善山体环境，减少水土流失，提升该区域的生态用地品质，增强生态系统的稳定性。

针对上游村庄已完成截污的沟渠，开展彻底的清淤除障工作，防止污染物再次进入水体；对于尚未完成截污的沟渠，加快村庄截污设施的建设进度并同步进行清淤除障工作，使沟渠水质得到根本性改善。同时，推进流域内面源污染治理，通过建立生态缓冲带、推广绿色农业等措施，减少农业面源污染对水体的影响，全面提升流域水质。

2. 入滇段生态改造工作

对于上游有水源的河道，无论是人工断面还是自然断面，如果存在滇池回水现象，将对其入滇段增加水动力，通过新建滚水坝等工程措施，提升河道的自净能力。同时，对新建水工设施进行生态化处理，如采用生态护坡、种植水生植物等方法，以降低工程对生态环境的负面影响。对于上游无水源的河道，如果存在回水现象，将对人工断面入滇段进行生态化改造和处理，通过恢复河道自然形态、增加生物多样性等措施，提升河道生态功能；对于自然断面入滇段，将进行生态化处理，通过恢复河岸植被、改善水文条件等方法，增强河道生态健康，确保水质持续改善。

5.3.3 工程方案

根据住房城乡建设部、环境保护部联合发布的《全国城市生态保护与建设规划（2015—2020年）》和中共中央总书记、国家主席、中央军委主席习近平2023年7月17日在全国生态环境保护大会上讲话的一部分《以美丽中国建设全面推进人与自然和谐共生的现代化》，滇池西岸面山部分着重从保护优先、修复并行、管理并重几方面入手，做好生态修复，防止水土流失。

1. 保护优先

(1) 区域生态敏感性分析

对特定区域的生态环境进行详尽评估，并开展区域生态敏感性分析是至关重要的工作。景观敏感性分析作为其中的关键组成部分，主要反映的是景观在人类视觉感知中的敏感程度。景观敏感性较高的区域，一旦遭受生态破坏，将在视觉上产生显著的冲击和影响。为了准确评估景观的敏感度，通常以景观在视域范围内出现的频率作为评价标准。结合特定区域的实际情况，选取周围及内部人类活动频率较高的区域作为观察点，通过综合分析这些观察点的出现频率，来判定景观敏感度的高低。出现频率越高的区域，其景观敏感度相应地也越高。

(2) 地质灾害敏感性分析

地质灾害敏感性分析是基于地质灾害发生的概率以及影响区域来进行的综合评价。通过这种分析，可以更好地了解不同区域对地质灾害风险的承受能力，从而为防灾减灾提供科学依据。

(3) 高程、坡度、坡向敏感性分析

通过高程敏感性分析，可以识别出那些需要特别关注和保护的高程区域。坡度敏感性分析关注坡度对植被生长的影响。坡度越大，植被生长受到人为破坏的可能性就越低。坡向敏感性分析体现了阳坡面和阴坡面在植被生长条件上的差异。阳坡面由于日照充足，通常植被生长条件较好，植被种类也相对丰富；而阴坡面则由于光照不足，植被生长条件相对较差，种类也较为单一。通过对这些因素的综合分析，可以更全面地评估区域生态敏感性，为生态保护和可持续发展提供科学依据。

(4) 构建区域生态安全格局的标准流程

依据各个影响要素对生态敏感性的具体影响程度，科学合理地赋予其相应的权重，构建区域生态安全格局。通过对这些影响要素进行加权处理，综合计算得出生态敏感性评估结果。基于这一评估结果，可以系统地建立区域生态安全格局，为区域生态环境的保护和管理提供科学依据。

(5) 明确并严守区域生态底线

紧密结合片区生态敏感性分析结果，对片区的生态管控措施进行进一步的强化和细化，划定城市生态控制线，确保区域生态环境的持续健康发展。同时，针对片区内的生态环境问题，应加强生态修复工作，通过科学有效的手段，逐步恢复和提升生态系统的健康水平和自我修复能力。

2. 修复并行

(1) 修复类型

生态培育型（修复）方案，针对当前山体状况及植被覆盖情况，着重于自然生态修复过程，采用经济且适宜的培育技术进行生态修复工作，将人为活动对周边山体环境的影响降至最低。对于生态敏感性较高的区域，明确禁止一切与生态保护无关的建设活动。

生态修复型改善方案致力于改善该区域生态用地品质，结合山体受损状况，首先改良植被生长环境，随后进行植被修复种植，逐步恢复山体环境。对于生态敏感性较低的区域，允许适度建设与生态保护相关的基础设施，如生态步道、旅游公厕及必要的市政基础设施。

再生利用型（补充）方案在消除地质灾害隐患基础上，改善植被生长环境，并进行植被修复种植，以实现生态绿地量的补充。对于生态敏感性最低的区域，结合市政府关于采石场区域修复的政策指标，该方案建议适当完善科普文化设施、游憩服务设施、生态运动设施及市政基础设施，以提升片区旅游服务功能。

（2）修复措施

通过专业的技术手段，识别并清除那些存在滚石、塌方等灾害风险的裸岩。对山体区域的裸岩进行全面修整，能够有效降低灾害带来的潜在损失。对于那些容易发生塌方的土壤区域，一方面，可以采取建设挡土墙、加固护坡等措施，增强土壤的抗塌方能力；另一方面，可以清除这些区域的土壤，减轻土壤的重量和压力并对周围的土壤进行加固处理，降低塌方灾害的发生概率。首先，对于坡度较大的边坡，可根据其具体坡度以及构造情况，采用开挖、回填、建设水平台阶等工程技术进行降坡处理，将原本陡峭的边坡改造成相对平缓的坡面。这样可以降低边坡的角度并增加边坡的稳定性，减少滑坡等灾害的发生。其次，依据植被恢复区的特定条件及当地的气候和土壤特性，合理选择低维护需求、耐候性强、病虫害较少以及对人体无毒无害的乡土植被，使这些植物能够迅速融入周围种群，促进生态系统的恢复与平衡。对于坝体绿化区域，进行种植穴的换土工作，为植物提供肥沃、透气的土壤环境。通过多样化的植被搭配，将种植乔木与常绿落叶植物进行搭配，增强生态系统的稳定性和美观性。乔木可提供遮阳和生态屏障，常绿落叶植物的搭配可丰富季节色彩，提升景观效果。坝顶填土绿化区将种植乔木和灌木，采用常绿和落叶植物的搭配方式，形成错落有致的植被景观。该区域覆土厚度需不小于1.2 m，保证植物有足够的土壤深度进行生长。对于边坡治理绿化区，需对种植池进行回填土，并采取竹条攀援网、生态袋种植池等加固措施增强边坡的稳定性。在此区域，将种植灌木球、藤本植物等，这些植物具有较强的攀附能力和生长力，能够迅速覆盖边坡，减少水土流失，同时提升边坡的景观效果。针对石漠化区域，通过封山育林，保护现有植被，实施生态修复工程。同时，通过人工补植，逐步增加植被覆盖度，改善生态环境。最后，还将在山口、交通路口或周界明显处设置标牌，提醒人们注意保护环境，并设立专职护林员，负责日常的巡视和维护工作，确保生态修复工程的顺利进行和长期效果。

3. 管理并重

针对当前非法占用生态用地的建设活动，相关部门正采取有力措施进行整治。同时，加强现有建设区域周边的生态建设与恢复工作，以确保生态环境的可持续性。对于无法搬迁的现状建筑，将实施色彩整治和立面广告整治，以实现与山体环境的和谐融合，进而提升区域景观形象。

（1）在新开发区域的建设过程中，应重视生态环境的保护与引导

可在建设用地与非建设用地之间构建生态防护带，以维护自然生态平衡。严格控制建筑物的高度，避免过高建筑对周围环境造成视觉上的压迫感。在建筑物之间，可以通过种植植被来进行遮蔽，以减少建筑对环境的视觉冲击，或者采用覆土建筑的方式，将建筑部分或全部埋入地下，以减少对地面环境的影响。建筑立面垂直种植也是一种有效的优化环境的方法，通过在建筑立面上种植攀缘植物，不仅可以美化环境，还可以改善空气质量。

（2）村庄建设，降低活动对生态环境的破坏

通过规划引领，将村庄建设与自然景观融为一体，防止村庄建设突破生态用地的界限。根据村庄的总体规划，严格控制村庄建设的边界，确保建设风貌和建筑高度符合生态要求。严格控制毁林开地的行为，鼓励村民积极参与护林保林的活动，以保护森林资源。另外，完善基础设施建设，配套乡村的环卫设施和雨污处理设施，建设污水收集管网，以减少生活污水对环境的污染。通过这些措施，可以有效降低村庄建设对生态环境的破坏，实现可持续发展。

5.3.4 生态治理

1. 沟渠行洪能力分析

（1）设计排洪沟洪水叠加

设计排洪沟时，各节点流量组合与现状洪水叠加原理保持一致，确保排洪系统的有效性和安全性。在设计过程中，主要了解设计水平年的洪水情况。特别是针对坝塘整治后的状况，需重点考虑坝塘在20年一遇的最大降雨情况下能够下泄的最大流量。这一流量数据，是进行洪水叠加计算的重要依据。在进行洪水叠加计算时，将坝塘的20年一遇最大下泄流量与区间洪峰流量进行叠加组合。这样的组合计算方式，能够更准确地模拟洪水在不同情况下的实际流量，从而为排洪沟的设计提供更为科学的依据。当洪水经过调蓄池节点时，根据调蓄池的分流过程来确定削峰后的洪峰流量。通过调蓄池的调蓄作用来降低洪峰流量，确保洪水流量在安全范围内。最终，计算出的各个节点的流量组合，是基于区间

流量与上一节点的合计流量之和。经过精确计算和合理分配，确保排洪沟在不同节点上的流量的精确度，从而有效地应对洪水灾害，保障下游地区的安全。这种设计方法不仅考虑了洪水的自然特性，还结合了人为调控措施，使得排洪系统更加完善和可靠。

（2）复核方法

针对当前沟渠的防洪能力现状，需全面审视现有条件及坝塘水库加固后的调度运行情况。应依据坝塘水库及其调蓄池在削减洪峰和错峰方面所发挥的作用，重新计算排洪沟渠的最大洪峰流量。对于那些经过削峰处理后仍未能满足过流能力要求的沟渠，应实施改扩建工程。

（3）堤顶高程确定

根据《堤防工程设计规范》（GB 50286—2013），堤顶超高按下式计算确定：

$$Y = R + e + A \tag{5-1}$$

式中：Y——堤顶超高（m）；

R——设计波浪爬高（m）；

e——设计风壅水面高度（m）；

A——安全加高值（m）。

本工程钢筋混凝土矩形槽段按允许越浪的堤防计算，安全超高取 0.3 m；浆砌石护脚+土堤段按不允许越浪的堤防计算，安全加高取 0.5 m。

风壅水面高度按下式计算：

$$e = \frac{KV^2 F}{2gd} \cos\beta \tag{5-2}$$

式中：K——综合摩阻系数，该堤防护岸采用草皮护坡，取 $K = 3.6 \times 10^{-6}$；

V——设计风速，按计算波浪的风速确定；

F——由计算点逆风向量到对岸的距离（m）；

d——水域的平均水深（m）；

β——风向与堤轴线的法线的夹角（°）。

设计波浪爬高 R 按下式计算：

$$R = \frac{K_\Delta K_V K_P}{\sqrt{1+m^2}} \sqrt{HL} \tag{5-3}$$

式中：K_Δ——斜坡的糙率及渗透性系数，根据护面类型取 0.9；

K_V——经验系数，与 $V/\sqrt{gd}$ 的值有关；

K_P——爬高累积频率换算系数；

m——斜坡坡率；

$\overline{H}$——堤前波浪的平均波高（m），按下面式（5-4）计算；

L——堤前波浪的平均波长（m），按下面式（5-5）式计算。

根据《堤防工程设计规范》（GB 50286—2013），堤前波浪的平均波高用下式确定：

$$\frac{g\overline{H}}{V^2}=0.13\text{th}\left[0.7\left(\frac{gd}{V^2}\right)^{0.7}\right]\text{th}\left\{\frac{0.0018\left(\frac{gF}{V^2}\right)^{0.45}}{0.13\text{th}\left[0.7\left(\frac{gd}{V^2}\right)^{0.7}\right]}\right\} \quad (5\text{-}4)$$

式中各字符所表示的含义同前面。

根据《堤防工程设计规范》（GB 50286—2013），堤前波浪的波长可按下式计算：

$$L=\frac{g\overline{T}^2}{2\pi}\text{th}\frac{2\pi d}{L} \quad (5\text{-}5)$$

依据河道与风向的夹角关系确定的风区长度，参照《堤防工程设计规范》附录 C 中的相关公式，分别计算出风区较大值与较小值，求得波浪爬高及风壅增水的高度。以典型断面为例，计算得出钢筋混凝土矩形槽堤顶超高为 $Y=0.011+0.002+0.3=0.313$（m）。矩形槽断面尺寸较小，通常不超过 1 m，波浪爬高计算的重要性相对较低。出于经济合理性的考虑，钢筋混凝土矩形槽断面的超高最小值定为 0.3 m。同时，为了便于施工和计量，断面高度取整数值。对于浆砌石加土堤段，其堤顶超高计算为 $Y=0.034+0.014+0.5=0.548$（m），考虑到该断面的宽度和高度相对较大，超高值按计算结果取为 0.55 m。

在进行钢筋混凝土矩形槽及浆砌石护脚与土堤的设计时，首先考虑 20 年一遇的洪水位，并在此基础上增加了 0.3 m 和 0.55 m 的堤顶超高。为确保堤坝的安全性和稳定性，根据 20 年一遇的水面线计算成果，进一步确定了设计堤顶的高程。在设计过程中，采用平均堤宽为 1.17 m 的标准，同时确保最大堤宽不超过 2 m，最小堤宽不低于 0.4 m。此外，还规定平均堤高为 1.10 m，最大堤高不得超过 2.2 m，而最小堤高不得低于 0.4 m。通过这些详细的设计参数，确保堤坝在面对 20 年一遇的洪水时能够有效地发挥其防洪作用，同时保持结构的稳定性和安全性。

依据《昆明市滇池西岸面山洪水拦截及水环境综合治理项目可行性研究报告》，列出该项目内部分沟渠设计洪水组合计算表。

2. 沟渠截洪截污工程

根据《昆明市滇池西岸面山洪水拦截及水环境综合治理项目可行性研究报告》所提出的详细内容，工程设计措施主要涵盖了截洪工程和截污工程两个核心部分。首先，针对该片区所面临的防洪问题，项目团队决定对那些防洪压力较大的区域上游的病险坝塘进行彻底的除险加固工作；在那些没有坝塘且沟渠防洪压力较大的上游区域，计划新建一批调蓄池。通过利用现有的坝塘水库以及新建的调蓄池来进行洪水的拦蓄和削峰错峰，从而有效削减片区的洪峰流量。其次，对下游沟渠进行改扩建工程，以提升其下泄能力。同时，对那些淤积严重的河道段进行清淤作业，以增加防洪断面的宽度，进而消减淤泥污染负荷。

通过这些综合措施，最终将形成一个上游水库、坝塘、调蓄池有效拦蓄洪水，下游防洪排涝沟渠能够快速排泄洪水的防洪体系。这一体系将确保下游村庄及农田的防洪安全，并使得整个片区的防洪标准达到20年一遇洪水的要求。在截洪工程方面，具体措施包括：对7座病险坝塘进行除险加固；改扩建现有的25段排洪沟，总长度达到9.62 km；清淤19段排洪沟，总长度为12.72 km；新建15座调蓄池以及119座沉砂池。

针对片区内现状——截污干管末端截污、村庄雨污混流以及雨季溢流污染滇池的严重问题，项目团队设计了新建村庄内截污系统的方案。这一方案直接将村庄污水截入已建的环湖截污干管，从而彻底实现片区雨污分流，避免现状截污口在雨季溢流污染滇池。通过这一系列措施，将显著改善当地村庄雨水系统的水环境质量。

本项目涉及的16条沟渠大部分截洪截污工程已由《昆明市滇池西岸面山洪水拦截及水环境综合治理项目》实施。

3. 面山截洪

（1）晖湾一组旱秧地沟、富善大闸水库排洪沟及岔沟

富善片区的面山截洪措施包括以下几项具体工作。第一，将对西化坝塘及其相邻的西化二社坝塘进行彻底的除险加固，保证这些关键水利设施能够更加稳固地应对洪水的冲击。第二，针对目前排洪沟无法满足防洪要求的现状，将对这些排洪沟进行扩宽和重建，以提高其排水能力。计划将片区内的三个主要水库或坝塘进行有效连通，形成一个更加完善的防洪体系。第三，对于出现淤积的沟渠段落，进行彻底的清淤，以恢复其原有的排水功能。同时，对于新建的排洪沟段，将增设沉砂池，提高排洪系统的效率和安全性。

（2）古莲大闸排水沟

为确保古莲大闸排水沟上游排洪大沟的顺畅运行，计划开展一项清淤工程，长度为470.15 m。同时，在小古莲新村新建一座2号调蓄池，尺寸为0.5 m×0.4 m（宽×高，下同），长度为140.27 m，以增强该地区的洪水调蓄能力。此外，针对古莲大闸排水沟下游主排洪沟（古莲新村2号排洪沟）的部分淤积段，将进行专项清淤工作，以恢复其排水功能。

（3）小石墙村下大棚排灌沟

位于上游的小石墙村已经完成了清污分流改造工程。该工程有效地减少了污水直接汇入河流的情况，减轻了对周边水体的污染压力。小石墙村下游的大棚排灌沟所覆盖的汇水区域，主要涉及一条50 cm宽、50 cm深的排水沟。这条排水沟最终将污水引入下游的截污管检查井，进而汇入滇池西岸的截污干管中。

(4) 大七十郎北排水沟

大七十郎新建排洪沟工程中，k0+000.00～k0+170.00 区段原来没有排洪设施。而从 k0+170.00～k0+770.00 区段，现状为混凝土明渠，其断面尺寸为 1.1 m×0.5 m。通过流量复核计算，确定设计流量为 3.00 m³/s。然而，现状渠道无法满足 20 年一遇洪水的过流需求。至于 k0+770.00～k1+017.86 区段，已建有混凝土明渠，其断面尺寸为 0.9 m×0.85 m。经过流量复核计算后，大七十郎北排洪沟工程中，k0+000.00～k0+170.00 区段的设计渠道断面定为 0.6 m×0.6 m，并采用 0.25 m 厚的衬砌；k0+170.00～k0+770.00 区段的设计渠道断面定为 0.9 m×0.8 m，衬砌厚度为 0.25 m，采用钢筋混凝土进行衬砌，并在渠道顶部加盖混凝土预制盖板。

(5) 观音山新砂子沟、观音山观山凹

观音山新砂子沟 K1+046.38～K1+180.00 段，当前断面尺寸为 1.00 m×0.70 m。经过流量复核计算，确定设计流量为 2.30 m³/s，而当前断面无法满足 20 年一遇洪水的过流需求。因此，该段将采用 1.00 m×0.80 m 的矩形明渠断面，采用 C25 级钢筋混凝土结构，衬砌厚度为 0.25 m，设计底坡为 $i=0.02$。对于 K1+810.00～K1+548.00 段，现状断面尺寸为 1.20 m×0.80 m。流量复核计算表明，设计流量为 3.99 m³/s，现状断面同样无法满足 20 年一遇洪水的过流需求。故此段落将采用 1.20 m×1.00 m 的矩形明渠断面，采用 C25 级钢筋混凝土结构，衬砌厚度为 0.40 m，设计底坡为 $i=0.015$。K1+940.00～K1+950.00 段将采用矩形箱涵，其净空尺寸为 1.80 m×1.30 m，壁厚为 0.4 m，设计底坡为 $i=0.006$。至于 K1+950.00～K2+089.77 段，现状断面尺寸为 1.50 m×1.20 m。流量复核计算显示，设计流量为 4.51 m³/s，现状断面亦无法满足 20 年一遇洪水的过流需求。因此，该段将采用 1.80 m×1.30 m 的矩形明渠断面，采用 C25 级钢筋混凝土结构，衬砌厚度为 0.30 m，设计底坡为 $i=0.006$。

(6) 观音山竹盆大沟

观音山竹盆大沟 k1+560.00～k1+973.40 段现状断面为 1.00 m×1.00 m。经过流量复核计算，设计流量为 4.00 m³/s，现状断面不满足 20 年一遇洪水过流要求。该段采用矩形明渠断面，断面尺寸为 1.50 m×1.30 m，采用 C25 钢筋砼结构，衬砌厚度为 0.30 m，设计底坡 $i=0.004$。为了减轻片区沿线淹积水情况，本阶段拟对观音山竹盆大沟进行清淤，以增加排水沟渠的过流能力，并对观音山耕地段高海公路涵进行清淤。设计河道清淤要尽量使上下游进出口河段平顺连接，尽量维持河道自然坡度，不对河道过多挖填。清淤施工后，淤泥用袋装搬运至河岸边临时沥水场进行沥水干化，最后统一运至指定弃土场。沥水产生的污水采用导管就近引入污水管网。清淤施工过程中及淤泥临时沥水场地造成侵占损坏的河道绿化，施工完成后及时对绿化进行恢复。

当前，观音山竹盆大沟下段的坡度相对平缓。为满足灌溉需求，村民采取直接封堵排洪沟以蓄水的方式。然而，这种做法会导致排洪沟及涵洞的泥沙淤积问题，加之田间垃圾的随意丢弃，因此雍水处及涵洞的垃圾淤积问题严重，对环境及滇池水环境造成了不利影响。为应对这一问题，本次工程计划在排洪沟新建段建设小型沉砂池。这些沉砂池将依托上游水库、坝塘及下游沉砂池，实现对入滇洪水的滞蓄和拦沙功能。下游沉砂池还具备对初期雨水的沉淀作用。初期雨水虽然水量较小，但因冲刷地面和农田废弃物，其水质往往较差。在田间新建沉砂池，可以有效蓄积和沉淀初期雨水，减少其对环境的污染。本工程将在新建段沟渠逐级设置小型沉砂池，每100 m设置一个，具体间隔可根据实际地形条件进行适当调整。每个沉砂池的尺寸为长5 m、宽2 m、高3 m，边墙及底板均采用C25混凝土衬砌，衬砌厚度为0.30 m。鉴于田间垃圾乱扔的情况，设计在田间段沉砂池出口处设置拦污栅，以防止田间垃圾排入滇池。整个观音山竹盆大沟计划设置6座沉砂池，以期有效改善当地的水环境状况。

（7）小黑桥水库泄洪沟

小黑桥水库泄洪沟k0+000.00～k1+750.00段现状断面为2.4 m×1.5 m，土渠，沟渠淤积严重，杂草丛生，严重影响行洪。经过流量复核计算，设计流量为11.33 m³/s，现状断面不满足20年一遇洪水的过流要求。拟对本段进行清淤处理，平均清淤深度为0.5 m。小黑桥水库泄洪沟k1+750.00～k1+970.00段现状断面为1.5 m×1.0 m，土渠，淤积严重，部分段已种植蔬菜，渠道内树木、杂草丛生，垃圾遍地，排洪沟行洪能力受阻。经过流量复核计算，设计流量为22.63 m³/s，现状断面不满足20年一遇洪水的过流要求。故本段设计拟采用新建生态河堤的措施对其进行治理，具体为：新建M7.5浆砌块石挡墙，断面尺寸为2.0 m×1.2 m，上半部分采用1∶1.5填土回填，回填后喷播草籽，下半部分种植常春藤；挡墙顶采用10 cm厚C20混凝土压顶，底部用块石填筑，表面用M10砂浆进行抹面，底板采用C20混凝土浇筑，衬砌厚度为0.30 m，设计底坡为1∶172。小黑桥水库泄洪沟k2+848.00～k3+270.00段，现状为土渠，经多年冲刷，下游沟壑纵横，杂草丛生，部分地块已出现落水洞，对周边农田及下游居民生活造成一定的影响。经过流量复核计算，设计流量为34.22 m³/s，现状断面不满足20年一遇洪水的过流要求。本次设计对该段做新建浆砌石挡墙处理，挡墙采用矩形明渠断面，断面尺寸为2.2 m×1.8 m，采用M7.5浆砌块石砌筑，挡墙顶采用10 cm厚C20混凝土压顶，底部用块石填筑，表面用M10砂浆进行抹面，底板采用C20混凝土浇筑，衬砌厚度为0.30 m，设计底坡为1∶83。

经详细勘察，左支老深沟区域内的1号和2号排洪沟现状沟渠均为混凝土渠道，其断面尺寸为0.4 m×0.7 m。局部区域的沟渠因长期使用遭受严重破坏和淤积，对行洪造成较大影响。为确保排洪系统的安全、有效运行，专业团队进行了流量复核计算。计算结果显示，设计流量为1.21 m³/s，而现状断面无法满足20年一遇洪水的过流要求。

针对老深沟1号排洪沟，彻底清除沟内淤泥及杂物，并对沟渠受损部位进行修复，以恢复其排水功能。对老深沟 2 号排洪沟进行改扩建工程。在保持沟渠当前高度和底坡的前提下，将拓宽沟渠，底宽增加 1 m，增强沟渠的过流能力，以满足 20 年一遇洪水的流量要求。对于沟渠中局部存在的残缺和破坏，采用 C20 混凝土进行修补，使沟渠的结构完整性得以恢复。在清淤作业方面，对沟渠进行深度清理，平均清淤深度将达到 0.2 m，以清除沟内淤积物，降低水流阻力，提升排水效率。

对泄洪沟进行清淤作业，缓解小黑桥水库泄洪沟沿线的积水问题。在设计河道清淤方案时，需确保上下游河段的顺畅衔接，避免过度的挖掘和填土作业，尽可能保持河道的自然坡度。清淤工作完成后，将淤泥装袋并搬运至河岸边的临时沥水区进行沥水干燥处理，并将干化后的淤泥统一运往指定的弃土场。对于沥水过程中产生的污水，将通过导管引入最近的污水管网进行处理。计划在排洪沟新建段建设一座小型沉砂池及两座调蓄池。1 号调蓄池坐落于小黑桥水库泄洪沟与老深沟排洪沟的交会处，即 K1+900.00 位置，其设计容积为 5 000 m³，池顶高程定为 1 740.30 m，池底高程为 1 736.80 m，池体的长度、宽度和高度分别为 46 m、33 m 和 3.5 m。该调蓄池采用 C25 级钢筋混凝土结构，以开敞式布局，衬砌厚度为 0.5 m，并在四周设置钢丝网安全防护护栏，高度为 1.5 m。2 号调蓄池位于白鱼口排洪大沟 K2+848.00 处，设计容积为 4 000 m³，池顶高程为 1 926.30 m，池底高程为 1 921.80 m，池体的长度、宽度、高度分别为 38 m、30 m、3.5 m。设置沉砂池的主要目的是对初期雨水进行有效的沉淀处理——初期雨水量通常较少，但可能携带地面和农田的废弃物，会导致其水质较差。通过在田间新建沉砂池，可以对初期雨水进行蓄滞和沉淀，从而减少初期雨水对下游环境的污染。

4. 点源治理

（1）晖湾一组旱秧地沟、富善大闸水库排洪沟及岔沟

富善片区的截污工程将利用现有的滇池环湖西岸截污干管设施，通过选择合适的地点接入已建干管的检查井。随后，将从这些检查井位置新建截污支管，延伸至村庄内部。在村庄内部道路进行开槽作业，以埋设截污分支管。此外，将从分支管的检查井处新建入户管道，直接连接至每户居民家中，构建从居民住宅直达污水处理厂的独立截污系统。为预防管道淤积堵塞问题，在每户的接入点设置收污池，并在池的入口安装滤头。同时，在支管和分支管沿线设置检查井，以便于后期的运行管理、清淤和检修工作。整个截污系统的工作流程为住户产生的生活污水→截污分支管→截污支管→滇池环湖西岸截污干管→污水处理厂，最终实现达标排放或循环利用。

（2）小黑桥水库泄洪沟

当前，小黑桥水库泄洪沟流域内的白鱼口村、小黑桥村、黑桥坝子村、禄海新村、大黑荞村均未实施雨污分流措施。混合的污水通过雨水边沟及破损处排入现有的沟渠，最终

汇入环湖截污管道。在雨季，若上游来水量增大，则存在溢流的风险，这会加重白鱼口水质净化厂的处理负担。

对小黑桥水库泄洪沟流域内的白鱼口村、小黑桥村、黑桥坝子村、禄海新村四个村庄实施雨污分流。村庄的生活污水将通过新建的污水管道排入环湖截污管道，而雨水则排入现有的雨水沟，最终汇入滇池。工程将从干管检查井位置新建截污支管延伸至村庄内部，沿村内道路开槽埋设截污分支管，并从支管、分支管检查井新建入户管道，接入每户居民，从而实现从住户到污水处理厂的独立截污体系。为应对管道淤堵问题，在每户的接入点新建收污池，并在进口处设置滤头。同时，在支管、分支管沿线设置检查井，以便于后期的运行管理、清淤和检修工作。截污系统流程为住户房屋内生活污水→截污分支管→截污支管→已建滇池环湖西岸截污干管→污水处理厂，最终实现达标排放或循环利用。至于大黑荞村，由于其位置较远，将为流域范围内的54户居民每户设置净化槽，对生活污水进行处理，处理达标后用于农业灌溉。

与此同时，项目还将同步推进截污工程的建设，包括总体布置、管材比选、管道荷载计算、村民户内排放污水的收集以及引清工程，以全面提升区域的防洪排涝和污水治理能力。

①总体布置。

A. 布置原则。

污水管网分布在整个排水流域内，根据管道在排水中所起的作用，可分为干管、支管和分支管。每户村民产生的污水通过住户出户管汇入分支管，由分支管流入支管，由支管流入滇池环湖西岸截污干管，最终排入污水处理厂。管道由小到大，分布类似河流，呈树枝状，污水在管道中靠管道两端的水面高差从高向低处靠重力流动。具体布置原则有九点。第一，管道系统布置要符合地形趋势，顺坡重力排水，取短捷路线。每段管道均应划给适宜的服务面积。汇水面积划分除依据明确的地形外，在平坦地区要考虑与各毗邻系统的合理分担。第二，尽量避免或减少管道穿越不容易通过的地带和构筑物，如高地、基底土质不良地带、河道、公路以及各种大断面的地下管道等。当必须穿越时，需采取必要的处理或交叉措施，以保证顺利通过。第三，安排好控制点的高程。一方面，应根据社区现状，保证汇水面积内各点的水都能够排出，并考虑发展，在埋深上适当留有余地；另一方面，应避免因照顾个别控制点而增加全线管道埋深。第四，局部管道覆土较浅时，采取加固措施或采用抗压性好的管材。第五，穿过局部低洼地段时，建成区采用最小管道坡度，新建区将局部低洼地带适当填高。第六，管道坡度的改变应尽可能徐缓，避免流速骤降，导致淤积。第七，同直径及不同直径管道在检查井内连接，一般采用管顶平接，不同直径管道也可采用设计水面平接，但在任何情况下进水管底不得低于出水管底。第八，流量很小而地形又较平坦的上游支线，一般可采用非计算管段，即采用最小直径，按最小坡度控制。第九，污水管网按照最高日最高时流量设计。

B. 污水管道定线。

正确的定线是合理、经济地设计污水管道系统的先决条件，是污水管道系统设计的重要环节。管道定线一般按干管、支管、分支管顺序依次进行，定线应遵循的主要原则是应尽可能地在管线较短和埋深较小的情况下，让最大区域的污水能自流排出。定线时应充分利用地形，使管道的走向符合地形趋势，一般宜顺坡排水，管道必须具有坡度。在地形平坦地区，管线虽然不长，但埋深会增加很快，当埋深超过一定限值时，需设泵站提升污水。这样便会增加基建投资和常年运转费用，是不利的。若不建泵站而过多地增加管道埋深，不但施工难度大而且造价也很高。因此，在管道定线时需做方案比较，选择最适当的定线位置，使之既能尽量减少埋深，又可少建泵站。

平面布置：在设计和建设供机动车辆通行的道路时，污水管道和雨水管道的布置应分别考虑，将它们分别设置在道路的两侧。这种布局方式具有多方面的优点。首先，当施工团队需要进行管道铺设或维修时，由于污水管和雨水管分布在道路的两侧，因此，可以同时进行作业，从而提高施工效率，缩短工期。其次，这种布局也有利于后期的运行维护管理。当需要对管道进行检查、清理或修理时，工作人员可以更方便地接近各自负责的管道系统，从而提高维护工作的效率和质量。最后，将污水管和雨水管分开布置还可以减少交叉污染的风险，确保污水和雨水的处理更加高效和安全。总之，将污水管和雨水管分别布于道路两侧，不仅有助于施工建设的顺利进行，还能有效提升后期运行维护管理的便捷性和效率。在设计不具备机动车辆通行条件的道路时，应优先考虑利用现有的排水系统进行雨水排放，将污水管道设置于道路中心区域，便于高效地汇集两侧居民排放的污水。必要时，应对部分现有工程管线进行适当的改造或重建，以保障排水系统的顺畅运行。

竖向布置：在城市基础设施规划中，污水管线的布置应遵循特定原则。首先，污水管线原则上应位于各类管线的最下层，避免与其他管线发生冲突。其次，污水管线在穿越雨水管线时，通常应位于其下方，并且在交叉点处保持一定的垂直净距，一般控制在 0.4 m 左右。在特殊情况下，垂直净距的最小值不应低于 0.15 m，防止污水管线受到雨水管线的干扰。当管线综合在竖向上发生冲突时，应遵循的协调原则有：第一，压力管线应让位于重力自流管线，因为重力自流管线的运行依赖自然重力，而压力管线可以通过人为控制；第二，分支管线应让位于主干管线，以确保主干管线的畅通无阻；第三，小管径管线应让位于承担更大流量的大管径管线，优先保证大管径管线的运行；第四，可弯曲管线应让位于不易弯曲管线，因为不易弯曲管线在施工和维护上更为困难，需要优先考虑其布置。

为了满足两侧用户污水出户管接入排污支管时的覆土保护需求，减少雨水管对两侧用户污水支管的接入影响，污水干管的竖向位置标高应低于雨水管网。这样做的目的是确保污水支管在接入时，其覆土埋深大于 0.7 m，从而提供足够的保护，防止污水支管受到雨水管的影响，确保污水系统的正常运行和环境的整洁。通过这种设计，可以有效避免污水和雨水的混合，减少环境污染，提高城市排水系统的效率。

C. 污水管网的布置方案。

第一步，基于各户排水点的实际情况，主要沿道路进行污水管网的布置，使每个污水排放点均能接入新建设的市政排水系统。在规划与设计阶段，将全面调研地形地貌、现有基础设施以及未来发展计划等要素，保障污水管网布局的合理性与运行的高效性。第二步，为节约投资，对已有的污水专用收集管网进行充分的合理利用。在评估现有管网的状况与容量之后，对其实施必要的改造与升级，以适应新的排放标准与处理需求。这样不仅可以降低新建管网的成本，还能缩短施工周期，并减少对周边环境与交通的影响。第三步，截污接户管（从截污分支管检查井至收污池段）将采用 UPVC 排水管。该材料具备优异的耐腐蚀性与耐久性，能有效防止污水中有害物质对管道的侵蚀。同时，UPVC 管道的安装与维护相对简便，有助于降低长期运营成本。第四步，若存在排水出户点位置远离街区道路，无法通过埋地安装方式接入街区污水管网的，将根据实际情况架设明装管道，并选择防撞防破坏性能较好的管材（如铸铁管）或采取特殊保护措施。可以在管道外部加装防护罩或采用混凝土包裹，以防止人为破坏和意外撞击，确保管道的安全和稳定运行。第五步，对于街区污水管网，当位于通行机动车辆路段时，考虑管道因施工原因不能埋设较深时，为了提高管道承受外压能力，选用钢筋混凝土管等抗压性能好的管材。钢筋混凝土管具有较高的强度和耐久性，能够承受车辆行驶带来的压力和冲击。当位于不通行机动车辆路段时，为了减少管沟开挖宽度，选用塑料排水管，承插橡胶圈密封连接。塑料排水管重量轻、施工便捷，且具有良好的柔性和密封性能，能够有效减少施工对周边环境的影响，同时保证污水的顺畅排放。

D. 污水管道设计。

在进行污水管道设计时，遵循以下原则，以确保系统的高效性和经济性。第一，污水管道的布局应尽可能顺应地形的变化趋势，利用重力进行排水，以实现线路的最短化。这样可以减少管道的埋深和避免不必要的迂回，从而降低工程的总体造价。同时，这种设计也有助于保持良好的水力条件，确保污水能够顺畅地流动。在设计充满度的条件下，重力流污水管道的最小设计流速应不低于 $0.6 \text{ m}^3/\text{s}$。这一标准是为了防止管道内沉积物的积累，确保污水能够顺畅地流动，从而维持管道的清洁和有效运行。第二，在计算管道排水能力时，不仅要满足当前的排水需求，还要考虑到未来一定年限内的合理发展预留量。这样可以避免频繁的改造和扩建，从而降低长期的维护成本。第三，要仔细研究管道敷设坡度与地面坡度之间的关系。确定的管道坡度应既能满足最小设计流速的要求，又不至于使管道的埋深过大，从而在保证排水效率的同时，控制工程成本。第四，确定合理的管道埋深是至关重要的。污水管起端的覆土深度应足以使所服务的居民污水管能够顺利接入，并满足与其他管线竖向交叉的需求。一般情况下，干管的最小覆土深度应控制在 0.7 m 左右，以确保管道的安全和稳定。第五，在地面坡度过大的地区，为了减小管内流速，防止管壁冲刷，在适当的地方设置跌水井。这些跌水井可以有效地控制流速，保护管道不受损害。第六，尽可能地利用已有的污水管道，并对现有污水管道、排水暗沟进行合理的改造，按照雨污完全分流的体制进行污水收集。这样不仅可以节约资源，还可以提高系统的整体效率。第七，污水管道直径的确定是基于排水量的计算。当计算出的管径小于DN300时，按照DN300的标准进行设置。如果采用HDPE管道，并且施工位置有限，管径可以适当降低至DN200，以适应特定的施工条件。

设计参数及其计算公式如下。

a. 流量。

$$Q_L = S \cdot q_l \cdot K_z / 86\,400 \tag{5-6}$$

式中：Q_L——设计管段的本段流量（L·s^{-1}）；

S——设计管段服务的区人数（人）；

q_l——人均日排水量（L·d^{-1}·人$^{-1}$）；

K_z——生活污水量总变化系数。

b. 设计最大充满度。

污水管道设计充满度按非满流计算，其最大设计充满度参照表5-31的规定。

表5-31 污水管道最大设计充满度规定

管径/mm	最大设计充满度/（h·D^{-1}）
<300	0.55
400～600	0.56

c. 水力计算。

管道中的流量可按下式计算。其最大设计充满度下的流量见表5-32所列，计算出的小黑桥水库泄洪沟管道水力见表5-33所列。

$$Q = AV \tag{5-7}$$

式中：Q——设计流量（m^3/s）；

A——水流有效断面面积（m^2）；

V——流速（m/s）。

流速公式为

$$V = \frac{1}{m} R^{\frac{2}{3}} I^{\frac{1}{2}} \tag{5-8}$$

式中：n——粗糙系数；

R——水力半径（m），可由$R=A/X$（X为湿周）计算；

I——水力坡降。

表 5-32　管道最大设计充满度下的流量表

计算流量 Q/($m^3 \cdot h^{-1}$)	过水断面面积 A	糙率 n	水力坡降 i	湿周 X	水力半径 R	流速/($m \cdot s^{-1}$)	管道/m
104	0.040	0.014	0.003 0	0.5	0.080	0.73	DN300 混凝土管
289	0.087	0.014	0.003 0	0.8	0.115	0.93	DN400 混凝土管
395	0.109	0.014	0.003 0	0.8	0.130	1.00	DN450 混凝土管
579	0.147	0.014	0.003 0	1.0	0.148	1.10	DN500 混凝土管
162	0.040	0.009	0.003 0	0.5	0.080	1.13	DN300 HDPE 管
449	0.087	0.009	0.003 0	0.8	0.115	1.44	DN400 HDPE 管
614	0.109	0.009	0.003 0	0.8	0.130	1.56	DN450 HDPE 管
901	0.147	0.009	0.003 0	1.0	0.148	1.70	DN500 HDPE 管

表 5-33　小黑桥水库泄洪沟管道水力计算表

片区		服务面积/km^2	人口/人	平均日综合污水定额/($L \cdot 人^{-1} \cdot d^{-1}$)	平均日流量/($L \cdot s^{-1}$)	综合变化系数	高日高时污水量/($L \cdot s^{-1}$)	管道尺寸/mm
小黑桥水库泄洪沟	小黑桥	0.22	347	90	0.37	2.7	1.01	DN300
	黑桥坝子	0.32	313	90	0.34	2.7	0.91	DN300
	禄海新村	0.09	371	90	0.40	2.7	1.08	DN300
	白鱼口	0.38	1 828	90	1.97	2.7	5.32	DN300

②管材比选。

在当前市政污水管网工程领域，主要采用的管材包括钢筋混凝土管、UPVC 双壁波纹管、PE 管以及玻璃钢管等。对于支管和分支管的施工，传统的污水混凝土管道通常每节长度仅为 2 m，由于管道接口数量较多，在地下水位较高的情况下，施工过程会变得相对复杂和困难。相比之下，UPVC 管、玻璃钢管和 PE 管每节长度可以达到 6 m，这些管材采用的是柔性接口设计，不仅强度较高，而且具备较强的抗不均匀沉降能力。此外，这些管材的接口连接方法简便、可靠，大大提高了施工的便捷性，并且具有良好的抗渗漏效果。由于这些管材的内壁较为光滑，不易结垢，因此可以显著减少清通工程的频率和工作量。从施工的难易程度和使用效果两个方面进行综合比较，UPVC 管、玻璃钢管和 PE 管在性能上明显优于传统的混凝土管。然而，需要注意的是，玻璃钢管作为一种排水管材，尽管性能优越，但管材价格相对较高，因此在非压力管道的应用中使用较少。综合考虑各种因素，目前在市政污水管网工程中，布设在沟内的排水管道通常会选择使用 PE 管，而布设在村庄道路上的排水管道则仍然采用混凝土管。

接户管是指从截污分支管检查井至纳污池的这一段管道。由于接户管大部分需要穿过车行道,因此它们承受的外部压力相对较大。同时,由于所处的施工环境通常较为复杂,埋设深度等条件也容易受到各种限制。在这种情况下,UPVC 管、玻璃钢管以及 HDPE 管因独特的性能而被广泛采用。首先,这些管材每节的长度通常为 6 m,它们采用的是柔性接口设计,具有较高的强度和出色的抗不均匀沉降能力。其次,这些管材的接口连接方法既方便又可靠,大大提高了施工的便捷性。最后,它们还具有良好的抗渗漏效果,确保了管道系统的密封性和稳定性。因此,在实际应用中,接户管通常会选择采用 UPVC 管,以满足各种复杂环境的使用需求。

在对住户庭院内管道系统的选材进行综合考量时,需注意到管道布局中存在多个转弯,导致其在承受外部压力方面存在一定的局限性。此外,部分管道段落可能暴露于外界环境之中,这增加了钢管在防腐方面的严格要求。钢管焊接接口的防腐处理尤为复杂,且其内壁的粗糙性亦为现场焊接作业带来了挑战,从而增加了施工难度。尽管玻璃钢夹砂管在抗渗和防腐方面表现优异,但其并不适用于露天环境。庭院内管道系统的分叉较多,进一步限制了玻璃钢夹砂管的施工可行性。HDPE 管虽然在多项性能上表现出色,但其不适用于阳光直射的露天环境,这在庭院内是不可避免的。相较之下,UPVC 管在抗渗和防腐方面均具备良好的性能,且施工过程简便,内壁光滑,有助于减少污垢积聚,从而降低维护工作量。此外,UPVC 管适用于露天及阳光直射的环境,且具有较高的经济性。

基于上述分析,结合管道系统的防腐需求、施工便利性、抗渗性能、适用环境及成本等因素,决定采用 UPVC 管作为住户庭院内管道系统的材料。此选择不仅满足了庭院内管道系统的性能要求,还在经济性上取得了良好的平衡,确保了管道系统的长期稳定运行及较低的维护成本。

③管道荷载计算。

本项工程在建设过程中,决定在机动车道下方铺设排污管道,这些管道将采用钢筋混凝土Ⅱ级管。为了确保管道的稳定性和安全性,规定管顶的覆土深度不得低于 70 cm。根据计算,土重为 18 kN/m³×0.7 m×1 m = 12.6 kN/m。此外,还考虑了车辆荷载的影响,按照 6.34 kN/m² 的标准进行设计。具体到不同直径的钢筋混凝土Ⅱ级管,进行了详细的荷载分析。对于直径为 DN300 的钢筋混凝土Ⅱ级管,其裂缝荷载为 19 kN/m,而破坏荷载则为 29 kN/m;对于直径为 DN400 的钢筋混凝土Ⅱ级管,裂缝荷载为 27 kN/m,破坏荷载为 41 kN/m;而对于直径为 DN500 的钢筋混凝土Ⅱ级管,裂缝荷载为 32 kN/m,破坏荷载为 48 kN/m。

在正常运行的情况下,管道的承载力必须小于其裂缝荷载和破坏荷载,这样管道在长期使用过程中不会出现裂缝或破坏。基于这些参数和计算结果,得出选择钢筋混凝土Ⅱ级管作为排污管道的材料是合适的,这种管道既满足了工程的安全要求,又考虑了经济性和施工的可行性。

④村民户内排放污水的收集。

第一,居民住宅区域内需设置专门的具备收集室内洗涤水、厨房废水、洗浴废水及化粪池排水功能的污水汇集处理设施,通过该设施将污水接入市政污水管网。使污水在排入公共管网前得到初步净化处理,减少污水直接排放对环境的负面影响。第二,村民生活产生的粪便水、厨房和洗涤池污水必须经过化粪池的预处理和沉淀,随后汇入污水汇集处理设施,并经过滤处理后,再排入市政污水管网。鉴于目前村内大部分民居已配备化粪池,本次工程将为尚未安装化粪池的住户新建容量为 1.5 m³ 的化粪池。新建化粪池将采用玻璃钢材质,相较于传统现浇混凝土化粪池,具有成本效益高、功能完备且施工便捷等优点。第三,污水汇集处理设施应采用砌筑方式建造,平面尺寸为 60 cm×60 cm,顶部应设置可移动盖板,以便于日常检查、清理和维护。该设计方便工作人员能够便捷地进入设施内部进行必要的维护工作,从而保障设施的正常运行和污水的有效处理。第四,在设计和施工过程中,为了保证污水系统的稳定运行和减少维护成本,建议采用 UPVC 排水管作为连接材料,使收污池能够顺利接入街道或道路的支管和分支管。UPVC 排水管因耐腐蚀、耐高温、抗压强度高等优点,已经成为城市排水系统中广泛使用的材料之一。通过使用这种高质量的排水管,能够使污水顺畅地从收污池流入主干管,有效防止污水泄漏和堵塞,从而提高整个排水系统的效率和可靠性。第五,在排水系统的设计中,设置独立的雨水排水系统,雨水能够通过专门的管道直接排入河流、湖泊或其他自然水体,严格禁止雨水流入收污池,避免与污水混合。

⑤引清工程。

目前,位于白鱼村村口南侧的龙潭水大部分通过盖板涵道流入村庄内部,但还有一部分水溢流至村外,导致龙潭水未能得到有效的分离和保护;同时,村口西侧的 400 mm×600 mm 雨水渠已经接入了现有的环湖截污管道,而东侧的雨水渠却遭到了人为的填埋,这使得排水系统受到了严重的破坏。为了改善这一现状,本次工程计划恢复原有的雨水系统,对被填埋的雨水沟进行彻底的清理和疏通,以恢复其原有的排水功能。对于那些已经接入截污管段的雨水沟,将对其上游的雨污分流情况进行详细的排查,如果发现上游没有村庄生活污水的汇入,将把这部分雨水沟接入恢复段的雨水渠,最终通过涵洞排向滇池。同时,还将对龙潭水进行有效的分离,将其排入滇池。根据白鱼口污水处理厂的设计进出水水质标准,取村庄污水中的 COD 浓度为 250 mg/L;经过处理后的出水标准为一级 A 标准,COD 浓度为 50 mg/L。通过计算,可以得出 COD 的削减量为 18.75 吨/年。

(3) 古莲新村沟

基于当前已建设完成的滇池环湖西岸截污干管,本项目计划在适当位置接入已建干管的检查井,并从该检查井处新建截污支管,延伸至村庄内部。在村庄内部,沿道路开挖沟槽并铺设截污分支管,确保覆盖整个村庄。此外,将从支管和分支管的检查井新建入户管道，直接接入每户居民家中，从而实现从居民住宅至污水处理厂的独立截污系统。针对古莲新村沟汇水区域，重点工程为5号截污支管。该支管位于古莲新村沟北侧，全长252 m，主要负责收集周边区域的污水，并将其向东排放，最终汇入已建的滇池环湖西岸截污干管。通过该干管，污水将被输送至白鱼口污水处理厂进行处理，确保村庄污水得到妥善处理。

（4）古莲抽水站进水沟

基于当前已建设完成的滇池环湖西岸截污干管，本项目计划在适当位置接入已建滇池环湖西岸截污干管的检查井。通过新建截污支管，延伸至村庄内部，沿村庄道路进行开槽作业，埋设截污分支管。进一步，从分支管的检查井新建入户管，实现与每户居民的直接连接，从而构建起从居民住宅至污水处理厂的独立截污系统。

在古莲抽水站进水沟的汇水区域内，主要涉及1号截污支管的建设。该截污支管位于古莲抽水站进水沟南侧，全长432 m，主要负责收集周边截污次管的污水及3号截污管的转输水。设计方向为自西向东，最终将污水接入已建滇池环湖西岸截污干管，并通过该干管将污水输送至白鱼口污水处理厂进行处理。

（5）古莲大闸排水沟

基于当前已建成的滇池环湖西岸截污干管，本项目计划在适当位置接入新建的截污支管至现有检查井。此举将确保从新建支管延伸至村庄内部，并沿村庄道路进行开槽作业，以埋设截污分支管。随后，从分支管的检查井出发，新建入户管道，实现与每户居民的直接连接，从而构建起从居民住宅直至污水处理厂的独立截污系统。

在古莲大闸排水沟的汇水区域内，主要涉及2号、3号、4号三条截污支管的建设。第一，2号截污支管。该支管位于古莲大闸排水沟北侧，全长678 m，管径为DN300。其主要职责是收集周边截污次管中的污水，并自西向东排放，最终汇入3号截污支管。第二，3号截污支管。该支管同样位于古莲大闸排水沟北侧，全长1 767.8 m，管径为DN400。其主要功能是接收周边截污次管中的污水，并自西向东排放，最终汇入1号截污支管。第三，4号截污支管。该支管位于古莲大闸排水沟南侧，全长473.1 m，管径为DN400。其主要职责是收集周边截污次管中的污水，并向自西向东排放，最终汇入3号截污支管。通过上述三条截污支管的建设，古莲大闸排水沟汇水区域内的污水将被有效收集，并最终汇入已建的滇池环湖西岸截污干管。随后，这些污水将通过已有的滇池环湖西岸截污干管，被输送到白鱼口污水处理厂进行处理。

（6）小石墙村下大棚排灌沟

针对小石墙村当前的污水治理现状，本次采取的截污措施主要包括三点。第一，对各住户庭院进行改造，新建截污入户管道。这些管道将专门用于收集每户产生的生活污水。第二，生活污水将通过新建的截污入户管道被引入村内新建的截污分支管道。这些分支管道的主要功能是将各庭院产生的生活污水汇集起来，形成集中的污水流。汇集后的污水将被引导至1号~4号截污支管。第三，这四条截污支管将作为主要的输送通道，将汇集的生活污水进一步输送到已经建成的滇池环湖西岸截污干管中。通过这一系列的截污措施，小石墙村的生活污水将得到有效的收集和处理，从而减少对滇池环境的污染。

（7）大七十郎北排洪沟

在大七十郎北排洪沟流域的覆盖范围内，涉及大七十郎村的雨污分流工程已由小七十郎村的相关部分工程顺利实施。本项目旨在将村庄内的生活污水通过新建的污水管道排入环湖截污管道，同时将雨水排入现有的雨水沟，最终汇入滇池。在具体实施过程中，从干管检查井位置新建了截污支管，延伸至村庄内部。沿村庄道路开槽埋设了截污分支管，并从这些支管和分支管的检查井新建了入户管道，以便就近接入每家每户，从而实现从住户至污水处理厂的独立截污体系。

在设计过程中，充分考虑埋管可能发生的淤堵问题。在每户接入点新建了收污池，并在进口处设置了滤头。此外，在支管和分支管沿线也设置了检查井，以便于后期的运行管理、清淤和检修工作。住户房屋内的生活污水流入截污分支管，通过截污支管，再接入已建的滇池环湖西岸截污干管，最终流向污水处理厂进行处理，达到排放标准或进行循环利用。

（8）杨林港小组村前雨水沟、杨林港抽水房入水机沟、杨林港黑泥沟

杨林港排洪沟流域所涵盖的杨林港村已经完成了相应的雨污分流工程。杨林港村小组坐落于高海公路的西侧，居民住宅分布较为密集，村庄整体呈东西向布局，地势由西向东逐渐降低。在杨林港村小组内，共规划了一条截污支管，由于地形地势的限制，该支管被布置在村庄的较低地带，因此只能沿着高海公路右侧铺设，穿过涵洞，最终接入截污干管检查井。基于此，本次工程不再考虑其他方案。杨林港村小组此次截污工程的主要措施包括：在住户庭院内新建截污入户管道，将生活污水通过这些入户管道引入村内新建的截污分支管道，再通过分支管道将生活污水汇集至1号截污支管，最终通过截污主支管引入已建的滇池环湖西岸截污干管。

（9）观音山新砂子沟、观音山观山凹

在观音山新砂子沟及观音山观山凹流域范围内，观音山村的雨污分流工程已顺利竣工。该村庄的居民分布较为集中，整体布局呈现东南向趋势。地形特征表现为南部地势较高，北部地势较低，东北部地势较高，西南部地势较低。村民生活污水主要通过雨水沟渠以合流方式排出。这些雨污合流干渠呈网状结构，最终汇入滇池环湖西岸截污干管。

为适应村内地形走向及房屋建筑分布，观音山村小组规划并布置了四条截污支管。其中，1号截污支管左侧为私人用地，该支管沿新建排洪沟渠（位于114乡道左侧）铺设。2号至4号截污支管因村内房屋限制，沿村内主要道路及现有沟渠布置。最终，四条截污

支管（1号至4号）均汇入截污干管检查井，确保污水有效排出并处理。通过该工程，观音山村排水系统得到显著改善，居住环境得以优化。

此外，在观音山新砂子沟上游的黑荞母村，村庄的污水通过收集系统被送往三池进行处理。这些经过初步处理的污水随后流入落水洞，最终汇入新砂子沟，并流向滇池。然而，由于现有的三池处理设施效果并不理想，处理后的污水在进入下游后仍然对滇池的水质造成了负面影响。为了解决这一问题，本次工程计划在黑荞母村原有的三池位置新建一座现代化的污水处理设施。新设施将采用更为先进的处理技术，确保处理后的污水达到排放标准。处理达标后的污水将被排放到现有的坝塘中，不仅可以用于农田灌溉，还能有效减少对滇池水质的污染。

科学合理地选择合适的地点进行建设时，需考虑环境影响和自然条件，达到尽可能多地收集并妥善处理生活污水的效果。在此过程中，严格遵循四项基本原则。第一，必须认真贯彻执行国家关于环境保护工作的方针和政策，设计符合国家的相关法规、规范和标准。第二，在选择工艺流程时，采用在经济上合理、运转灵活、使用安全的先进技术。保障污水处理设施在长期运行中既高效又稳定，同时最大程度降低潜在安全风险。第三，节约投资、能源和土地使用并尽量减少运行成本。力求处理效果好的同时，实现经济效益最大化。通过优化设计和采用高效设备，达到节约目的。第四，引入先进的自动化控制系统，实现对污水处理过程的精确控制，减少人工操作频率和强度，保证生产运行管理的便捷性以及操作和维护的简易性，提高工作效率和处理效果。

以上措施，可以完善排洪系统，提升防洪沟的过流能力。

根据出水水质的具体要求，一类滇池保护区、水源保护地以及各类示范村的出水水质需符合《城镇污水处理厂污染物排放标准》（GB 18918—2002）中的一级 A 标准；二类沿江、沿河、沿路的建制村及居民小组的出水水质应达到 GB 18918—2002 标准中的一级 B 标准；三类半山区（水利条件较优）的居民小组出水水质亦须遵循 GB 18918—2002 标准中的一级 B 标准；四类半山区（水利条件较差）的居民小组出水水质则应满足 GB 18918—2002 标准中的二级标准；五类山区居民小组的出水水质执行 GB 18918—2002 标准中的二级标准。详细水质指标见表 5-34 所列。

表 5-34 基本控制项目最高允许排放浓度（日均值）

主要指标	一级标准 A 标准	一级标准 B 标准	二级标准
pH	6～9	6～9	6～9
生化需氧量（BOD_5）	≤10	≤20	≤30
化学需氧量（COD）	≤50	≤60	≤100

续表

主要指标	一级标准 A 标准	一级标准 B 标准	二级标准
悬浮物（SS）	≤10	≤20	≤30
总氮（以 N 计）	≤15	20	—
总磷（以 P 计）	≤0.5	1	3
氨氮（以 N 计）	≤5	≤8	≤25

本污水处理系统采用先进的 AAO 工艺（厌氧-缺氧-好氧工艺）结合沉淀池（化学除磷）以及过滤和消毒过程。水质排放标准为处理后的出水水质严格遵循《城镇污水处理厂污染物排放标准》（GB 18918—2002）中的一级 A 标准。具体的工艺流程如下：污水首先通过进水沟渠自流进入格栅，在这里拦截并去除污水中较大的固体杂质，随后污水流入沉砂池，以去除其中的砂砾；接着，污水进入 AAO 一体化处理设备，在这个生化处理段中，通过厌氧、缺氧和好氧三个阶段的协同作用，有效降低 BOD_5（生化需氧量）和 COD（化学需氧量），去除总氮、总磷和氨氮等污染物；经过生化处理后，污水进入深度处理阶段，包括二沉池和石英砂以及活性炭过滤罐，进一步进行泥水分离，去除剩余的悬浮物和微小颗粒；最后，经过滤和紫外线消毒处理，确保水质达到标准后进行排放[43]。

整个污水处理过程通过多级处理工艺，有效保障了处理效果的稳定性和可靠性，使出水水质达到国家一级 A 标准。通过这种综合处理方法，能够最大限度地减少对环境的影响，使污水经过处理后对水体的污染降到最低，从而保护了水环境的健康和生态平衡。

综合生活用水定额的确定是基于对居民生活用水需求的深入分析和科学计算。根据《用水定额编制技术导则》（GB/T 32716—2016）、《建筑给水排水设计标准》（GB 50015—2019）、《城市居民生活用水量标准》（GB/T 50331—2002）的相关规定，结合实际情况和参考数据，综合考虑了居民小组的日常生活用水需求。在综合评估了居民的用水习惯、生活标准以及地区气候等因素后，确定了居民小组的平均日综合生活用水定额近期为 90 升/（人·天）。

排污系数的确定是一个复杂的过程，它涉及建筑内给排水设施的完善程度以及排水系统的普及程度。排污系数的取值范围通常为 0.7~0.9，这个系数反映了在给定的用水量中，有多少比例的水最终会转化为污水排放到外部环境中。在本工程中，考虑到居民小组的具体实际情况和经济发展水平，经过综合评估和科学计算，最终确定排污系数为 0.8。这个系数的选取旨在确保污水收集和处理系统的设计合理，以满足居民小组的污水处理需求。

收集系数的确定与村庄内污水管网收集系统的覆盖面积密切相关。收集系数通常为 0.8~0.9，它反映了污水收集系统的效率和覆盖范围。在本工程中，考虑到农村基础设施的发展现状和未来规划,为了确保污水收集系统的有效性和可靠性,收集系数均取 0.9。这个系数的选取旨在确保污水能够被充分收集并输送到处理设施,从而减少环境污染,提高农村地区的整体卫生条件。黑荞母村污水处理设施水量的计算结果见表 5-35 所列。

综合生活污水量的确定可由下式计算。

$$A = Nmce \tag{5-8}$$

式中：A——项目服务区域综合生活污水量；

N——服务人口数；

m——综合生活用水定额；

c——排污系数；

e——收集系数。

表 5-35　黑荞母村污水处理设施水量计算

村庄	人口/人	综合污水定额（L·人$^{-1}$·d^{-1}）	污水量（m^3·d^{-1}）	设计规模（m^3·d^{-1}）
黑荞母村	762	90	49.37	50

根据白鱼口污水处理厂的进出水水质设计参数,村庄污水中的 COD 浓度设定为 250 mg/L。经过净化处理,出水水质须达到一级 A 标准,即 COD 浓度降至 50 mg/L。通过计算,得出 COD 削减量为 3.6 吨/年。这表明该污水处理厂每年能够有效减少 3.6 t 的 COD 排放,显著提升水质,保护环境。

（10）观音山竹盆大沟

观音山竹盆大沟流域涵盖观音社区白草村。该村庄已通过其他项目实施了雨污分流措施。然而,由于缺乏适当的管理和维护,上游村庄的截污工作尚未完全实现预期效果。因此,本次工程将重点对白草村进行截污处理。白草村的生活污水将通过新建污水管道排入环湖截污管道,雨水则排入现有雨水沟,最终流入滇池。预计从干管检查井位置新建截污支管,延伸至村庄内部。沿村庄内道路开槽埋设截污分支管道,再从支管、分支管检查井新建入户管道,实现从每家每户到污水处理厂的独立截污体系。

为应对可能出现的埋管淤堵问题,在每户接入口处新建收污池,并在进口处设置滤头。此外,在支管、分支管沿线设置检查井,便于后期运行管理、清淤检修。通过这样的设计,可保证截污系统的高效运行和长期维护的便利性。整个截污系统的流程如下:住户房屋内的生活污水→流入截污分支管道→汇入截污支管→已建滇池环湖西岸截污干管→污水处理厂,污水达到排放标准或进行循环利用,有效保护滇池水质。截污管道设计原则见小黑桥水库泄洪沟截污管设计。在该流域内,各村庄产生的污水通过专门铺设的截污管道,被集中输送到一条直径为 1 200 mm（d1200）的污水管道中。该污水管道沿环湖路铺设,确保污水能够顺利地被输送至白鱼口污水处理厂进行处理。

依据白鱼口污水处理厂的设计进出水水质标准，村庄污水中的化学需氧量浓度被测定为 250 mg/L。污水处理厂的处理目标是出水水质达到国家一级 A 标准，即出水中的 COD 浓度应降至 50 mg/L。为此，污水处理厂将采用一系列先进的处理技术，包括物理、化学和生物处理方法，以确保污水中的有机物质得到充分去除。通过计算，得出在处理过程中 COD 的削减量为 4.75 吨/年。这表明每年将有 4.75 吨有机物质被有效地从污水中去除，显著降低了对环境的污染负荷。这一削减量的实现，有助于改善湖泊的水质，并为周边生态环境的恢复和保护提供有力支持。白草村管道水力的计算结果见表 5-36 所列。

表 5-36 管道水力计算表

片区		服务面积 /km²	远期人口/人	综合污水定额/（L·人$^{-1}$·d^{-1}）	平均日流量/（L·s^{-1}）	综合变化系数	最高日最高时流量/（L·s^{-1}）	选用管径/mm
观音山竹盆大沟	白草村	0.16	724	90	0.78	2.7	2.11	DN300

为了让沟渠的水质得到充分地保护和改善，黑荞母村目前的养殖场建议搬迁。在搬迁工作正式实施之前，养殖场需要采取有效的污水处理措施，保证污水得到妥善处理，从而实现污水的零排放。这不仅有助于减少对环境的污染，还能提升整个村庄的生态环境质量。

（11）蒋凹老村云南水泥厂旁大沟排水沟、蒋凹村苗圃内大沟

蒋凹村苗圃内大沟的现状是蒋海段地势较低，导致蒋凹新村的污水无法通过重力自流进入截污管。为了解决这个问题，需要新建一个泵站，以便将蒋凹新村的污水通过泵站提升至截污管。泵站的建设位置选在了青茂园林已建的沉砂池内。为了减少大范围的开挖工程，提升管线将沿着蒋凹新村苗圃的灌溉沟穿至高海高速，并沿绿化带侧埋设。至于原西山特种水泥厂，需要对其新建清水通道，采用 DN300 HDPE 钢带缠绕管，沿厂区道路侧布置，横穿蒋海段公路后接入青茂园林基地内新建的沉砂池。通过沉砂池沉淀初期雨水后，排放至苗圃灌溉沟。

蒋凹老村云南水泥厂旁大沟排水沟之前并未进行截污处理。通过现场调查，发现主要问题在于排污较为混乱，污水主要来源于蒋凹老村居民的生活污水。因此，现阶段需要对村子的污水进行截污分离。蒋凹老村地势为东北高西南低，因此沿着村内主干道布置污水管，并在河道内沿河道方向布置截污干管。河道内截污干管采用 DN300 的 PE 管，而村子内道路上的污水管则采用 DN300 的钢筋混凝土管。截污支管沿村内道路布置，收集沿途居民的生活污水，并汇入截污干管。村庄南侧部分人家地势较低，针对流域范围内的 15 户人家，每户设置净化槽对生活污水进行处理，处理后达到标准进行农灌回用。最终，该

片区污水沿新布置的污水主干管向西汇入新村一体化泵站排出。根据白鱼口污水处理厂设计进出水水质，取村庄污水 COD 浓度为 250 mg/L；处理后出水标准为一级 A 标准，COD 浓度为 50 mg/L，计算得出 COD 削减量为 7.77 吨/年。蒋凹老村云南水泥厂旁大沟排水沟的管道水力计算结果见表 5-37 所列。

表 5-37 管道水力计算表

片区	服务面积/km²	远期人口/人	综合污水定额/(L·人⁻¹·d⁻¹)	平均日流量/(L·s⁻¹)	综合变化系数	最高日最高时流量/(L·s⁻¹)	选用管径/mm
蒋凹老村云南水泥厂旁大沟排水沟	0.241	1 185	90	1.28	2.7	3.45	DN400

5. 面源治理

目前，滇池西岸的 16 条沟渠小流域的大部分区域被农田所覆盖。在这些地区，农村面源污染主要来源于农村居民的日常生活和农业生产活动。这些活动产生的污染物包括农田中的土壤颗粒、氮素、磷素、农药、重金属以及农村禽畜的粪便和生活垃圾等有机或无机物质等溶解性或固体物质。在降雨和径流的冲刷作用下，这些污染物通过农田地表径流、农田排水和地下渗漏进入水体，导致水体污染。农村生活面源污染的来源主要可以分为生活污水和生活垃圾两大类。生活污水主要来源于农村居民日常生活所产生的污水以及农民养殖的畜禽排泄物。这类污染具有分布广泛、分散、来源多样、数量大且增长速度快等特点。生活垃圾来源于厨余、草木灰、植物残体等有机物可堆肥类，煤渣及建筑垃圾等惰性类，以及纸张、玻璃、金属等可回收再利用的废品。这类污染具有复杂化和高污染化等特征。

在处理农村生活垃圾问题时，应在农村地区设置专门的垃圾分类收集容器，积极推行生活垃圾分类收集措施。对于金属、玻璃、塑料等可回收垃圾，实施回收利用，减少资源浪费并保护环境；对于含有危险成分的废物，必须采取单独收集和处理处置措施，确保不对环境和人体健康造成危害。此外，必须严格禁止农村垃圾的随意丢弃、堆放和焚烧行为。对于无法纳入城镇垃圾处理系统的农村生活垃圾，选择经济、适用且安全的处理处置技术。在实施垃圾分类收集的基础上，可以采用无机垃圾填埋处理和有机垃圾堆肥处理等技术手段。对于砖瓦、渣土、清扫灰等无机垃圾，可以考虑将其作为农村废弃坑塘填埋、道路垫土等材料使用，这样既能有效处理这些垃圾，又能为农村建设提供材料支持。而对于有机垃圾，可以考虑将其与秸秆、稻草等农业废物混合进行静态堆肥处理，或者与粪便、污水处理产生的污泥及沼渣等混合堆肥。此外，有机垃圾还可以与粪便混合，进入户用或联户沼气池进行厌氧发酵处理，这样不仅能够有效处理有机垃圾，还能产生沼气等可再生能源，实现资源的循环利用。通过这些综合措施，可以有效地解决农村生活垃圾问题，促进农村环境的可持续发展。

小黑桥水库泄洪沟流域的耕地面积约为 0.76 km²，主要种植作物包括草莓和各类蔬菜。然而，由于化肥和农药在农业生产中的广泛使用，该流域的土壤、水体和空气均受到了一定程度的污染。鉴于面源污染的复杂性和治理难度，仅依靠单一的截污工程措施难以彻底解决问题。因此，必须坚持"长远规划、预防为主、防治并重"的基本原则，从源头减量、过程拦截、末端消纳三个关键方面入手，以减轻农村面源污染，提升沟渠水质，减少污染负荷进入滇池。

(1) 源头减量。

实施截污工程需要从源头减少污染物的产生。可将农村生活污水进行统一收集和处理，解决干湿沉降和地表累积污染物的就地拦截消纳问题；也可采用种植业化肥与农药减量技术，减少化肥和农药的使用量、推广秸秆和包装品的回收与资源化利用，将这些废弃物转化为有用的资源。针对农村分散畜禽养殖和农村固废问题，可以改变传统的养殖方式，采用生态养殖方式，加强对畜禽粪便以及农村固废的管理和无害化处理，减少露天堆放，从而降低污染的发生。

(2) 过程拦截。

在源头减量措施实施之后，仍然会有一部分污染物随着地表径流向下游迁移汇聚。为了拦截这些污染物，降低氮（N）和磷（P）等污染物向下游的迁移。可在水流迁移路径中的沟、渠和塘系统中采取建设生态拦截沟、拦水坝、透水坝，在沟渠底部修建拦水坎，建设微型生态池塘湿地等措施。

(3) 末端消纳。

将从农区出来的地表径流导入附近一个面积相对较大的池塘或天然湿地系统，再对出水进行进一步的净化处理，让地表径流在这里"转个弯"，得到进一步净化并达到要求之后再排入滇池。如果小流域出口没有合适的小型天然塘库湿地，也可以新建一个多级人工湿地系统，并根据自然条件在湿地中配置一定比例的水生植物，对地表径流实行进一步的净化处理。同时，可根据实际情况，对人畜粪污进行资源化利用，减少氮（N）和磷（P）的污染。

5.3.5 生态保护

应注重自然修复，通过恢复植被、保护湿地等措施，增强生态系统的自我修复能力。制定科学的管理计划和政策，实施综合管理，保证各项措施有效地执行。此外，还应加强沟渠治理，通过清理、疏浚等手段，改善水体的流动性和水质。通过合理规划和设计，提升片区景观，打造美观、生态、可持续的湖滨环境，有效改善小流域湖滨区域的生态环境，提升其景观价值。

1. 生态修复

（1）沟道修复

对于区域内较少受到人为干扰并且生态功能保持得相对较好的沟渠段落，可采取以预防保护为主的策略，避免任何可能对其生态环境造成破坏的行为，尽量减少人为的干扰活动。通过这种方式，这类沟渠能够继续保持其原有的生态功能和自然状态。

同时，对于区域内已经形成了硬质沟渠的河道，建议在具备相应条件的河道段，采取生态护岸的措施。生态护岸是一种恢复沟渠自然形态的工程技术，通过使用植被、石材等自然材料来替代传统的硬质材料，达到保护水生态环境的目的。通过这种方式，不仅能够改善沟渠的生态环境，还能增强其生态系统的稳定性和自我修复能力。

①护岸形式。

图 5-1 为采用植被护坡的示意图，主要分布在滇池南部的沿岸地带，紧贴着滇池的水面，河道周边的功能相对较少，主要以郊野农田景观为主导，空间开阔，视野较为宽广。为了进一步提升郊野景观的效果，可以通过种植两栖植物和建设生态滞留设施来实现。两栖植物的种植不仅能够美化环境，还能在一定程度上改善水质，增加生物多样性；生态滞留设施的建设则可以有效地控制雨水径流，减少水土流失，同时还能为野生动物提供栖息地，进一步提升整个区域的生态价值和景观效果。

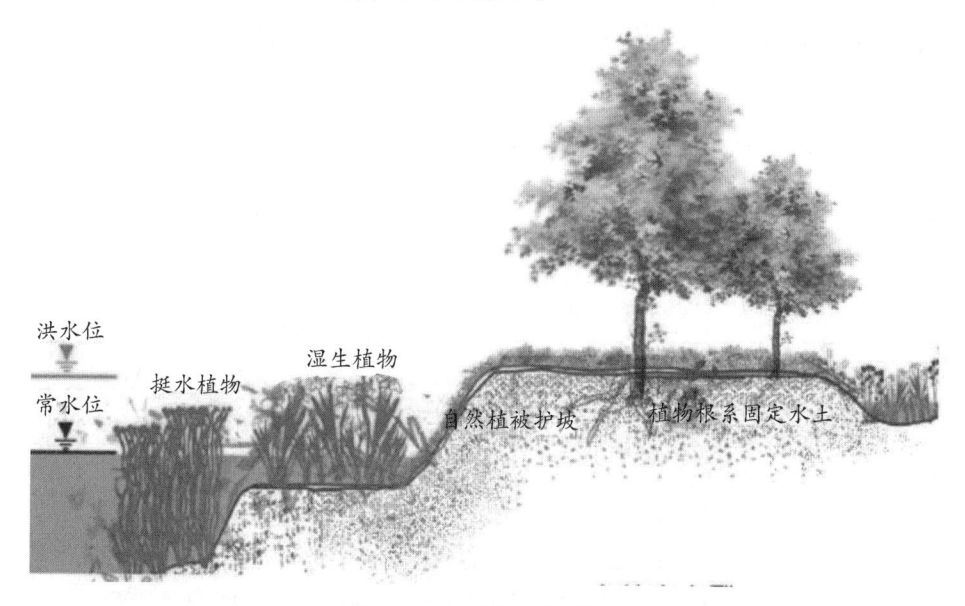

图 5-1　自然生态型堤岸 1

图 5-2 为采用石材等材料护坡的示意图，为实现滇池沿岸自然芦苇浅滩地带的生态保护，需选择地势相对平坦的区域进行布局。河道应以生态功能为主导，确保单位面积内人类活动的参与度保持在较低水平。通过修复和保护堤内自然浅滩系统，增加挺水植物的种植，以及采用生态型材质建设斜坡式堤岸，可有效促进堤岸生态联系。

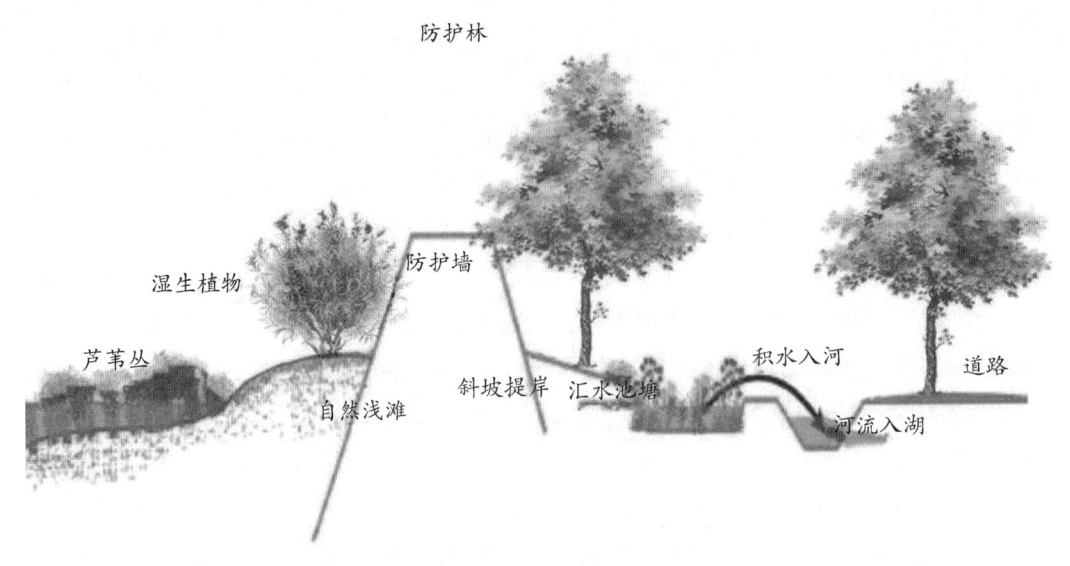

图5-2 自然生态型堤岸2

②堤岸材质。

在本次河道堤岸改造工程中，为确保改造工程的科学性和合理性，根据河道的水流速度、水位变化及地质条件等具体状况，谨慎选择最合适的松木桩、树根桩、干砌或浆砌块石、混凝土及其预制块、多孔混凝土、石笼以及土工合成材料等建筑材料，以提升堤岸结构的稳定性和耐久性，确保河道系统的整体安全与可持续发展。部分堤岸材质的优缺点与适用条件见表5-38所列。

表5-38 堤岸材质比选表

堤岸材质	优点	缺点	适用条件
钢筋混凝土	质量较易保证，强度高，防渗防冲性好，耐久性好	自重大，现场浇筑施工工序多，需养护，工期长。硬质堤岸通透性差，生态景观效果差	防冲刷要求较高的河段
石材	使用历史悠久，砖砌工艺成熟，施工便捷	墙体结构砖砌质量较难控制，导致结构整体性、强度、耐久性一般，改材质造价较高	有一定景观要求的河段
松木桩	既符合生态环境要求，又起到了保护作用，稳定性强	直立的桩身不利于两栖动物活动，水位变幅区圆木桩易腐蚀坏损	生态河道
生态石笼	抗冲刷、透水性强，网笼结构有利于生物栖息，与周围景观更加融洽	填石直径小，空隙狭小，无法作为体型较大水生动物的生存场所	生态河道

生态砌块堤岸（如图5-3所示）需要对护坡坡面进行彻底的整平处理，在整平后的坡面上铺砌各种生态砌块，这些砌块通常具有较大的孔隙率，能够有效地减缓水流速度，减少水流对坡面的冲刷作用，同时可为植物的生长提供良好的基础，从而达到保护坡面、防止水土流失的目的。通过这种方式，可以在护坡坡面上形成一个稳定的生态结构，既能够防止坡面土体的流失，又能够美化环境。这种生态砌块铺砌方法适用于坡面土体容易流失的区域。此外，对于沟渠水流流速较大（1.5～2.5 m/s）的情况，同样适用。

松木桩堤岸（如图5-4所示）是将一根根松木桩（也可以结合使用竹木篱笆和树根桩）按照一定的间距、排列方式打入堤岸的地基土壤中，依靠木桩自身的强度以及与土壤之间的摩擦力等相互作用，起到稳固堤岸、抵抗水流冲刷等作用。主要适用于一些小型河道、湖泊的岸边，松木桩被打入地下后，能够在一定程度上防止岸边的土壤因水流长期侵蚀而坍塌流失。在松木桩的顶部，可以设置压顶横梁，增加整体结构的稳定性和抗压能力。这种护岸方法特别适用于那些水较浅且土质较好的沟渠。在这些沟渠中，松木桩、竹木篱笆和树根桩能够更好地发挥固土和挡土的作用。且这些沟渠的水较浅，松木桩和竹木篱笆的结构能够承受较小的水流冲击力，从而保持稳定。同时，良好的土质也有助于桩和篱笆的固定，确保护岸工程的长期效果。

石笼堤岸（如图5-5所示）采用一种经过特殊工艺处理的涂膜钢丝，这种钢丝不仅具备一定的强度，还具有不生锈、防静电和耐腐蚀的特性。利用机械将这些钢丝编织成蜂巢状的格网箱笼结构。将花岗岩、石灰岩等岩石破碎成50～300 mm粒径大小的石块后填充于格网箱笼中，并按照一定的顺序垒砌起来，形成一道坚固的挡墙，填充后要保证石笼整体的密实性和稳定性。在一些有景观需求的区域，还可能会特意挑选外观相对规整、色泽美观的石块进行填充，兼具防护与景观功能。这种蜂巢格网箱笼挡墙适用于用地空间受限、石料资源丰富的沟渠两岸。通过结合墙体加筋技术，这种挡墙可以适用于大多数沟渠的地质条件。但是，对于那些淤泥质土质的承载力在120 kPa以上的沟渠，需要对基础进行适当的处理。石笼堤岸有着良好的透水性，水流可以透过石笼网和石料间的缝隙进出，使堤岸内外的水位能较快地趋于平衡，减小了因水位差产生的侧向压力对堤岸造成破坏的风险，并且有利于堤岸后坡的排水，保持堤岸土体的干燥和稳定。石笼堤岸的透水性特点为水生生物、两栖动物等提供了良好的栖息和繁衍环境。例如，鱼类可以在石笼的缝隙间穿梭、产卵，一些水生植物也能附着在其上生长，有利于维持水域生态系统的多样性。另外，石笼的外观随着时间推移，会因石块表面生长青苔等自然现象变得更具自然风貌，融入周边环境。

图 5-3　生态砌块堤岸　　　　图 5-4　松木桩堤岸　　　　图 5-5　石笼堤岸

（2）增加水动力

当前滇池西岸地区，共计 16 条沟渠在流经村庄后，特别是高海路至滇池段，普遍面临坡度较缓、受滇池回水顶托影响较大的问题。尤其在旱季，上游来水量减少或无来水，容易形成死水区，导致沟渠水质恶化。针对上游有水源的沟渠，计划在沟渠平缓段内增设滚水坝，以抬高上游水位，增加下游段流速，提升水动力，从而缓解因顶托导致的水流不畅和水质恶化等问题。

计划在沟渠下游靠近高海路的平缓地段断面处建设滚水坝。滚水坝断面采用直角梯形设计，砌筑材料选用 C25 钢筋混凝土。主筋将垂直嵌入基础，嵌入深度为 0.5 m，分布筋间距为 0.20 m。过水流量设计将参照由张志昌、李国栋、李治勤主编的《水力学　上册（第 3 版）》的相关规定，选用上游直立混凝土滚水坝作为设计参考。

流量的计算公式如下：

$$Q = mB\sqrt{2g}H^{1.5} \tag{5-9}$$

式中：m——流速系数。包含行近流速时，m 可由下式计算：

$$m = 0.403 + \frac{0.053H}{P_1} + \frac{0.007}{H} \tag{5-10}$$

若计算流量大于设计流量，则滚水坝满足过水要求。

滚水坝主要依靠自重等作用在坝体与基础胶结面上产生的摩擦力与黏聚力来维持稳定，抗滑稳定计算公式为

$$Kc = \frac{f\sum G}{\sum H} \tag{5-11}$$

式中：Kc——抗滑稳定安全系数；

$\sum G$——作用在上游墙体上全部垂直于水平面的荷载（kN）；

$\sum H$——作用在上游墙体上全部平行于水平面的荷载（kN）。

f——墙与地基之间的摩擦系数，参照《水工挡土墙设计规范》（SL 379—2007）中的系数选取。

根据《水工挡土墙设计规范》(SL 379—2007)选择滚水坝级别,根据土质地基基本组合情况计算抗滑系数。

(3) 生态处理

针对因条件限制无法彻底截污并进行补水,以及受到滇池回水顶托影响严重,导致水质较差的沟渠段,建议相关管理部门根据实地情况,科学规划并增加人工湿地、生态浮岛、生态护坡等处理设施。通过这些措施有效恢复生态流量,使水资源合理调配与利用,加强流域生态流量的统筹管理,从而逐步恢复水体生态基流。这种自然与人工相结合的方式,增强沟渠的自净能力,有效减少污染物的排放,从而逐步改善沟渠水质。在实施过程中,应持续监测水质变化,评估生态处理设施的效果,并根据评估结果适时调整策略,确保水质改善工作的顺利进行。同时,加强与流域内各方的沟通与协作,共同推动流域生态系统的保护与恢复工作,促进流域生态系统的健康与可持续发展。

①挂壁式生态处理设施。

为解决硬直驳岸河道水生植物生长条件不佳及河道自净能力不足的问题,本研究采用了挂壁式种植技术。该技术利用两栖植物的净化特性,有效改善沟渠水质。针对上游有水源的人工断面,在沟渠两侧设置挂壁式生态处理设施,并结合两栖植物配合种植,通过生物处理方式净化河道水质。挂壁式生态护岸是墙式生态护岸的一种变体。传统墙式护岸通常在河岸修建挡墙或板桩墙,适用于河道狭窄、地形受限的场合。由于挡墙需依靠自身重力抵抗水流冲刷和上侧压力,体积和重量较大,对地基承载力有一定要求,因此适用于地基稳定的河段,且高度一般不超过 5 m。墙式生态护岸根据使用的材料和构建方式,可分为木桩抛石、宾格石笼、预制砌块等多种类型(如图 5-6、图 5-7、图 5-8 所示)。与传统墙式护岸不同,墙式生态护岸通过使用不规则石块或预制空腔结构,使原本平直、硬化、单一的护岸形态转变为多孔隙、不规则、多样化的形态,从而改善了坡岸生境条件和水流流场。

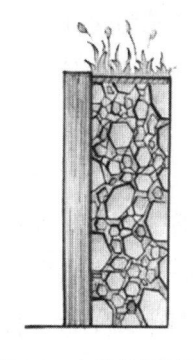

图 5-6 木桩抛石护岸　　5-7 宾格石笼护岸　　图 5-8 预制砌块护岸

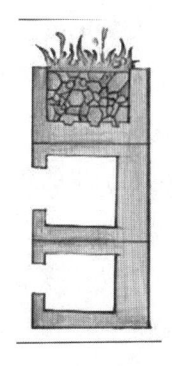

挂壁式生态护岸是一种创新的护岸技术,将原本需要逐个堆砌的护岸组件,预先制作

成一体化的预制件。这些预制件可以直接挂载或安装到平直的护岸表面上，改善施工的难度和速度。挂壁式生态护岸可以分为宾格笼式和水泥预制式两大类。宾格笼式护岸的优点在于其安装过程简便快捷，适应性较强，成本相对较低，重量轻便，便于维护和管理。但宾格笼式护岸的形态相对单一，可能无法满足多样化的生态需求。相比之下，水泥预制式护岸的优点在于其形态可以更加多样化，能够创造出多种类型的生境，同时还能有效调节流场，为水生生物提供更加丰富的生存环境。水泥预制式护岸需要根据河道的具体形态进行专门定制，重量较大，运输性能较差，安装时需要使用大型设备，因此其价格相对较高，维护成本也较大。水泥预制挂壁式生态护岸按照其形态和功能的不同，又可以细分为阶梯式、空腔式和复合式三种类型（如图5-9至图5-12所示）。

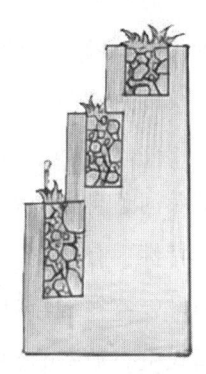

图 5-9　阶梯式1　　　图 5-10　阶梯式2　　　图 5-11　空腔式　　　图 5-12　复合式

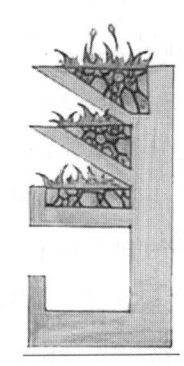

　　阶梯式护岸由多层可以盛放基质阶梯状的箱体组成，这些箱体有利于植物的定植，同时也可以为底栖动物提供适宜的生存空间。空腔式护岸则具有多层空腔结构，主要作为鱼巢使用，为鱼类和游泳底栖动物提供了一个安全的庇护所。复合式护岸结构更为复杂，将阶梯式和空腔式的特点结合起来，能够提供更为多样化的生态功能。

　　从对河道形态的影响来看，水泥预制挂壁式生态护岸可以分为平直式和波浪式两种。平直式护岸结构简单，对河水流场的影响较小，适用于需要保持水流平稳的河段。而波浪式护岸则具有独特的形态，占据的河道范围较大，安装难度较高，造价也相对昂贵，这种护岸能够形成多层复杂的波浪状结构，通过扰动河水形成复杂的流场，为各类水生生物提供高度异质化的生境。

　　挂壁式生态护岸的安装方式主要有挂钩式、桩式和锚式三种。挂钩式安装方式通过挂钩直接将护岸挂载在岸坡上，操作简便，但承载力相对较弱，适合于宾格笼式护岸。桩式安装方式通过直接依靠重力来稳固结构，这种方法要求河底非常平直或有较深的淤泥，适用于重量较高的护岸预制体。锚式安装方式通过在基岩或岸坡上打入固定钉，将预制件锚定在岸坡或基岩上，结构稳固，但施工需要专业器材，且预制件较难以进行拆除和更换，适用于大多数情况。

②两栖植物选择。

在实施生态修复治理工作时,必须依据具体地域特征及沟渠特有状况,采取针对性的措施。通过慎选适宜的生态修复技术,尽可能地构建一个接近自然状态、具有较长存活期的稳定植物群落,进而提升沟渠净化系统的稳定性。在沟道内水生植物的配置上,一般遵循从沟渠沿岸向水体依次配置挺水植物、浮叶植物和沉水植物的原则,这样可以增强水系净化系统的稳定性和提升物种多样性。可选择芦苇、荻、莎草、两栖蓼、水蓼、蕹菜、池杉、野稻、水芹、茭白、花叶美人蕉、再力花、泽泻、水葱、聚草、旱伞草以及多种蕨类的两栖植物。这些植物适应性强,能够有效地提升水质,为水生生物提供适宜的栖息环境。在恢复水生植物的过程中,应优先选择光补偿点低、耐污能力强、植株高大的植物作为先锋种,为其他物种的生长创造有利条件(如图5-13至图5-15所示)。

图5-13　植物景观效果图1　　图5-14　植物景观效果图2　　图5-15　植物景观效果图3

在选择植物的过程中,第一,优先考虑那些能够适应场地特定环境条件的乡土植物种类,使植物物种之间不会产生任何负面的相互作用,有效地维持和促进生态系统的平衡与稳定。通过这种方式,能够保护和增强本地生物多样性,同时减少对外来物种的依赖,从而降低对环境的潜在负面影响。第二,选择那些对径流污染具有强大净化能力并显著提升整个生态系统净化效率的植物品种,有效地减少污染物对环境的影响。第三,选择具有较强耐污染、适应并承受城市环境中的各种污染能力的植物品种,在面对较为严重的污染情况时,这类植物依然能够茁壮成长,并充分发挥其在生态系统中的重要作用。第四,优先考虑能够在土壤中形成稳定的根系,在每年的生长季节中迅速恢复的多年生植物,这类植物能够在多个生长季节中存活并持续生长,减少对频繁种植和移植的需求,降低长期的维护成本。此外,多年生植物有助于保持生态系统的稳定性,能够为土壤提供持续的有机质输入,促进微生物的多样性和活性。通过精心选择和搭配不同物种,有助于实现生态修复的多重目标,包括:改善土壤质量、增加生物多样性、促进生态系统的自我调节能力,提升生态群落的稳定性,提升景观的整体美感,增强美学价值和生态价值(如图5-16所示)。

图 5-16　生态小环境示意图

通过遵循上述基本原则，运用上述方法能够有效地开展生态修复治理工作。考虑水体的水质状况、水文条件以及周边环境等因素，选择适合本地环境的水生植物种类，合理配置植物群落结构，在特定环境中生长并发挥其生态功能，构建一个健康、稳定且具有高生态价值的水生植物群落。通过这些综合措施，能够促进水生植物群落的多样性和稳定性，提高其对水质的净化能力、提供更多生物栖息地。

（4）廊道、湿地及生态缓冲过滤带建设

在实施廊道、湖滨湿地及生态缓冲过滤带的恢复与建设工作时，必须严格遵循四个原则。第一，保护优先。在任何开发或修复活动中，保护自然环境和生态系统的完整性。第二，科学修复。采用科学的方法和技术手段，有效地恢复生态系统的健康和功能。第三，合理利用。在利用自然资源时，需充分考虑生态承载力，避免过度开发。第四，可持续发展。实现长期的生态平衡和社会发展。

将串联沟渠周围的绿地、湿地以及相关的漫步道和步行道等附属设施，通过沟渠水系的连通和滨水陆域的贯通，统筹沟渠及其沿岸陆域的生态廊道建设[44]。以实现滨水空间中不同生态系统之间的有效结合，营造一个多样化的生态环境。区域的恢复将有助于保护野生动物的栖息地和植物的生境，从而促进生物多样性的保护。通过一系列恢复与建设活动，可持续改善滇池的水质，有效维护和增强湖滨湿地及生态缓冲过滤带的生态系统结构和功能的完整性。这有助于发挥其生态、环境和景观功能并带来显著的社会效益。（如图 5-17、图 5-18 所示）

图 5-17　生态廊道 1　　　　　　　　　图 5-18　生态廊道 2

在生态廊道建设中，考虑到沟渠堤岸两侧各 5 m 区域内的植被、土壤和水文条件需得到妥善保护和管理，以保证生态廊道的连通性和生态功能的充分发挥。通过细致规划和科学管理，实现生态廊道的多重功能，包括生态保护、景观美化、休闲娱乐以及教育科研等，从而为当地社区和整个生态系统带来长远的利益。

在实施湿地及生态缓冲过滤带建设过程中，必须严格遵循六个基本原则。第一，应依据保护需求，设立专门的生态保育区域，使关键物种和生态过程得到妥善保护。第二，为实现生态功能的恢复与建设目标，应努力营造多样化湿地地貌类型，提供多样化栖息地和生态服务。第三，应选择适宜的方式对防浪堤、岸带、塘埂进行生态化处理，用于实现与滇池的连通性，使水体有效交换和生态流动。第四，通过合理布设塘库、导流及布水设施，以及塘、库和补水沟渠，满足水力负荷及停留时间要求，保障湿地净化功能的充分发挥。第五，对于含泥量较大的来水，应在进口处设置沉淀塘，使泥沙有效沉淀，减少对湿地系统的负面影响。第六，应依据原有基底条件和建设目标，合理配置陆生、湿生、水生植物，形成乔—灌—草复合结构，增强生态系统的稳定性和多样性。

为加强水体生态修复，可强化沿河湖园林绿化建设，通过种植多样化植物，营造岸绿景美的生态景观，逐步恢复全系列水生植物与生物多样性，从而恢复和增强河湖的自净功能，改善水质。这不仅能够提升环境美观度，还能为各种生物提供适宜的生存环境。

2. 鱼类资源栖息地保护

（1）滇池典型鱼种

滇池金线鲃（如图 5-19、图 5-20 所示）作为滇池地区特有鱼类的典型代表及指示物种，有着重要的生态与科研价值。该物种主要栖息于清澈的湖泊水域，偏好选择与湖泊相连的洞穴作为栖息地，但亦会频繁地离开洞穴，探索更广阔的水域。初夏时节，滇池金线鲃会开展繁殖活动，此时它们会游向湖边的岩洞泉水处产卵。其饮食习惯以小鱼、小虾及水生昆虫为主，偶尔也会摄食丝状藻、蓝藻以及高等植物碎片作为补充。

图 5-19　滇池金线鲃 1　　　　　　　　　图 5-20　滇池金线鲃 2

受多种人为因素的负面影响，1986 年，滇池金线鲃在湖体中已难觅踪迹，仅能在湖体周边及上游少数龙潭中发现其集群分布。鉴于其独特的生态地位和珍稀性，1989 年，滇池金线鲃被列为国家二级保护动物，在《中国濒危动物红皮书·鱼类》中被列为濒危等级。2008 年，滇池金线鲃被《世界自然保护联盟濒危物种红色名录》评为极度濒危物种。根据 2021 年调整的《国家重点保护野生动物名录》，金线鲃属全属鱼类（包括滇池金线鲃、靖西金线鲃、多斑金线鲃等）均被列为国家二级保护动物。

为恢复滇池金线鲃的野外种群规模，自人工繁育技术取得成功后，人们已向滇池投放逾 200 万尾鱼苗。期望通过人工增殖放流措施，提升野外种群数量，助力这一珍稀物种摆脱濒危困境，恢复其在自然生态系统中的应有地位。然而，滇池金线鲃放流十余年，由于龙潭、暗河的洄游环境被阻断，天然产卵鱼洞数量不足等因素影响，滇池金线鲃至今未能在湖体形成自然野生种群，仅在盘龙江中段有少量野生种群。滇池金线鲃野生种群目前仅在上游与湖滨少量鱼洞残存，这对滇池金线鲃种质资源保育和滇池生物多样性保护、恢复极为不利。长此以往，滇池金线鲃野生种群有萎缩和消亡的风险。

（2）区域内相关保护区情况

当前，针对滇池地区鱼类种质资源的管理与保护，已采取一系列官方管理措施。这些措施主要包括滇池国家级水产种质资源保护区的设立以及昆明市环滇池生态区保护规定中滇池鱼虾常年禁渔区的执行。滇池国家级水产种质资源保护区于 2010 年经农业部（现农业农村部）批准成立，保护区总面积为 18.653 km²，其中核心区面积为 18.32 km²，实验区面积为 0.333 km²。特别保护期定为每年 1 月 1 日至 5 月 31 日。该保护区位于昆明市，涵盖多个重要水域生态系统。项目片区内特别提及白莲寺龙潭保护区，范围以龙潭涌泉为圆心，半径 200 m 的区域。该区域主要保护对象为滇池金线鲃，其他保护物种包括昆明裂腹鱼、云南光唇鱼、云南盘鮈、昆明高原鳅、横纹南鳅、侧纹云南鳅、细头鳅和鲫鱼等。项目片区内涉及的滇池鱼虾常年禁渔区包括晖湾、西华湾。晖湾禁渔区涉及沟渠为晖湾一组旱秧地沟，而西华湾不涉及本次研究沟渠。这些措施旨在确保滇池地区鱼类种质资源得到有效管理和保护，维护生态平衡和生物多样性[45]。

5.4 施工组织方案

5.4.1 施工条件

1. 气候

昆明市西山区的气候特征属于典型的低纬度高原亚热带季风气候类型。该地区常年盛行西南风,平均风速为2.1 m/s。西山区大部分地区冬季无严寒,夏季无酷暑,春季早春暖,雨热同季。根据长期气象记录,西山区多年平均气温为15.8 ℃,七月平均气温为21.2 ℃,一月平均气温为8.3 ℃,最高气温为33.4 ℃,最低气温为−7 ℃。历年平均绝对湿度为12.8 毫巴,相对湿度为72%。年均雨日为136 天,霜日为63 天,雾日为10 天,日照时长为2 287 小时。西山区降水处于云南省中等水平,多年平均降雨量为963.3 mm。年际降水量不均衡,年内降水量变化幅度较大。冬春季节降水量较少,夏秋季节相对湿润。每年5—10月为雨季,降水量占全年总量的87.9%;而11月至次年4月为干季,降水量仅占12.1%。多年平均蒸发量为1 221 mm,干旱指数为1.1~1.7。西山区径流量,包括地表水和地下水,主要依赖大气降雨补给。径流量的年际和年内变化与降雨量变化具有较好的一致性。统计数据显示,5—10月径流量占年径流量的80.5%,其中7—8月水量最为集中,约占全年水量的41.2%。由于11月至次年4月降雨量较少,蒸发量较大,水资源量相应减少,水量仅占全年水量的19.5%左右。年最小流量一般出现在4—5月,尤其是4月份最为枯竭,其量仅占全年径流量的1.44%左右。受局部地形影响,径流量的空间分布不均匀,其分布规律与降水量的空间分布基本一致。

2. 工程位置及交通条件

本工程项目位于西山区滇池的沿岸地带,紧邻昆明市的主城区。施工期间的交通和运输条件相对较为便利。项目区域的大部分地区可以通过国道和乡村道路将施工所需的材料运输到施工现场。但在某些局部区域,需要设置临时的便道以确保运输的顺畅。在施工过程中,开挖的土方将主要用于回填工程,以减少材料的浪费。对于多余的弃渣,将被运送到白鱼口片区的小黑桥弃渣场进行处理。为了更好地规划和管理施工过程中的弃渣运输,对各片区的弃渣平均运距进行了详细的测量和计算(见表5-39所列)。这些数据将有助于合理安排运输资源,实现施工进度和环境保护的双重目标。

表 5-39 各片区弃渣运距表

片区	弃渣场	平均运距/km
白鱼口片区	小黑桥弃渣场	4.5
观音山片区	小黑桥弃渣场	12
西华片区	小黑桥弃渣场	19.5
富善片区	小黑桥弃渣场	23
碧鸡片区	小黑桥弃渣场	35

3. 建筑材料来源，水电等供应条件

该工程毗邻乡镇，在施工期间，部分电力需求可通过邻近乡镇的电力设施得以满足。对于远离乡镇的施工区域，配置柴油发电机供应电力。可利用山坡上的截水沟收集雨水或利用现有的调蓄池和坝塘进行就近取水，根据施工的具体需求安排施工用水，充分利用当地水资源并减少对远程水源的依赖。

5.4.2 建筑材料

在采购机电设备、金属结构及主要材料的过程中，本项目严格遵循既定的设计标准及要求，通过规范的询价和竞标程序，确保所采购物资符合技术规格。针对土料需求，主要涉及白草村的三座小型均质土坝，鉴于所需土料量较小，计划直接从库区进行清挖作业，以满足项目需求。混凝土制备方面，将采用 0.4 m³ 的搅拌机进行现场自拌，确保混凝土质量及供应的及时性。砂石料将从龙瑞石料场采购，以保障材料供应的稳定性。水泥、钢筋等主要材料将在昆明市区的合格供应商处进行采购，以确保材料质量及供应的可靠性。上述采购策略旨在确保工程顺利进行，同时严格控制成本并保证材料质量。各片区材料平均运距见表 5-40 所列。

表 5-40 各片区材料平均运距表

材料供应地	片区	材料平均运距/km	材料
昆明	白鱼口片区	41	水泥、钢筋
	观音山片区	34	水泥、钢筋
	西华片区	27	水泥、钢筋
	富善片区	22	水泥、钢筋
	碧鸡片区	10	水泥、钢筋

5.4.3 安全、文明生产措施

遵循"安全生产，预防为主"的核心原则，必须强化班组管理，巩固安全工作的基础，加大对习惯性违章行为的整治力度，致力于消除重大事故，最大限度地减少一般事故的发生。以安全文明生产为根基，确保各级领导切实担负起安全第一责任人的职责，让安全防护意识深入人心。坚持实施逐级事故控制责任制，实现安全工作的全面覆盖。务必确保必要的安全投入，购置必需的劳动保护用品和安全设备，以满足安全生产的需求。在施工过程中，施工单位应严格遵守施工作业规章制度和安全过程控制，对施工人员进行必要的安全教育和宣传。所有进入施工场地的人员必须佩戴安全帽，施工现场的洞、坑、沟、升降器、漏斗等危险区域应设置防护设施或警示标志。特别是人工挖（扩）孔桩作业，由于其为人力挖掘成孔，必须在确保安全的前提下进行。鉴于桩内空间狭小，劳动条件恶劣，稍有不慎，极易引发人身伤亡事故，因此必须予以高度重视。

此外，在工程施工期间，应加强交通管制，尤其在险要地段，要设置专职人员进行巡视，一旦发现异常情况，立即发出警示，以防止事故发生。施工单位在施工期间应严格遵守《水利水电工程施工通用安全技术规程》（SL 398—2007）及《水电水利工程土建施工安全技术规程》（DL/T 5371—2017），确保施工过程中的安全。

5.4.4 施工交通运输

在本项目施工开展之后，为了确保施工期间的交通顺畅和安全，需要制定一个全面的交通组织方案。这个方案应当综合考虑以下几个关键方面。

1. 交通规划

交通是否顺畅不仅要着眼于单个路段或路口的交通状况，还要综合考虑整个地区交通系统的整体运行效率，以及能否保证整个地区交通网络的高效运作。可通过细致的规划和考虑，制定与地区现有的道路交通状况相协调的交通组织方案，实现最佳的交通管理。通过合理设置交通标志、信号灯以及临时交通管制措施，保障所有道路使用者的安全。此外，还需要考虑施工期间的交通分流方案，合理引导车辆和行人绕行，避免交通拥堵和事故的发生。通过这些措施，可有效地保障交通的顺畅和市民的安全，从而实现交通组织方案的顺利实施。

2. 利用现有的道路资源

通过科学的交通流量分析和预测，合理安排交通流向，维持主要交通走廊的服务水平，使各个路段和路口的交通流量与其通行能力相匹配，保障交通畅通无阻。第一，对现有的道路资源进行全面的调查和评估，了解各路段和路口的通行能力，以及交通流量的现状。通过这些数据，分析出哪些路段和路口存在交通瓶颈，哪些路段和路口还有潜力可以挖掘。第二，利用先进的交通流量分析和预测技术，对未来的交通流量进行预测。提前了解未来的交通需求，从而提前做好交通流量的安排和调整。第三，通过调整交通信号灯的配时、设置专用的公交车道、优化交通标志和标线等方式，合理安排交通流向，实现确保各个路段和路口的交通流量与其通行能力相匹配。第四，通过加强交通执法、提高交通参与者的素质、推广智能交通系统等方式加强交通管理，确保交通畅通无阻。第五，通过利用相邻的次干道和支路进行分流，减轻重点路段的交通压力的方式疏导。通过这种方式，可以有效地分散交通流量，减少拥堵现象，确保交通的顺畅流动。

综上所述，在制定交通组织方案时，必须综合考虑地区交通的整体状况，充分挖掘道路资源潜力并采取有效的交通疏导措施，以应对施工期间可能出现的各种交通挑战。

5.5 施工总进度计划

5.5.1 工期安排依据

工程施工总进度安排需综合考虑多个因素，以确保工程顺利进行。重视开工前的准备阶段，与村庄相关部门进行深入的沟通与协调，使所有与道路使用相关的事项得到妥善处理、与村庄的道路使用协调工作能够顺利完成。为确保施工进度，密切关注天气等不可控因素，以防止其对工程进度产生不利影响，工程将采用两班制作业方式，以提高工作效率。

1. 施工机械化水平

工程将采用符合国内平均水平的机械设备。因工程临近村庄，居民众多，计划通过招标方式选择装备精良、经验丰富的施工队伍，提高施工质量和效率，尽量减少机械施工时间和噪声，减少对居民生活的影响，更好地维护村庄居民的生活环境。

2. 施工组织

工程主要涉及土建工程，工程点多、线长、面广，各项目专业性强，工期紧迫。因此，将根据分部工程的划分，实施分标招标与施工。在施工招标过程中，将特别重视选择具备强大施工能力和丰富经验的施工队伍。同时，将配备技术管理力量，严格执行项目法人责任制，并制定详尽的施工组织计划。

为确保工程顺利进行，应妥善处理当地关系及各工种的施工配合，加强现场管理监督，完善检查验收制度，确保工程资料的完整性和准确性。实施程序化施工与管理，分阶段确保按时、按质、按量完成工程项目。这不仅有助于保障工程的顺利进行，同时也能提升工程质量和效率。

5.5.2 施工进度安排

在实施工程项目施工过程中，必须全面考量工程的施工特性及条件，以便更精确地规划施工进度。为确保施工进度的合理性与高效性，借鉴了昆明市类似工程的相关资料，并对施工机械的生产效率及作业定额进行了深入分析。通过这些分析，确定合理的机械效率，为施工进度的规划提供了科学依据。整个工程的施工过程可细分为筹备期、施工准备期、主体工程施工期以及工程竣工期四个阶段。每个阶段均设有特定任务和时间规划，以保障工程的顺利推进。

1. 筹备期（30天）

在此阶段，主要任务包括完成工程招标设计文件的编制、开展工程招标投标以及合同谈判和签约等。这些任务是工程顺利进行的基础，因此必须在筹备期内完成，以确保后续工作的顺利进行。

2. 施工准备期（15天）

在此阶段，主要任务包括承包商进场后的临时房建、临时加工场地、临时堆料场地的平整以及水电供应等施工准备工作。这些准备工作是确保施工顺利进行的先决条件，因此需在主体工程施工期开始前完成。

3. 主体工程施工期（165天）

主体工程施工期是整个工程的核心阶段。在此阶段，计划开展主体工程的施工，涵盖土建、安装、装修等各项工作，以确保施工进度和质量。

4. 工程竣工期

在此阶段，核心任务在于执行工程验收及交付流程。主体结构施工任务一旦完成，将开展一系列验收程序，确保工程质量符合既定标准及要求。此过程包括对工程各组成部分进行细致的检查与测试，检验所有施工环节均遵循规范并满足设计及功能需求。验收工作通常需要多个专业和部门的协同合作，涉及多个方面的检查。所有验收环节均顺利通过，可进行工程的最终交付。在交付过程中，相关文件和资料将被整理完善，确保业主或使用者能够顺利接收并投入使用。整个竣工验收及交付阶段是确保工程质量的最终保障，对工程的长期安全稳定运行具有至关重要的意义。

整个项目的施工流程涵盖了项目从启动、规划、执行、监控直至最终收尾的各个阶段。通过周密的规划指导，工程项目的顺利实施得以保障。项目启动阶段将明确目标和范围，团队成员对项目目标有共同的理解。在规划阶段，将制定详尽的工作分解结构（WBS），明确任务的顺序和依赖性并合理配置资源，制定时间表和预算。项目执行阶段将遵循既定计划，使各环节符合预定标准和要求。同时，将建立有效的沟通渠道，保障信息的及时交流和问题的迅速处理。监控阶段将不断追踪项目进度，定期评估项目表现并根据需要调整计划以应对潜在的风险和问题。在项目收尾阶段，对项目成果进行验收和评估，总结经验教训，为后续项目提供参考。

5.6 管理机构、资金管理及人员编制

5.6.1 管理机构

在滇池西岸生态清洁小流域综合治理工程施工期间，应当由政府下属局行负责实施统一的管理。可成立一个专门的工程建设指挥部，该指挥部需承担起资金筹措、工程拆迁以及占地协调等重要职责。同时，还需对工程进度和工程质量进行有效控制，使整个工程建设过程能够有序进行，保障工程能够按照既定的质量、数量和时间要求顺利完成。在工程建设过程中，必须严格遵守国家的相关规定，实施建设施工的招投标制度和建设监理制度。建议配备4~6名专业人员，这些人员将负责项目的组织实施以及管理工作。

为了进一步加强整个项目的建设管理，确保工程建设的质量、工期、成本以及安全，计划采取以下一系列管理措施。

1. 在设计阶段

规范和标准是确保工程质量、保障公共安全的重要依据，必须严格执行国家现行的设计规范和国家批准的建设标准。在设计过程中，遵循因地制宜的原则，充分利用当地材料，这既有助于降低建设成本，又能促进当地经济的发展。另外，应当尽可能地采用标准化的设计方案，提高设计效率，确保设计质量的稳定性和可靠性。在满足或缓解淹水点需求的同时，应尽量节约投资，优化工程设计方案，以缩短建设工期。通过科学合理的规划和设计，能够有效控制项目成本，提高建设效率，确保项目的顺利实施。

2. 在项目实施阶段

依据工程设计的具体要求，进行全面且细致的总体规划设计，开展工程监督。这一过程中，监理制度扮演着至关重要的角色。该制度通过专业的手段和方法，对工程的投资、工期以及质量进行有效的控制。首先，监理制度有助于高效地利用工程的投资，避免浪费和成本超支。其次，对工程的工期进行严格的监督，使项目能够按照预定的时间节点顺利完成。最后，监理制度还将对工程的质量进行全面把控，使最终的工程成果符合既定的质量标准和要求。通过这样的管理方式，项目实施阶段能够有条不紊地推进，各项任务和目标能够得到有效落实。

3. 在项目竣工验收阶段

当工程按照事先批准的设计方案顺利完工后，项目单位有责任和义务编制一份详尽的工程结算报告以及竣工决算报告。这些报告需要全面反映项目的实际成本和财务状况，以便后续审核和验收。编制完成后，项目单位须将这些报告提交给专业的造价咨询单位进行细致的审核工作。造价咨询单位将对报告中的数据、计算和相关依据进行严格的审查，确保所有费用的合理性和准确性。审核通过后，项目单位还需要将报告及相关材料报请给相关的政府部门或主管部门，申请组织竣工验收。在此过程中，项目单位必须严格遵循国家关于工程建设项目竣工验收的各项制度和规定，确保整个验收过程的合规性和有效性。同时，项目单位还需要高度重视工程质量，严格遵守工程建设项目质量终身负责制的相关要求。这意味着项目单位及其相关人员对工程质量承担长期的责任，工程质量如果出现问题，将面临相应的法律责任和后果。通过这样的制度安排，可以有效促使项目单位在建设过程中注重工程质量，确保工程质量得到充分的保障和维护。

总之，在竣工验收阶段，项目单位必须认真履行职责，编制高质量的工程结算和竣工决算报告，并通过专业机构的审核，同时严格遵守相关验收制度和质量终身负责制，以确保工程质量达到国家规定的标准，为项目的顺利交付和使用打下坚实的基础。

5.6.2 资金管理

在国有企业资金管理与项目建设中，应严格按照既定的资金管理制度进行，始终注重投资效益的最大化。可采取一系列具体措施，确保资金的规范使用。首先，设立专门的账户，确保资金的独立性与安全性；指定专人负责，明确责任，强化管理。其次，坚持专款专用原则，防止资金的挪用与滥用。加强财务核算工作，提升资金管理效率。通过细化核算流程，完善核算体系，保证每一笔资金的流入与流出都能得到准确、及时的记录与反映。在此基础上，通过加强审计与监察工作，及时发现并纠正资金使用中的不合规行为，确保资金的合法合规使用。在资金安排方面，需合理安排资金，使项目建设的各项工作能够得到积极、充分、扎实的推进。通过制定详尽的资金使用计划，明确资金的使用方向与优先级，确保资金能够按需及时到位，满足项目建设的实际需求。最后，还可以实行项目法人责任制，项目法人作为项目建设的责任主体，对项目建设的全过程负责。通过定期向相关部门汇报项目建设的进展情况，并接受审计与监察部门的监督，确保项目建设的顺利进行与资金的高效使用。

5.6.3 人员培训

在项目的执行过程中，对相关的建设团队和管理人员进行系统而有计划的培训工作，使项目顺利执行并高效运行管理。人员培训的主要内容将包括以下四个方面。

第一，重点培训项目管理人员在项目规划和执行方面的专业技能。例如：如何制定详细的项目计划，如何合理分配资源以及如何在项目执行过程中进行有效的进度控制和风险管理。通过这些培训，管理人员能够更好地应对项目中可能出现的各种挑战，确保项目按计划顺利推进。

第二，对建设团队进行技术培训。要求工作人员掌握项目所需的关键技术和操作技能。包括对施工人员进行具体施工工艺的培训，对技术人员进行设备操作和维护的培训，以及对质量检测人员进行质量控制标准和方法的培训。通过这些技术培训，建设团队将能够更加熟练地完成各项建设任务，确保工程质量达到预期标准。

第三，重视团队协作和沟通能力的培训。项目管理不仅仅是技术和资源的管理，更是团队协作和沟通的艺术。通过培训，将帮助项目管理人员和建设团队成员提高团队协作能力，增强彼此之间的沟通和协调，形成一个高效协作的团队，共同推动项目的顺利进行。

第四，对项目管理人员进行领导力和决策能力的培训。项目执行过程中难免会遇到各种发情况和复杂问题，管理人员需要具备出色的领导力和决策能力，才能在关键时刻做出正确的判断和决策，带领团队克服困难，保障项目的顺利进行。

综上所述，通过在项目执行过程中对建设团队和管理人员进行有计划的培训工作，能够全面提升项目团队的专业技能、技术能力、团队协作和沟通能力，以及领导力和决策能力，使项目得以顺利执行和高效运行管理。

5.6.4 项目管理机构分工

1. 指挥部领导小组

领导小组的主要职责在于对整个工程的开展进行指导、督促和协调，同时，协调相关部门进行审查和审批工作。此外，领导小组还需要研究并解决工程实施过程中遇到的重大问题，保证工程能够按照既定目标和计划顺利推进。

2. 专家组、技术组

专家组和技术组的主要职责是对工程实施过程中的各项问题进行详细的技术审查，以保障工程的质量和安全。工作内容主要是提供专业的技术指导，帮助解决工程实施过程中遇到的技术难题，能够按照技术规范和标准顺利完成工程。

3. 项目业主

该项目的业主是滇池小流域政府部门局行，主要负责组织项目的可行性研究编制工作，确保项目的可行性和合理性。同时，政府部门局行还需要完成项目的立项报批工作，使项目能够获得相关部门的批准和支持，顺利启动。

4. 实施责任单位

滇池西岸生态清洁小流域所属政府下属局行作为实施责任单位，负责项目建设的具体实施工作。政府下属局行需要组织和协调各个参与方，确保项目的顺利进行。同时，政府下属局行还需要对项目的进度、质量和成本进行严格控制，确保项目能够按照预定计划和标准完成。

5.7 环境保护

5.7.1 环境保护有关规范及标准

1. 建设项目环境影响评价适用的技术规范

建设项目环境影响评价适用的技术规范包括：《建设项目环境影响评价技术导则　总

纲》(HJ/T 2.1—2016)、《环境影响评价技术导则 大气环境》(HJ/T 2.2—2018)、《环境影响评价技术导则 地面水环境》(HJ/T 2.3—2018)、《环境影响评价技术导则 声环境》(HJ/T 2.4—2021)。

2. 环境质量适用的国家标准

环境质量适用的国家标准包括：《环境空气质量标准》(GB 3095—2012)、《声环境质量标准》(GB 3096—2008)、《地表水环境质量标准》(GB 3838—2002)、《地下水质量标准》(GB/T 14848—2017)。

3. 污染物排放适用的标准

污染物排放适用的标准包括：《污水综合排放标准》(GB 8978—1996)、《城镇污水处理厂污泥处理处置技术指南》(2023试行)、《污水排入城镇下水道水质标准》(GB/T 31962—2015)。

5.7.2 环境影响分析

1. 施工期环境影响分析

(1) 大气环境影响分析

施工期间的环境空气影响主要来自管道开挖和铺设活动产生的扬尘，以及施工机械和运输工具排放的废气，这些因素共同作用，对大气环境造成了显著的影响。首先，在管道开挖和铺设过程中会产生大量的扬尘，这些扬尘会扩散到周围的空气中，对空气质量造成负面影响。其次，施工过程中使用的各种机械设备以及运输物料的车辆排放的二氧化碳、一氧化碳、氮氧化物和颗粒物等有害物质进一步污染大气环境。为了减轻这些影响，施工方需要采取相应的环保措施，如定期洒水降尘、使用低排放的机械设备、合理规划运输路线等，使施工活动对环境的影响降到最低。

①扬尘。

项目管道管沟开挖、运输车辆和管道铺设产生的扬尘等对沿线居民和学校的影响较大，为避免施工扬(粉)尘对沿线居民、学校等区域产生大的不利影响，使施工活动对周围环境空气的影响最小化，需在施工过程中严格执行一系列大气污染防治措施。根据《昆明市人民政府关于印发〈昆明市大气污染防治行动计划实施细则〉》及《昆明市人民政府办公厅关于进一步落实工地扬尘污染防治责任的通知》(昆政办〔2018〕27号)的相关规定，建设单位在村庄建成区及周边地区的工程建设施工现场，必须采取专业降尘措施。

主要可采取全封闭设置 2.5 m 高的围挡墙、施工围网以及防风抑尘网，严禁进行敞开式作业的方式。对于因道路宽度、交通流量等客观因素限制，无法设置挡板的情况，可适当调整，使扬尘污染得到有效控制。

具体措施包括五点。第一，对于在施工过程中临时堆放于沿线的回填土，建设单位应采取防尘网、篷布等材料进行遮盖临时覆盖措施，以减少因风吹日晒产生的扬尘污染。第二，项目施工单位应定期对施工场地进行洒水降尘作业，尤其是干燥、大风天气条件下，应加大洒水量及洒水次数，以防止扬尘的扩散。洒水次数应根据天气状况、施工强度等实际情况灵活调整，达到最佳的降尘效果。定期对通道进行清扫，以减少因车辆行驶产生的扬尘。第三，加强对通道周边环境的维护和管理，保证施工活动对周围环境的影响降到最低。第四，施工运输车辆在进入施工场地时，应低速行驶，减少因车辆行驶产生的扬尘。此外，施工单位还应加强对运输车辆的维护和管理，使车辆尾气排放符合环保要求。在物料运输过程中，为减少因物料洒落或风吹产生的扬尘对道路沿线的影响，车辆顶部应采用篷布等覆盖材料进行遮盖。同时，应加强对运输车辆的调度和管理，保障物料运输过程安全、有序。第五，在施工前，建设单位应在相关区域张贴告示，详细说明施工情况、施工时间、施工范围以及可能产生的环境影响等信息，便于周边居民了解并配合施工活动。通过加强与居民的沟通和交流，可以减少因施工活动产生的矛盾和纠纷。

本项目采用管道分段施工的方式，施工期相对较短。随着施工活动的结束，对环境的影响也将逐渐消失。在采取上述措施后，施工期大气污染物对环境的影响将得到进一步控制，施工活动对周围环境的影响可降到最低程度。

②废气。

由于施工期相对较短，作业范围也相对有限，因此施工过程中使用的机械和运输车辆排放的尾气量相对较少。这些尾气排放点随着设备的移动而呈现出不固定的方式排放，排放点并非固定在一个地方，而是随着设备的移动而变化。这些尾气在空气环境中经过一定的距离后，会自然扩散和稀释。由于排放量较小且经过自然扩散和稀释，因此对评价区域的空气质量影响不大。

③异味。

该项目在进行时需对现有沟渠进行清淤，底泥会被清理出沟渠，并堆放在沟渠边缘进行自然晾晒和蒸发干化。当底泥达到适当的干燥程度时，就会及时进行清理和外运，以避免在项目区域内长期堆放。在清淤作业期间，由于底泥中的有机物质分解和微生物活动，不可避免地会产生一些异味。这些异味是无组织排放的，且分布相对分散，因此对周围环境的影响相对较小。底泥的晾晒过程相对较短，整个清淤作业的时间也较短，异味的产生量相对较小。由于异味产生量小且通过自然扩散的方式释放，这些异味对周围环境的影响被进一步降低。在整个清淤作业过程中，未出现对周边居民生活造成显著干扰的情况。尽管清淤作业过程中会产生一定的异味，但由于其产生量小、扩散迅速且持续时间短，因此对周围环境的影响是有限的，并且在可接受的范围内。

（2）地表水环境影响分析

施工期间地表水环境影响主要来自施工废水进入农村现有污水系统。施工废水主要包括混凝土养护废水、底泥干化废水、基坑涌水、暴雨径流、管道闭水实验废水等。

①混凝土养护废水。

在建筑施工过程中，支墩、检查井及基坑等关键部位均采用了商品混凝土进行浇筑作业。为保证混凝土的质量与强度，浇筑工作完成后，须立即对混凝土表面进行覆盖处理，以有效保持其湿润状态，避免因水分过快蒸发而导致的干裂问题。特别是在炎热的夏季，还需特别注意防止混凝土遭受强烈阳光的暴晒，以免其内部温度急剧升高，进而影响整体强度。为达到理想的养护效果，施工单位会定期对混凝土表面进行洒水养护，使砼表面始终保持适当的湿润度。根据行业标准和技术要求，此养护过程需持续至少7天，使混凝土能够充分硬化并达到预期的力学性能。在养护期间，可能会产生少量的养护废水。为减小对环境的影响，这些废水会被集中收集到检查井或基坑内，利用自然蒸发的方式进行处理，避免废水外排造成污染。这种做法不仅符合环保要求，也体现了施工过程中的绿色、可持续理念，对周围环境的负面影响较小。

②底泥干化废水。

在沟渠的边缘，底泥正在经历自然的干化过程。为了有效处理和利用这些底泥，目前在每一段排水沟的末端都特别设计并建造了一个沉淀池。这些沉淀池的容积均为 5 m³，主要功能是促进废水中泥沙和悬浮物的沉淀。通过这种方式，废水中的固体颗粒得以有效分离，从而减少了对环境的污染。沉淀后的清水经过适当处理后，被重新利用于洒水降尘的作业中，而不是直接排放到外部环境中。这种做法显著降低了对周围环境的负面影响，同时也提高了水资源的利用率。

（3）雨天地表径流污染的影响分析

在进行项目土石方开挖的过程中，如果遇到强降雨天气，雨水会迅速在地表形成径流。这些地表径流会冲刷掉浮土和其他松散物质，形成含有大量泥沙和其他固体污染物的泥浆水。当这些泥浆水流入附近的水体时，可能会导致水体污染，使水质下降，影响水体的生态环境和使用功能。为了避免这种情况的发生，施工区域在雨天采取了一系列措施来减小对环境的影响。第一，通过排水沟和沉砂池对地表径流进行收集和沉淀处理，将处理后的水用于洒水降尘和混凝土养护等用途，确保雨水不会外排进入自然水体。第二，合理安排挖填方的工作量和工作进度，尽量避免在雨天进行大规模的开挖作业。通过科学的施工计划，使开挖和回填工作能够在天气条件较好的时候进行，从而减少雨水对施工区域的影响。第三，对回填砂石料进行有效覆盖，使用篷布或其他遮盖物防止雨水直接冲刷砂石料，减少泥沙流失。同时，覆盖措施也有助于防止风力将砂石料吹起，减少风力起尘现象。第四，及时清理和运输弃土，避免在施工现场堆积过多的弃土。通过及时清运弃土，可以减少雨水对弃土的冲刷作用，防止泥沙进入水体，同时也减少了施工现场的扬尘问题。

（4）地下水环境影响分析

在考虑地下水环境影响的背景下，施工期间并未产生明显的污染源。工程建设对地下水环境的影响主要体现在施工过程中对拟建管道沿线区域地下水水质的潜在影响上。

为了减小对环境的影响，项目施工期间产生的废水会被引导至沉淀池进行处理，处理后的水将被回收利用，用于项目的洒水降尘工作。此外，施工过程中产生的废弃土石方和建筑垃圾将被及时外运。对于需要回用的土石方，项目团队会采取设置篷布遮盖的措施，以防止土石方因雨水冲刷而随地表径流渗入地下含水层，从而避免对地下水造成污染。项目区域内没有地下水出露的泉点，管道沿线位于整个片区的排泄区。由于施工期间管道开挖深度不大，土石方开挖不会产生有毒有害的污染物，因此项目的施工不会对含水层产生较大的影响。此外，工程沿线没有居民打井取用地下水的情况，附近居民的生产生活用水均由自来水公司提供，因此施工期间不会对周围居民的生产生活用水造成影响。这些措施旨在确保在施工过程中对地下水环境的影响降到最低，同时保障居民的用水安全。

（5）声环境影响分析

①噪声源。

管道施工的作业时间主要在白天，此时可以确保施工人员的视线良好和安全。随着施工进度的推进，施工机械需要根据施工位置的变化进行相应的移动和调整。施工过程中产生的噪声主要来源于推土机、挖掘机、装载机以及运输车辆等机械设备。这些机械设备在运行过程中产生的噪声源强一般为 80 dB ~ 90 dB（A），属于较高水平的噪声污染。为了减少对周围环境和居民的影响，施工方通常会采取一些降噪措施，比如设置隔音屏障、合理安排作业时间等。

②噪声衰减预测模式。

噪声在传播过程中，会受到多种因素的影响，导致其在到达受声点时产生一定程度的衰减。这些因素主要包括传播距离、空气吸收、阻挡物的反射以及屏障等。随着传播距离的增加，噪声的能量会逐渐减弱，因为空气中的分子会吸收一部分声能，使其逐渐衰减。此外，阻挡物如建筑物、树木等会对噪声产生反射，从而改变其传播路径，进一步削弱其强度。屏障如隔音墙、绿化带等也能有效地阻挡噪声，减小其对受声点的影响。因此，噪声在传播过程中会受到多种因素的综合作用，导致其在到达受声点时有显著的衰减。

③施工厂界噪声影响分析。

在进行管道施工作业时,根据不同的施工内容和要求,使用的施工机械类型有所不同。为了准确评估这些机械在施工过程中产生的噪声对周围环境的影响,采用《环境影响评价技术导则　声环境》(HJ 2.4—2021)中所推荐的点源衰减模式来进行噪声预测分析。通过这种模式,可以计算出在施工机械满负荷运行状态下,其产生的机械噪声是如何随着距离的增加而逐渐衰减的。具体的预测结果和数据见表5-41所列,以便于相关工作人员和评估人员进行参考和分析。

表5-41　机械噪声和距离的关系表

施工机械	噪声源强/dB	不同距离处噪声强度/dB							
		5 m	10 m	15 m	20 m	25 m	30 m	90 m	120 m
挖掘机	95	81	75	71	69	68	66	57	54
装载机	90	75	70	67	64	62	60	51	48
推土机	86	72	67	63	60	58	56	48	45
压路机	87	72	67	63	60	58	56	48	45
摊铺机	87	73	68	64	61	59	57	48	45
吊管机	80	66	60	56	54	52	50	41	38

④敏感点噪声预测。

根据《环境影响评价技术导则　声环境》(HJ 2.4—2021)所推荐的叠加模式进行预测,考虑了在最不利的情况下,即所有声源同时作用时对声环境敏感点的影响。在这种情况下,选择管线周边200 m范围内的居民作为敏感点进行预测。为降低噪声影响,假设施工围挡的隔声效果为8 dB(A)。

根据预测结果,在最不利的情况下,工程施工将导致管道沿线敏感点后方的社区在昼间出现噪声超标的情况。项目施工期间,对项目沿线关心点的影响主要集中在第一排建筑。为了有效减小项目施工期间噪声对沿线关心点的影响,项目在施工过程中应采取一些措施。第一,在机械开挖作业时,应合理安排机械施工的时间。对于那些距离环境敏感点较为集中的特殊路段,应尽量采用人工开挖的方式,以减少大型设备的使用,从而降低噪声污染。第二,在本项目的沟渠施工沿线,应根据实际的道路状况和需求,合理设置围挡设施。施工团队需要仔细评估道路的宽度、交通流量以及其他相关因素,使围挡的设置既满足安全需求,又不会对交通造成不必要的干扰。某些路段由于道路宽度较窄或交通繁忙等原因,设置围挡会严重影响交通的顺畅运行,可以灵活调整方案,选择不设置围挡。这样的做法既能保证施工的安全性,又能最大限度地减小对周边交通的影响。第三,在项目的施工阶段,为了最大限度地减小施工过程中产生的噪声对周围环境的影响,建议选用低噪声型的施工机械设备，有效降低施工噪声，减少对周边居民和环境的干扰。这样不仅能够提高施工区域内的工作环境，还能增强项目的社会形象，提升公众对项目的认可度。第四，在进行项目施工的过程中，特别是在浇筑混凝土的环节，建议采用专业生产厂家预先搅拌好通过运输车辆直接送达施工现场的商品混凝土，这样不仅可以有效减少现场搅拌混凝土所带来的噪声污染，提高施工效率，而且混凝土的质量更加稳定和可靠，也符合现代建筑施工对环保和效率的要求。第五，根据昆明市人民政府令第72号《昆明市环境噪声污染防治管理办法》的规定，禁止在12时至14时、22时至次日6时期间进行建筑施工作业。因混凝土浇灌、桩基冲孔、钻孔桩成型等连续作业必须进行夜间施工的，施工单位应当在施工前三日持市建设行政主管部门的证明，到生态环境分局进行登记，并在施工地点以书面形式向附近居民公告。

通过采取上述措施，项目施工期间的噪声对周围环境的影响将得到有效控制，并且随着施工期的结束，这些影响也将随之消失，不会对周围环境造成长期的负面影响。

（6）施工运输影响

交通运输噪声主要与多种因素有关，其中包括汽车发动机的功率大小、车辆行驶速度的变化、车辆在行驶过程中的颠簸情况以及车流量的多少。发动机功率越大的车辆在运行时产生的噪声也越大；当车辆在行驶过程中速度发生变化时，其产生的噪声会比车辆在匀速行驶时更大；车辆行驶速度越快，引起的颠簸也会越剧烈，从而导致噪声越大。除此之外，在车辆鸣笛时，噪声水平会达到最高，甚至可以达到95 dB的强度。

在工程区的施工运输过程中，施工车辆主要依赖现有的道路进行运输作业。由于道路沿线分布着较多的居民点，因此运输车辆的运行对沿线居民的生活会产生一定的影响。为了减小这种影响，本次评价要求在施工过程中加强施工车辆的管理，确保车辆在行驶过程中减速慢行。同时，在城镇区域严格禁止车辆鸣笛，以减少噪声污染。此外，还应定期对施工车辆进行保养和检修，以保证其运行状态，最大限度地降低施工运输对沿线居民的影响。因为项目路段的施工期相对较短，所以施工运输交通噪声不会对周边居民造成长期的影响。随着施工期的结束和施工活动的停止，噪声影响也将随之消失。

（7）施工固废影响分析

在施工期间，会产生各种类型的固体废物，其中最主要的一种就是来自挖掘、平整土地以及建筑物拆除等过程中产生的多余土壤和岩石的废弃土石方。这些废弃物如果不妥善处理，不仅会占用大量土地资源，还可能对环境造成污染和破坏。因此，合理管理和处置这些废弃土石方是施工过程中不可忽视的重要环节。

①废弃土石方。

在进行项目开挖的过程中，所产生的土石方经过合理的回填利用措施后，确保了资源的最大化利用。对于那些在回填过程中多余的土石方，应及时安排运输车辆，将其运送到合法的消纳场进行妥善处置。严格遵守相关法律法规，坚决杜绝随意弃土、乱堆乱放的行为，以确保对周边环境的影响降到最低。

②施工垃圾。

在施工期间，针对产生的各类垃圾，应尽可能地采取回收利用措施。这一举措不仅能有效减少资源的浪费，还能显著减轻对环境的负担。对于无法回收利用的废弃物，可交由具备相应处理资质的专业单位负责，将其运送至相关管理部门指定的地点，并按照规范化流程进行妥善处置。这样可以最大限度地降低对周边环境的负面影响，确保环境的整洁与安全。

对于施工期间产生的固体废物，须采用科学的管理方法和文明的施工措施，并严格遵守国家环保法律法规及当地政府的相关管理规定。以确保项目在施工过程中产生的固体废物得到恰当处理。通过实施这些措施，有望实现固体废物处置率达到100%，从而避免对环境造成任何污染。同时，应持续监控和评估废物处理过程，使得所有环节均符合环保标准，推动可持续发展的目标实现。

(8) 生态环境影响分析

根据项目的工程特点进行初步分析，管沟的开挖作业会对原有的地面造成一定程度的破坏。在进行大量的土石方挖掘和填埋过程中，尤其是在强降雨的天气条件下，部分土壤和石块可能会被雨水冲刷，进而流入地势较低的区域以及附近的河道之中。这种情况在一定程度上会对周边的排水系统以及沟渠的正常运行造成影响。如果不采取有效的工程措施来防止水土流失，那么可能对当地的生态环境产生不良的影响。为了有效减少因开挖土石方而引起的水土流失问题，应及时对开挖出的土石方进行回填和清运。通过减少渣土的堆放，可以显著降低水土流失的风险。在开挖土石方的过程中做到及时回填和清运，以减少土石方的堆存时间。同时，在项目施工期间，合理安排土石方的堆放，并采取相应的覆盖措施，以防止水土流失。通过实施上述措施，可以确保土石方水土流失对环境的影响保持在较低的水平。

(9) 项目施工对社会、交通方面的影响

在本项目施工期间，对社会和交通的影响主要体现在四个方面。第一，施工过程中不可避免的开挖作业将会对现有的交通造成阻碍，导致原本顺畅的道路变得不畅。由于施工区域的限制，交通运输车辆不得不改道行驶或绕行，这将不可避免地导致道路上的车流量显著增加。这种增加的车流量会给周边居民的日常出行带来诸多不便，尤其是在上下班高峰期，交通拥堵的情况可能会更加严重。第二，为了最大限度地减少施工对交通的影响，施工单位应当积极主动地与当地的公路管理部门和交通管理部门保持密切联系。通过制定详细的施工计划和步骤，合理地进行分区和分段施工，可以有效地缓解对交通的影响。特别是在施工地点临近学校和其他公共设施时，施工单位更应重视设置临时便道，保证行人和车辆能够安全、顺畅地通行。同时，施工单位还应配备足够的交通警示标志，以提醒过往的车辆和行人注意安全。第三，在交通高峰期，施工单位应与交警部门合作，由交警进行现场疏导和调度工作，保障道路畅通。此外，对于那些交通特别繁忙的道路，施工单位应尽量避免在高峰时段进行施工，合理安排施工时间，以减少对交通的影响。同时，应尽量避开雨季，以确保开挖和回填工作能够在最短的时间内完成，减少施工对交通的干扰。第四，为了确保行车和行人的安全，施工单位应在施工作业区进行围挡，防止施工区域对过往车辆和行人造成潜在的危险。

通过这些措施，可以将施工对交通的影响降到最低程度。本工程的运输量并不大，并且运输并不集中，因此对城市交通的影响相对较小，这也有助于减轻施工期间对交通的干扰。

2. 运行期影响分析

本项目是一项改善生态环境的清洁小流域综合治理工程。在施工阶段完成后，将立即启动管渠的运行工作。在进行这些维护工作时，不可避免地会产生一些恶臭气味以及污泥等污染物。

（1）大气环境影响分析

在维护作业过程中，主要排放物为检查井口散发的异味气体。迅速完成维护任务，并在作业结束后妥善封闭井盖，能够最大限度地降低其对大气环境的负面影响。对周边大气环境的不良影响将被控制在较低水平。

（2）水环境影响分析

该项目在营运期间应不向水环境排放污染物。项目完成后，将有效优化片区排水系统，避免污水直接排入现有沟渠，实现清水与污水的有效分离。通过截流和削减污染物，项目将显著减小通过现有合流沟渠进入滇池的污染物负荷，进而有助于改善滇池水质并促进生态环境的恢复。

（3）地下水环境影响分析

为了确保项目在运营期间不会因为截污管网的渗漏而对地下水造成污染，在施工过程中采取了一系列的防渗措施，特别是在管网的接口处进行了特别的防渗处理。此外，在运营期间，加强对管网的巡查和检修工作，确保管网的正常运行，防止任何污水渗漏的情况发生。为了进一步确保地下水的安全，定期进行污泥清掏工作，并将产生的污泥及时委托给环卫部门进行专业处置，从而杜绝污水渗漏对地下水造成污染的可能性。

5.7.3 环境效益分析

经过对本项目进行细致的分析，项目竣工后，将对环境产生积极的影响。该项目将对片区排水系统进行优化，使雨水和污水能够有序排放，有效改善周边水环境和生态环境。这一改进将显著提升项目周边的居住环境和投资环境。随着房地产价值的提升以及配套服务设施（如学校、医院、宾馆等）的完善，周边居民的生活质量将得到显著提升。因此，项目的实施将对周边地区产生良好的社会环境效益。

5.7.4 结论及建议

1. 结论

本工程项目严格遵循国家产业政策的指导方针，与管道城市的相关规划高度契合，建设方案经过精心设计。项目的实施对于完善片区排水系统、提升地表水水体的水质具有极其重要的意义。通过切实执行本报告中提出的环境保护措施，可以保证工程建设过程中不会对环境造成不可逆转的负面影响。因此，在环境方面，本工程建设是完全可行的，不会受到任何环境因素的制约。

2. 建议

（1）环境管理计划

在工程施工期间，必须严格执行招投标制度和合同管理制度，工程项目的环境保护要求、环境保护设施的建设以及预期达到的环保效果都被明确地纳入招标文件和合同条款之中。这样可以让所有参与方都清楚地了解并承担起相应的环境保护责任和义务。建设单位应当安排1~2名专职人员，专门负责工程施工期间的环境管理工作和监督任务。这些专职人员的主要职责包括：监督施工单位在施工过程中采取有效措施，确保水土保持工作的顺利进行；对植被恢复工作进行严格监督，确保施工区域的生态环境得到妥善修复；同时，还要对施工噪声和施工扬尘进行有效控制，以减少对周边环境和居民生活的影响。通过这些措施，可以确保工程施工期间的环境保护工作得到有效执行，从而达到预期的环保效果。

（2）施工期环境监理计划

根据工程建设管理的相关规定和要求，项目业主在进行建设工程时，必须委托具备相应资质的施工监理机构来负责整个工程的监理工作。项目业主不能随意选择机构或个人来承担监理任务，而必须选择具备合法的资质和专业能力的施工监理机构。这样可以保障工程建设的质量和安全，使工程按照既定的标准和规范进行。在施工监理机构中，除了需要具备专业的技术和管理人员外，还必须配备相应的环境监理工程师。环境监理工程师的主要职责是监督和管理施工过程中可能对环境产生影响的各种活动，包括建筑施工活动、设备运行、材料使用以及废弃物处理等方面。环境监理工程师需要具备相关的专业知识和技能，能够有效地识别和评估施工过程中可能出现的环境问题并采取相应的措施来预防和减少对环境的负面影响。

通过配备专业的环境监理工程师，施工监理机构能够更好地履行其职责，保证建筑工程活动及其他相关活动在符合环境保护要求的前提下进行。这不仅有助于保护环境，减少污染，还能提升工程项目的整体形象，增强社会公众对工程建设的信任和支持。总之，项目业主委托具备资质的施工监理机构配备专业的环境监理工程师，是保证工程建设质量和环境保护的重要措施。

（3）项目竣工环境保护验收内容

在项目建设过程中，对环境的影响主要集中在施工阶段。在这个时期，环保设施的建设和使用显得尤为重要。为了确保环保设施能够有效地发挥作用，需在环保设施竣工验收阶段进行严格的检查和评估。但环境影响在施工期就已经开始显现，因此，环境影响的评估和管理必须在施工期间就进行。

此外，为了进一步确保环保设施的建设和使用能够达到预期的效果，施工单位还需要保留施工期间环保设施的影像资料。这些资料将作为环保设施竣工验收的重要依据。通过保留这些影像资料，可以在环保设施竣工验收阶段，对施工期间的环保设施建设和使用情况进行详细的回顾和评估，使环保设施的建设和使用能够达到预期的效果，最大限度地减小项目对环境的负面影响。

5.8 水 土 保 持

5.8.1 水土流失防治责任范围

本工程水土流失防治责任范围包括两部分：一部分是项目建设区，主要包括工程永久占地区、施工期间的临时占地区；另一部分是直接影响区，主要指工程施工及运行期间对未征、租用土地造成影响的区域。从各单项工程施工及运行情况进行分析：主体工程永久占地区中，由于沟渠两侧为临时占地，因此沟渠征地不计直接影响区；根据对类比工程的调查观测和分析，施工生产生活区产生的水土流失一般影响到场地外边界约 2.50 m，因此，按区域周边延外 2.50 m 作为直接影响区；根据对类比工程和本项目的现场考察可知，弃渣场两岸对周围的影响在征地范围外 5 m 以内，下游对环境的影响在 50 m 以内，据此确定本项目弃渣场直接影响区。

5.8.2 项目区水土流失预测

项目建设将会损坏原有的地形地貌和植被，同时施工活动会对原有的土体结构造成一定程度的破坏，导致土体抗侵蚀能力降低。因此，项目建设使区域内的土壤加速侵蚀，引发严重的水土流失。水土流失主要包括破坏原地貌造成的流失量、弃渣流失量、工程施工活动的水土流失量。

1. 水土流失预测时段划分及预测方法

通过对本工程建设和工程运行期间可能造成的水土流失情况分析，确定工程建设所造成的新增水土流失预测时段分为工程施工期和自然恢复期两个时段。

2. 预测内容

根据工程建设特点，水土流失预测内容主要包括四个方面：第一，工程施工过程中和移民安置过程中扰动原地貌、破坏植被的面积和破坏水土保持设施量；第二，可能产生的弃渣量；第三，新增的水土流失面积、流失量；第四，可能造成的水土流失危害及综合分析。扰动原地貌和破坏的植被主要发生在工程建设期，主要是项目征占地范围内的土地。

3. 损坏水土保持设施数量

通过实地勘查和对项目征地情况分析，对水土保持生物设施（林草覆盖率在50%以上）按占地面积每平方米一次性交纳补偿费2元。本工程占地中损坏的水土设施主要是林草地。

4. 施工区可能造成的水土流失总量预测

工程建设造成的水土流失量采用侵蚀模数法进行预测，工程造成的水土流失量预测采用的计算公式为

$$W_{1i,2i} = \sum_{i=1}^{n} (F_{1i,2i} \times M_{1i,2i} \times T_{1i,2i}) \times 100 \tag{5-12}$$

式中：$W_{1i,2i}$——工程施工期、自然恢复期扰动地表所造成的总水土流失量（t）；

$F_{1i,2i}$——各个预测时段各区域的面积（hm²）；

$M_{1i,2i}$——各预测时段各区域扰动后的土壤侵蚀模数（t·km⁻²·年⁻¹）；

$T_{1i,2i}$——各预测时段各区域的预测年限（年）。

n——水土流失预测的区域个数，包括主体工程占地区、施工生产生活区、施工道路、临时弃渣区和永久弃渣场等。

主要计算参数的确定采用类比方法。

5. 水土流失危害预测

项目占地面积较大，工程对区域生态环境的影响也较大。工程造成的水土流失如果不加以慎重处理，严重的水土流失对该地区生态环境造成的破坏是较大的。弃渣场的弃渣一旦出现滑塌，将会影响主体工程的安全，同时损坏周边的市政设施。因此，工程建设如果不采取完善的水土保持措施，将会产生大量的水土流失，严重危害市政设施和工程安全，影响沟渠行洪，造成洪涝灾害。

6. 预测结果和综合分析

工程建设产生的水土流失将会对市政设施、工程安全、土地等产生严重的危害。因此，必须及时编报水土保持方案（专题报告），根据不同情况采取相应的水土保持措施，使水土流失量降到最低程度，有效控制水土流失的危害，改善生态环境。

5.8.3 水土流失防治措施

1. 指导思想

根据《中华人民共和国水土保持法》《中华人民共和国水土保持法实施条例》以及有关的技术规范的要求，本项目水土保持方案编制的指导思想是坚持预防为主，防治并重，因需制宜，因害设防，使水土保持与工程建设安全紧密结合。采取综合措施（工程措施、植物措施、管理措施等），合理布局，有效防治因工程建设所产生的水土流失，把工程建设与水土流失治理、改善工程区域的生态环境结合起来。积极治理工程区内原生和新增的水土流失，改善项目区生态环境。

2. 布设原则

贯彻《中华人民共和国水土保持法》《中华人民共和国水土保持实施条例》以及《云南省实施〈中华人民共和国水土保持法〉办法》等国家和地方有关水土保持的法律法规。坚持"谁开发，谁保护，谁造成水土流失，谁负责治理"的水土保持原则。

结合本工程特点，从实际出发，坚持工程措施与植物措施相结合，认真贯彻"预防为主、保护优先、全面规划、综合治理、因地制宜、突出重点、科学管理、注重效益"的水土保持方针。

水土保持设施与主体工程同时设计、同时施工、同时验收，及早投产使用，以充分发挥其保水保土的作用。

合理利用土地资源，根据当地自然环境、社会环境及工程影响区的实际情况制定技术上可行、经济上合理、操作上可能的防治措施，做到投入少、效益大。

坚持水土保持与环境绿化、美化、园林化相结合的原则。

水土保持措施要具有针对性，因害设防，同时要以生态效益和社会效益为主，适当考虑经济效益。

充分利用主体工程已有的水土保持功能设施和实施条件，避免重复设计、设置。

5.8.4 水土流失防治措施体系和总体布局

项目区水土保持措施总体布局以施工期临时措施为主，有效预防工程施工期间的水土流失；自然恢复期以植物措施为主，实现工程建设造成的水土流失防治。在工程设计过程中，需充分考虑临时围拦挡、覆盖、排水、景观绿化工程等措施设计，工程完工后将形成较为完善的保护体系，有效地控制施工过程中各工程单元的水土流失，保证主体工程施工期及运营期的安全，并加强施工期间的监督管理。在工程施工"面"上，以工程措施和植物措施相结合，合理利用土地资源，改善项目区生态环境。

1. 水土保持管理要求

加强工程施工管理，严格按照工程设计及施工进度计划进行，减少土地裸露时间，施工开挖土石方直接用于填方工程或集中堆放，尽量缩短土石方的堆放时间，避免产生大量的水土流失。

基础开挖施工完成后，应及时进行回填，回填时应分层压实。

每完成一项工程，立即对施工场地进行清理并绿化，尽快恢复植被，减少水土流失。

严格控制施工范围，尽量减少施工对周边区域的扰动和占压，建设施工过程中散落的土石应进行清理。

建设单位在施工过程中应派专人进行定期检查，同时应加强后期场地及基础设施的绿化防护要求，对出现问题的措施应及时整改和补救。

2. 措施设计

首先，根据场地合理敷设明沟或盖板排水沟，将雨水引入周边水体。其次，对场地周围及场内开挖形成的边坡根据实际情况采取相应的防护措施进行防护，并在坡脚及场地内设相应的排水系统。再次，在场地主体建筑物周围及空地采取植树、种花草等绿化美化方式，提高土壤的抗侵蚀能力。最后，对施工场地表土剥离物进行临时堆存，采用土袋装土和无纺布覆盖并利用排水边沟、排水盲沟和围埝等设施进行防护。

5.8.5　水土流失监测

在工程建设期配备水土保持专职人员，负责组织水土保持方案的设计、方案实施及施工期间的水土流失监测。在工程运行期配备水土保持专职人员，主要负责对水土保持工程的管理及对工程运行期的水土流失监测。

1. 监测内容

水土保持措施施工前主要监测水土流失灾害和水土流失量，措施实施后主要监测水土保持效益。

2. 监测项目

（1）水土流失灾害和水土流失量的监测

主要监测可能产生的水土流失危害、可能产生的人工泥石流和洪涝灾害以及主要部位产生的水土流失量。

（2）水土保持措施实施后的效果监测

对措施实施后的各类防治措施效果、控制水土流失面积、改善生态环境的作用等进行调查分析。重点是对弃渣场、取料场和场外公路措施的防护效果的监测。

3. 监测方法

在工程建设期可结合工程施工管理体系进行动态监测。在项目运营期，采用定点监测，设立监测断面和监测小区，监测沟道径流及泥沙变化情况，从中判断弃渣场防护措施的作用和效果。

4. 重点监测地段和重点监测项目

本工程水土流失重点监测地段为弃渣场、取料场及场外公路两侧。水土流失重点监测项目如下。

在工程建设期，建设管理单位应配备专职人员负责水土流失监测工作，主要工作包括：监测弃渣场边坡的稳定及弃渣流失情况；在工程开挖地段，监测开挖时局部滚石和小规模崩塌或滑坡以及施工对周围生态环境的破坏等；在工程填筑地段，监测施工过程中的土石渣的流失，以及是否会造成人工泥石流或洪涝灾害等。

在工程运行期，主要监测水土保持措施的防护效果。监测施工区内的植物生长情况和生态环境的变化，监测弃渣场和施工道路采取水土保持措施的水土流失量等。

5. 监测时段、监测频次

水土保持监测时段分水土保持措施施工期和自然恢复期两个阶段，水土保持监测主要在施工期。各阶段的监测内容和监测频次见表 5-42 所列。

表 5-42 水土保持监测表

监测时段	监测内容	监测频率
施工期	对地貌、植被的扰动范围、扰动强度，弃土弃渣总量，持续 1 小时降雨量	从施工初期到施工结束，每季度监测一次。若施工期间持续降雨，降雨量达到 50 mm/h 时，增加一次监测
自然恢复期	植物种植成活率及林草生长情况、植被恢复情况、控制水土流失程度，水土保持设施防治效果	每半年监测一次，共监测 1 年

5.8.6 结论和建议

1. 结论

工程建设对水土流失的影响，可以通过工程和植物措施加以消除或减免，把工程对水土流失的影响降低到最小。因此，从水土保持的角度看，只要认真落实水土保持措施，沟渠综合整治工程对当地生态环境造成的影响不大，本工程的建设是可行的，也是必要的。

2. 建议

第一，建设单位要高度重视工程的水土保持工作，严格按照批准后的水土保持措施实施。

第二，在工程建设过程中要加强领导和管理，提高施工人员的水土保持意识，落实水土保持资金，确保水土保持方案的有效实施。

第三，在施工过程中要注重水土保持临时措施的实施，以最大限度地减少施工期间的水土流失。严禁随处乱堆乱排，要按指定地点的方式弃渣弃土。

第四，要注意对施工征地范围以外土地的保护，减少扰动、占压土地面积。

第五，建设单位要与当地水土保持部门及有关部门配合，听取当地水行政主管部门对水土保持工作的建议，并在实际工作中不断完善水土保持措施。

5.9 节能减排

5.9.1 法律法规和标准规范

本项目在节能减排方面参考的法律法规和标准规范包括《中华人民共和国节约能源法》、《中华人民共和国可再生能源法》、《中华人民共和国电力法》、《中华人民共和国建筑法》、《中华人民共和国清洁生产促进法》、清洁生产审核暂行办法（国家发展改革委、国家环境保护总局令第16号）、节能中长期专项规划（国家发展改革委资源节约和环境保护司〔2004〕2505号）。

5.9.2 节能减排背景

我国经济快速增长，各项建设取得巨大成就，但也付出了巨大的资源和环境代价，经济发展与资源环境的矛盾日趋尖锐，群众对环境污染问题反应强烈。这种状况与经济结构不合理、增长方式粗放直接相关。不加快调整经济结构、转变增长方式，资源支撑不住，环境容纳不下，社会承受不起，经济发展难以为继。

"十一五"期间，我国计划的节能减排目标是20%；根据我国政府向国际社会作出的到2020年单位GDP能耗降低40%~45%的承诺，"十二五"节能目标预计单位GDP能耗下降幅度不高于20%；"十三五"节能减排目标为到2020年，全国单位GDP能耗比2015年下降15%；"十四五"节能减排目标为到2025年，单位GDP能耗比2020年下降13.5%。因此，需要真正转变经济增长模式。我国的经济增长很大程度上得益于基础设施建设，因此，做好基础设施建设的节能减排控制工作，对国家完成严峻的节能减排目标是十分有益的。

5.9.3 节能减排措施

1. 污水管网建设工程节能措施

第一，综合考虑施工方法、管材、基础等方面，选用适合的新型排水管道管材。同时，科学设计高程，增加污水排放效率，节省投资。

第二，尽可能采用重力流方式，节省电能。

第三，充分考虑水量计算，合理设计管径及流速，防止因管道淤堵产生内涝及增加运维管理的难度。

第四，施工阶段合理开挖，充分考虑土方平衡，节省土方的运输及费用。

2. 电气节能

（1）变配电设备的节能

第一，根据用电负荷性质、用电负荷容量，选择合理的供电电压和供电方式。

第二，变配电所的位置要接近负荷中心，并减少变压级数，缩短供电半径，合理选择导线截面。

第三，控制受电端电压在允许电压的偏差范围内。

第四，单相用电负荷尽量均匀分配在三相网络中。

第五，合理设置集中与就地无功补偿设备。

第六，正确选择和配置变压器的容量、台数、运行方式，合理调整用电负荷，实现变压器的经济运行，同时选用节能型变压器。

第七，变配电设备配置相应的测量和计量表计。

第八，根据需要抑制非线性负荷产生的高次谐波。

（2）电动机的节能

第一，根据负荷特性合理选择电动机，采用高效率的电动机。

第二，风量、流量经常变化的负荷，采用电动机调速运行的方式进行调节。

第三，异步电动机在安全、经济合理的条件下，可采用就地补偿装置，提高功率因数，降低线路损耗。

第四，交流电气传动系统中的设备、管网和负载相匹配，达到系统经济运行，提高系统电能利用率。

第五，功率在 50 kW 及以上的电动机单独配置电压表、电流表、有功电度表等计量表计，监测与计量电动机运行参数。

3. 照明节能设计

照明节能设计就是在保证不降低作业面视觉要求、不降低照明质量的前提下，力求减少照明系统中光能的损失，从而最大限度地利用光能。照明功率密度值要符合国家标准《建筑照明设计标准》（GB/T 50034—2024）的规定。

第一，充分利用自然光，这是照明节能的重要途径之一。在设计中与建筑专业配合，做到充分合理地利用自然光，使之与室内人工照明有机地结合，从而大大节约人工照明电能。

第二，照明设计规范规定了各种场所的照度标准、视觉要求、照明功率密度等。要有效地控制单位面积灯具安装功率，在满足照明质量的前提下，选用光效高、显色性好的光源及配光合理、安全高效的灯具。

第三，使用低能耗、性能优的电子镇流器、节能型电感镇流器、电子触发器以及电子变压器等光源用电附件。

第四，采用各种节能型开关或装置，改进灯具控制方式，公共场所及室外照明可采用程序控制或光电、声控开关，走道、楼梯等人员短暂停留的公共场所采用节能自熄开关。

第五，合理选择照明控制方式，调节人工照明照度及加强照明设备的运行管理。

第六，气体放电光源就地装设补偿电容器。

第七，照明用电配置相应的测量和计量表计，并定期测量电压、照度和考核用电量。

5.9.4　节能管理措施

采用技术上可行、经济上合理以及环境和社会可以承受的措施，加强用能管理，尽可能减少从能源生产到消费各个环节中的损失和浪费，更加有效、合理地利用能源。在本工程实际运行管理中，积极监测水、电用量，并制定运行改善措施。具体表现为以下几方面。

第一，成立以工程部为主的节能领导小组，各部门均设置兼职节能管理员、配备能源计量器具。

第二，节能领导小组要经常研究能耗情况，并采取相应的节能措施。重视节能的重要性，让每位员工都要了解节能是工程管理的重要内容。

第三，工程部应进行每周、每月能耗统计并绘制成曲线表，以进行不同年份、不同月份的能耗比较。

第四，合理使用设备，使其最大限度地达到工作效率。如果发现设备异常，尽快进行技术整改，避免能源的浪费。

5.10　消防设计

5.10.1　编制依据

编制消防方案时，参照的依据包括《中华人民共和国消防法》办法（2022—2023年修订)、《中华人民共和国消防条例实施细则》（2022年）、《建筑设计防火规范》（GB 50016—2014）、《爆炸危险环境电力装置设计规范》（GB 50058—2014）、《建筑物防雷设计规范》（GB 50057—2010）、《火灾自动报警系统设计规范》（GB 50116—2013）、《建筑防火通用规范》（GB 55037—2022）。

5.10.2 编制原则

1. 防火消防，筑牢生态小流域治理根基

防火及消防措施在滇池西岸生态小流域治理工程中起着至关重要的作用。滇池西岸生态小流域治理工程涉及众多施工环节和区域，一旦发生火灾，不仅会对工程进度造成严重影响，还可能破坏周边生态环境，甚至危及人民生命财产安全。在施工过程中，可能会涉及电气设备的使用、焊接作业等，这些都存在一定的火灾风险。

2. 科学施策，提升工程整体安全水平

首先，制定严格的施工现场防火制度，明确禁止在施工现场吸烟、使用明火等行为。其次，对电气设备进行定期检查和维护，使设备安全运行。再次，在消防设施方面，可根据工程实际情况，合理配置灭火器、消防栓等设备并定期进行检查和维护，确保其在紧急情况下能够正常使用。最后，通过加强施工人员的消防安全培训，提高他们的火灾防范意识和应急处置能力。通过以上防火及消防措施，可以有效降低风险，提高工程的可持续性。

3. 多方协作，构建安全治理长效机制

首先，政府、施工单位等各方应协同合作，确保防火消防措施的有效落实。其次，政府部门应加强对工程的监管，定期对施工现场进行消防安全检查，对存在的问题及时督促整改。再次，施工单位要严格落实防火及消防措施，加强对施工人员的管理，确保各项措施得到有效执行。最后，还可以与当地消防部门建立联动机制，在发生火灾时能够及时得到救援。只有各方共同努力，才能构建起安全治理的长效机制，确保滇池西岸生态小流域治理工程的顺利进行。

5.10.3 防火消防需求

1. 工程重要性与生态意义

该工程对滇池生态保护具有重大意义。滇池是我国污染最严重的湖泊之一，其环保治理是我国流域治理工作的缩影。滇池西岸生态小流域治理工程通过对沟渠清淤、生态化改造、截污等措施，能够有效减少进入滇池的污染物，改善滇池水质，保护周边生态环境，为生物多样性提供良好的生存空间，同时也可以为当地居民提供更加优美的生活环境，促进区域经济的可持续发展。

2. 防火消防需求分析

（1）施工过程中的火灾风险

在施工期间，存在多种可能引发火灾的因素。一方面，随着现代化建筑技术的采用，施工现场的电焊、对焊机以及大型机械设备增多，电气设备的使用较为频繁，施工场地的用电量大幅增加，常常会造成过负荷用电。一些施工现场用电系统没有经过正规设计，任意敷设电气线路，容易导致电气线路因接触不良、短路、过负荷、漏电、打火等引发火灾。另一方面，焊接作业也是火灾风险的重要来源，施工现场会存在大量的电气焊、防水、切割等动火作业，这些动火作业使施工现场具备了燃烧产生的火源条件，一旦动火作业不慎，火星引燃施工现场的可燃物，就极易引发火灾。

（2）消防设施建设的必要性

建设消防设施对及时应对火灾至关重要。施工现场存有大量木材、油毡纸、沥青、汽油、松香水等易燃、可燃施工材料，还有刨花、锯末、油毡纸头等施工尾料，它们有的存放在条件较差的临建库房内，有的露天堆放，这使施工现场具备了燃烧的可燃物条件。因此，必须根据工程实际情况，合理配置灭火器、消防栓等设备，并定期进行检查和维护，保证设备在紧急情况下可以正常使用。

5.10.4 防火措施研究

1. 施工场地防火规划

施工场地的合理规划是防火的重要基础。应明确划分材料堆放区、作业区等不同功能区域。将易燃的木材、油毡纸等材料堆放在下风向且距离作业区一定安全距离处并设置在相对独立且远离火源的位置。作业区应保持整洁，避免杂物堆积，防止火灾蔓延。同时，在各个区域之间设置明显的防火标识和隔离带，在发生火灾时能够有效阻止火势扩散。

2. 火源管控措施

（1）电气设备管理

加强对施工电气设备的检查与维护至关重要。要定期对施工现场的电气线路连接牢固、无破损、短路等进行检查，消除隐患。对于老化的电气设备，及时更换，避免因设备故障引发电气火灾。施工现场设置火灾自动报警系统，使消防人员及时了解火灾采取的措施。施工现场建、构筑物的设计均根据其不同的防雷级别按防雷规范设置相应的避雷装置，防止雷击引起的火灾。在爆炸和火灾危险场所，严格按照环境的危险类别或区域配置相应的防爆型电器设备和灯具，避免电气火花引起的火灾。电气系统具备短路、过负荷、接地漏电等完备保护系统，防止电气火灾的发生。

（2）明火作业规范

明确焊接、切割等明火作业的操作规范是防火的关键环节。在进行明火作业前，必须办理动火许可证，并制定详细的动火方案。作业人员应具备相应的资质证书，严格按照操作规程进行作业。在作业过程中，要确保周围 10 m 范围内无易燃物并配备灭火器等消防器材，还要设置专人负责监护。切割作业时，须采用湿式切割等防火措施，防止火花飞溅引发火灾。

（3）易燃物管理

妥善处理施工中的易燃物是防火的重要措施。对于木材、油毡纸等易燃材料，采取遮盖、远离火源等措施。防止阳光直射和雨水浸泡，降低自燃风险。同时，将易燃物存放在专门的仓库内，并设置明显的警示标识。仓库内应配备消防器材，如灭火器、消防沙等，确保在发生火灾时能够及时进行扑救。此外，在施工现场要及时清理废刨花、锯末、油毡纸头等施工尾料，避免这些易燃物堆积引发火灾。

5.10.5 消防措施研究

1. 消防设施配置

（1）灭火器等小型消防设备

在滇池西岸生态小流域治理工程施工现场，应根据不同区域的火灾风险合理配置灭火器等小型消防设备。例如：在材料堆放区、作业区以及办公区等场所，按照一定的面积比例配备足够数量的灭火器。一般情况下，每 100 m² 的区域应至少配备 2 具灭火器。对于存放易燃物的仓库，应适当增加灭火器的配置密度，确保在初期火灾时能够及时扑救。同时，要定期对灭火器进行检查和维护，确保其压力正常、喷管无堵塞、灭火剂未过期等。此外，还可以在施工现场设置消防沙箱、灭火毯等辅助灭火设备，以应对不同类型的火灾。

（2）消防水源建设

消防水源是消防灭火的重要保障。在工程施工现场，可结合施工现场的实际情况，利用附近的河流、湖泊、池塘等自然水源，设置取水点和消防水泵，保证在火灾发生时能够迅速取水灭火和消防用水的充足供应。如果施工现场附近没有自然水源，可以考虑建设消防水池。根据工程规模和火灾风险评估，确定消防水池的容量。一般情况下，消防水池的容量应能够满足火灾延持续时间内的消防用水需求。同时，保证水质清洁、水位充足、水泵运行正常等，定期对消防水源进行检查和维护。

2. 消防应急预案制定

（1）建立健全消防应急预案

建立健全消防应急预案，明确火灾发生时的应急响应流程。成立应急救援指挥小组，负责火灾发生时的统一指挥和协调。指挥小组明确各成员的职责和分工，它主要由项目经理、安全负责人、技术负责人等组成。制定火灾报警程序，一旦发现火灾，立即拨打 119 报警电话，并向项目负责人和相关部门报告。明确火灾扑救措施，根据火灾的类型和规模，组织施工人员使用灭火器、消防栓等消防设备进行扑救。同时，要做好人员疏散和物资转移工作，确保施工人员的生命安全和工程物资的安全。最后，制定火灾后的清理和恢复措施，对火灾现场进行清理，消除火灾隐患，尽快恢复工程施工。

（2）人员消防培训

组织施工人员进行消防培训，提高其火灾应对能力。可以邀请当地消防部门的专业人员对火灾的预防、火灾发生时的应急处置、灭火器的使用方法等内容进行培训。通过理论讲解和实际操作相结合的方式，让施工人员掌握火灾应对的基本知识和技能。同时，要定期组织消防演练，模拟火灾发生的场景，检验施工人员的应急响应能力和消防设备的使用效果。通过消防培训和演练，不断提高施工人员的消防安全意识和火灾应对能力，为工程的顺利进行提供保障。

5.10.6 风险分析与应对

1. 风险识别

在滇池西岸生态小流域治理工程中,可能面临多种防火消防风险。例如:施工临时电气线路在长期使用过程中可能出现绝缘破损,导致短路起火设备故障方面的风险;灭火器压力不足、消防栓损坏等消防设备故障,导致火灾发生时无法正常发挥作用的风险;施工人员在施工现场吸烟、乱扔烟蒂或者违规进行明火作业,未做好防护措施等人为疏忽风险,都可能引发火灾。此外,雷击也可能导致电气设备起火,强风可能加速火势蔓延的自然因素风险。

2. 风险评估

对识别出的风险进行评估可以确定风险等级。设备故障引发火灾的风险等级较高,因为电气设备在施工中广泛使用,一旦出现故障,很可能引发严重火灾。人为疏忽引发火灾的风险等级也较高,施工人员的不规范行为往往是火灾的重要导火索。自然因素引发火灾的风险相对较低,但也不能忽视,尤其是在雷雨季节和大风天气。

3. 风险应对策略

针对设备故障风险,应定期更换老化设备和线路,加强对电气设备的日常检查和维护。每月对消防设备进行一次全面检查并及时补充灭火剂和维修损坏的消防栓。针对人为疏忽风险,要加强对施工人员的安全教育和培训,提高他们的防火意识。在施工现场设置明显的禁止吸烟标识,对违规吸烟和进行明火作业的人员进行严厉处罚。针对雷电等自然因素风险,要安装防雷装置,减少雷击引发火灾的可能性。在大风天气加强对施工现场的巡逻,及时清理易燃物,防止火势蔓延。例如:在雷雨季节来临前,对施工现场的防雷装置进行检查和维护,确保其正常运行;在大风天气,增加巡逻次数,每小时巡逻一次施工现场,及时清理被风吹散的易燃物。

5.11 劳动保护、职业安全与卫生

5.11.1 设计依据

本项目在劳动保护、职业安全与卫生设计方面参考的依据有《中华人民共和国劳动

法》、《建筑设计防火规范》(GB 50016—2014)、《爆炸危险环境电力装置设计规范》(GB 50058—2014)等。

5.11.2 主要危害因素

本项目的劳动安全主要风险因素可划分为两大类：第一类为由自然条件引发的风险及不良影响，通常涉及地震、不良地质条件、雷电、暴雨等现象；第二类为生产活动中产生的风险，如有害粉尘、火灾及爆炸事故、机械性伤害、振动与噪声、触电事故以及高处坠落和物体碰撞等。

1. 自然危害因素

（1）地震

地震是一种极其强大的自然现象，可能对建筑物和构筑物造成巨大的破坏。地震的影响范围广泛，不仅对房屋、桥梁、道路等基础设施造成严重损害，还可能威胁到各种设备的正常运行和人员的生命安全。

（2）暴雨和洪水

暴雨和洪水的侵袭对市政管网的安全构成了严重的威胁，可能引发局部地区的内涝现象。

（3）雷击

雷击是一种自然现象，具有强大的破坏力，可能对建筑物、基础设施以及各种设备造成严重的损害。当雷电击中某个物体时，瞬间释放的巨大能量可能导致结构的崩塌或设备的损坏。此外，雷击还可能引发火灾，因为高温的电弧会点燃周围的易燃物质，导致火灾事故的发生。在某些情况下，雷击还可能引发爆炸事故，当击中的物体包含易燃易爆物质时，后果将更加严重。尽管雷击的发生概率并不高，且作用时间极其短暂，但其破坏力巨大，会对人们的财产和生命造成不可挽回的损失。

（4）不良地质条件

不良地质条件对建筑物和构筑物的破坏性影响是相当显著的，有时甚至会危及人们的生命安全。在同一个地区，这些不良地质因素对建筑物和构筑物的破坏作用通常只会发生一次，这种破坏作用发生的时间并不会持续太久。

（5）风向

风向在有害物质的传播过程中起着至关重要的作用，当人们处于有害物质来源地下风向时，这种影响尤为显著，甚至可能对健康和安全造成极大的威胁。因此，在面对有害物质的扩散时，必须高度重视风向的影响，以确保人员的安全。

尽管由自然环境中的各种因素所引起的地震、洪水、台风等危害往往是不可避免的，但可通过采取一系列早期预警系统、加强基础设施建设、制定应急预案以及提高公众的防灾减灾意识等科学合理的防范措施，有效地减轻这些自然危害因素对人员、设备以及其他财产可能造成的伤害或损坏，降低自然灾害带来的负面影响，保障人们的生命财产安全。

2. 生产危害因素

（1）高温辐射

当工作场所的高温辐射强度超过 0.07 W/cm^2 的阈值时，人体可能会因为过热而产生一系列生理功能的变化。这些变化会导致人的体温调节系统失去平衡，进而引发水盐代谢的紊乱。这种紊乱会对人体的消化系统和神经系统产生负面影响，导致消化功能和神经反应能力下降。具体表现为注意力无法集中，动作的协调性和准确性显著降低，从而大大增加了发生事故的风险。在这种高温环境下，工作人员需要特别注意自身的身体状况，采取适当的防护措施，以确保安全和健康。

（2）振动与噪声

鼓风机等设备振动能使人体患振动病，主要表现在头晕、乏力、睡眠障碍、心悸、出冷汗等。噪声除损害听觉器官外，对神经系统、心血管系统亦有不良影响。长时间接触，能使人头痛头晕、易疲劳、记忆力减退，使冠心病患者发病率增多。

（3）火灾爆炸

火灾是一种极为剧烈的燃烧现象，一旦失控且无法得到妥善控制，便可能演变为一场灾难性的火灾。火灾一旦发生，通常会带来严重的后果，不仅会对财产造成巨大损害，还可能导致众多人员伤亡。爆炸现象同样极具破坏性，它通常伴随着迅速的化学反应，释放出大量能量与热量。在爆炸发生之际，它不仅能够瞬间摧毁周边的建筑物与设施，还可能造成严重的人员伤亡。爆炸事故的后果同样令人震惊，不仅会对周边环境及财产造成巨大损失，还可能带来人员伤亡。无论是由化学反应、气体泄漏还是其他原因引发的爆炸，其破坏力都不容忽视，需引起社会各界的高度关注与防范。

（4）其他安全事故

触电事故、碰撞事故、坠落事故以及机械伤害事故等都是可能导致人身伤害的危险情况。这些事故在严重的情况下，甚至可能造成人员死亡。

5.11.3 劳动保护措施

1. 施工场地的选择

在进行施工场地的选择时，必须严格遵守相关的规范和标准，确保所选场地能够最大限度地减少可能受到的自然灾害的影响。对本项目而言，需注意水毁工程和河道恢复这两个部分，因为它们最容易受到自然灾害的侵袭。因此，在选择这两处施工场地时，要确保场地不会位于滑坡体的下方，以避免潜在的滑坡风险。这样才能确保施工的安全性和工程的顺利进行。

2. 防雷与抗震

为了有效预防和减少雷击事件可能带来的破坏和损失，针对工艺装置区内的第二类建筑物和构筑物，严格按照相关规范和标准的要求，采取一系列有效的措施来防止直击雷和感应雷的侵害。对相关建筑物和构筑物进行细致的评估和设计，采取相应的技术手段来减少雷电感应带来的潜在风险，确保能够抵御雷电的直接打击。此外，为了进一步保障生产安全，对处于爆炸和火灾危险环境中的设备和管道实施专门的防静电接地措施，确保在生产过程中产生的静电能够安全地导入地面，避免静电积累引发的火灾或爆炸事故。

在防震方面，本工程充分考虑了地震可能带来的危害，并在工艺和建筑设计上采取了一系列抗震措施。在工艺方面，对地震烈度进行详细的分析和计算，评估地震对设备振动的影响。基于这些分析结果，对设备进行强度设计，保证在地震发生时能够保持结构的稳定性和功能性。同时，对设备底座进行了加固处理，以提高其抗震性能，设备在地震发生时不会因振动过大而损坏或移位。

在建筑设计方面，严格遵循规范规定，对所有的建筑物和构筑物进行抗震设防。根据地震烈度的评估结果，按照地震烈度Ⅷ的标准进行设防设计，确保建筑物和构筑物在地震发生时能够承受相应的地震力，最大限度地减少地震对人员和财产的损害。

3. 绿化及卫生设施

本项目在建设过程中会占用一些临时场地，这些场地大多属于公共用地范畴。为了公共利益和环境的可持续发展，在项目施工结束后，相关责任方应对这些场地进行迹地恢复工作。恢复工作将严格按照原有公共用地的功能进行，以保证场地能够重新为公众提供原有的服务和便利，恢复其原有的使用价值和生态功能。同时，根据《工业企业设计卫生标准》的相关要求，在进行水毁工程、河道恢复工程等建设过程中，相关责任方应根据实际需要设置相应的卫生用房,为施工人员提供必要的卫生设施,保证人员的健康和安全。卫生用房的设置将符合相关卫生标准,以满足施工过程中可能出现的各种卫生需求,保障工程的顺利进行和施工人员的生活质量。

4. 预防不良地质条件的影响

为让建筑物和构筑物在建设过程中能够抵御或避免由不良地质条件所带来的潜在破坏风险,建筑设计阶段须采取基础加固等措施。在选择建筑场地时,应充分考虑地质条件,尽量避开那些存在不良地质现象的断层、滑坡等地段,以减少地质灾害对建筑物的潜在威胁。此外,可以采用换填法和强夯法等技术手段,通过改善地基土的物理和力学性质来提高其承载能力,防止建筑物在使用过程中发生不均匀沉降。在某些情况下,如果地基条件特别复杂或承载力要求较高,还可以考虑采用桩基技术,将建筑物的荷载传递到更深、更稳定的土层中,增强建筑物的稳定性和安全性。总之,通过综合考虑地质条件和采取相应的加固措施,可以有效地防止或减少不良地质对建筑物的破坏,保障建筑物的长期安全和稳定。

5. 施工安全

工程执行管理单位及各施工单位必须设立独立的安全保卫机构和安全保卫人员,并应经常对施工及管理人员进行劳动安全教育。在施工期间,各单位安保员应经常在施工现场巡视,消除安全事故隐患,保护施工人员、施工设备和施工材料的安全,防止盗窃及其他各类刑事案件的发生。

在施工现场,管理人员和技术人员都必须严格遵守安全规定,佩戴安全帽,保障每个人在工作过程中能够得到最基本的头部保护,防止意外伤害的发生。此外,各个参与施工的单位和企业应当负责为员工配备必要的劳动保护用品,保障工作人员的安全和健康。除了安全帽,各单位还应当配备干粉灭火器等消防器材。这些消防设备在紧急情况下能够有效地扑灭火源,防止火灾事故的发生,从而保障施工现场人员的生命安全和财产安全。配备齐全的消防设备是每个施工单位应尽的责任,也是施工现场安全管理的重要组成部分。

在施工过程中,所有机械设备的危险部位必须配备相应的固定的防护罩、可移动的隔离栏杆或其他形式的防护隔离装置,防止人员直接接触到机械设备的危险部分,避免潜在的伤害和事故。这些保护设施需经过严格的设计和测试,增强可靠性和有效性。

施工现场应设置各种详细的标志牌、护栏等安全保障措施。标志牌上明确标注安全警示和操作指南,提醒工人在施工过程中需要注意的危险区域和安全操作规程。在施工现场的各个关键位置安置护栏,以防止工人意外跌落或被机械设备碰撞。

在施工过程中，必须严格遵守相关的施工规范并按照既定的程序来进行。这意味着每一个施工步骤都需要按照标准操作，保证施工质量和安全。从准备工作到具体施工，再到最后的验收环节，每一个环节都必须按照规定的程序进行，使整个施工过程顺利进行并保证最终的工程质量。

施工过程中，严格加强沿线原有建筑物和构筑物的保护工作，使原有的建筑物和构筑物不会因为施工活动而受到损害。无论是施工机械的操作，还是施工材料的运输和堆放，都必须严格遵守相关规定，以防止对沿线原有建筑物和构筑物造成任何形式的破坏。施工团队应定期进行检查和评估，确保各项保护措施得到有效执行并及时发现和解决可能出现的问题。通过这些细致入微的保护措施，能够确保施工活动顺利进行，同时最大限度地减少对沿线原有建筑物和构筑物的影响，维护周边环境的和谐与安全。

加强周边环境的绿化与美化工作，对改善工作场所的环境质量具有显著的积极作用。通过增加植被覆盖，可以有效降低空气污染，提高空气质量，同时吸收噪声，减少噪声污染。这些措施将为员工提供一个宁静、专注的工作环境，进而促进员工的幸福感和满意度，提高工作效率和整体工作表现。

为确保各项工作的安全与顺畅进行，相关组织或企业必须积极构建和完善各工种及岗位的责任体系并确立健全的工序安全操作规程。这些制度和规程的建立，目的在于明确各工种及岗位的职责与任务，每位员工都能准确理解自身的工作范畴及责任。在工种岗位责任体系方面，必须详细划分不同工种及岗位的职责，使每个角色在其职责范围内高效运作。同时，工序安全操作规程的制定和执行亦至关重要。这些规程将详细规定在各个工序中必须遵循的安全操作步骤和注意事项，使员工在操作过程中能够严格遵守安全规范，预防任何可能导致事故或伤害的行为发生。通过这些规程的实施，可以进一步强化员工的安全意识，提升整体安全管理水平。

5.11.4 运行安全

本项目的主要目的是防洪和截污，具体建设内容包括：滞蓄防洪构筑物和截污管线。这些设施的主要功能是解决泥沙问题、调节山洪、防止森林火灾以及防洪，并能够有效地处理农村地区的污水问题。项目完成后，其运行和管理将主要集中在构筑物的调度和管理以及截污管网的清淤和维护工作。为了确保项目的顺利运行和管理，必须严格遵守《云南省水利管理保护条例》以及昆明城市防汛管理及调度的相关要求。这些规定将为项目的运行和管理提供法律依据和指导，使项目能够有效地发挥防洪和截污的功能，为当地居民提供更好的生活环境。

5.12　工程效益及工程风险分析

5.12.1　工程效益分析

1. 收益效益分析

本工程项目属于环保工程类项目，其实施并不会直接产生显著的经济效益。本工程产生的间接效益包括以下几个方面。

（1）社会效益

①提高居民环境保护意识。

工程建设的实施过程实际上是一次深入人心、生动形象的环境保护宣传教育活动。通过这一具体的工程建设实施过程，人们能够亲身感受到环境保护的重要性和所带来的环境效益。当工程顺利完成后，人们的环境保护意识将会得到显著提升，这将使得保护环境、节约资源成为居民们自觉自愿的行为。在工程建设的过程中，每一个细节都可以成为宣传环境保护的契机。从施工现场的整洁有序，到施工材料的合理利用，再到施工过程中对周边环境的最小化影响，每一个环节都可以向参与其中的人员以及周边的居民传递出环境保护的重要性。通过这样的实践，人们不仅能够了解到环境保护的理论知识，更能亲眼见证环境保护带来的实际效果，从而在心中树立起环境保护的意识。随着时间的推移，这种意识将逐渐转化为居民们的自觉行为，使得他们在日常生活中也会主动采取各种措施来保护环境、节约资源。

②改善生活水平，提高生活质量。

随着整个流域生态环境的逐步改善，居民们将会享受到更加优质的卫生环境，这不仅有助于减少疾病的传播，还能显著提升人们的身心健康。因此，通过实施这些工程措施，不仅能够有效地改善人民的生活条件，还能显著提升他们的生活质量，从而达到提高整体生活幸福感的目的。

③增加就业机会。

工程建设的实施将对滇池流域的生态环境质量产生积极的影响，有助于改善和提升该地区的自然环境。通过这一系列的建设措施，昆明市的旅游形象将得到显著提升，从而吸引更多国内外游客前来观光旅游。此举不仅能够增强昆明市在"一带一路"倡议中作为人类命运共同体建设的重要角色的软实力，还能进一步提高该市对外开放的活跃程度。随着对外开放程度的提升，昆明市的旅游业将迎来更多的发展机遇，进而推动地方经济的快速发展。旅游业的繁荣将带动相关产业链的兴起，从而为当地居民创造更多的就业机会，增加他们的收入水平。此外，地方经济的繁荣也将为居民提供更多的生活便利和更好的公共服务，进一步提升居民的生活质量。

(2) 生态效益

本方案实施后，将显著提升滇池西岸生态系统的质量和稳定性，生物多样性保护得到明显增强。该方案通过流域一体化保护修复工程的实施，致力于筑牢长江上游的生态屏障。本项目将为稳定并持续提升滇池流域的河湖水质提供一个坚实可靠的保障，有助于改善滇池西岸及其周边地区的生态环境，进而促进整个区域的可持续发展。

①改善栖息地环境，提高生物多样性水平。

完成河道生态修复长度 2.62 km，生态廊道建设面积 $4.48×10^4$ m^2。在滇池地区，特别设立了金线鲃龙潭保护区，该保护区为当地唯一土著鱼类的专属保护区域。同时，滇池鱼虾的常年禁渔区涵盖了晖湾和西华湾。通过实施河道生态修复及湖滨带修复工程，不仅植物种类得以增加，生境条件亦得到显著改善。这些措施为动植物提供了更为优质的栖息地和生存空间，显著提升了整个流域的生物多样性，不仅有助于保护和恢复生态系统，还促进了整个生态系统的稳定与健康发展。

A. 植物多样性提高。

通过对滇池小流域进行实地调查，并结合历史数据进行对比分析，统计了治理前后植物种类和数量的变化情况。治理后的调查结果显示，滇池小流域内新增多种本地特有的滇池睡莲、水葱、水蓼等水生植物和湿生植物。此外，湿地修复和河岸带植被恢复工程的实施，为这些植物提供了适宜的生长环境，使得植物群落更加丰富多样。这些工程不仅改善了水质，还为各种水生和湿生植物提供了良好的生长条件，从而促进了植物多样性的恢复和增加。这一结果表明，通过科学的治理和修复措施，可以有效地恢复和保护湿地生态系统，进而提升生物多样性。

B. 动物多样性提高。

动物多样性的保护与监测构成生态环境保护的关键环节。为深入探究并保护动物多样性，特别是针对鸟类、鱼类和两栖类等关键动物群体，已开展长期的监测与研究工作。以鸟类为例，在实施一系列治理措施后，观察到的鸟类种类数量显著增长。许多原本仅做季节性迁徙的候鸟，目前在该地区的停留时间已明显延长，这反映出该地区的生态环境对它们具有更大的吸引力。一些原本极为罕见的珍稀鸟类，如黑颈鹤，出现频率亦有所提升，这进一步证实了生态环境改善的成效。鸟类多样性的增长，在很大程度上归功于湿地面积的扩展和生态环境的全面改善。湿地作为关键的生态系统，为鸟类提供了丰富的食物资源、安全的栖息地以及理想的繁殖环境。湿地的扩展不仅增加了鸟类的生存空间，还改善了它们的生活条件，促使更多鸟类选择在此停留并繁衍后代。在鱼类资源方面，采取了禁渔和栖息地修复等措施，以保护和恢复本地特有鱼类的种群数量。通过这些努力，一些曾经濒临灭绝的本地特有鱼类，如滇池金线鲃，已开始显示出种群数量回升的趋势。这表明实施的保护措施正在逐步发挥效果，为这些珍贵的鱼类提供了更佳的生存环境，使它们能够在自然水域中重新繁衍生息。

C. 生物多样性指数计算。

运用香农-威纳多样性指数（H）对生物多样性进行量化评估。计算结果表明，经过治理，滇池小流域的生物多样性指数在各个生态功能区均有不同程度的提高，特别是在生态修复区和湿地保护区，这反映出生态系统的稳定性和复杂性得到了增强。

②提升片区村庄污水水质。

在对那些尚未实施截污工程的村庄进行污水治理后，成功实现了化学需氧量（COD）的显著削减，总削减量达到了 34.87 吨/年。这一举措有效地提升了相关片区内村庄的污水水质，改善了当地的生态环境。

A. 水质指标监测。

为了全面了解该流域内水体的健康状况，相关部门会定期进行水样采集和分析工作。在这些监测项目中，重点关注的水质指标包括化学需氧量（COD）、生化需氧量（BOD）、总氮（TN）、总磷（TP）以及氨氮（NH_3-N）。通过对这些指标的持续监测，可以有效评估水体的污染程度和治理效果。

治理措施实施后，监测数据表明，这些污染物的浓度有了显著的下降趋势。具体来说，在滇池小流域的入湖河流监测点，化学需氧量（COD）的浓度从治理前的平均值为 60 mg/L 降低到 30 mg/L。这一显著的改善主要归功于污水处理设施的不断完善和升级，这些设施能够有效去除水中的有机污染物，减少 COD 的含量。此外，总磷（TP）的浓度也从治理前的约 0.5 mg/L 下降到 0.2 mg/L。这一变化主要得益于湿地系统的建设和优化，湿地能够有效地截留和净化水中的磷等营养物质，从而减少了水体中 TP 的浓度。湿地系统不仅在物理上截留污染物，还在生物和化学过程中对污染物进行降解和转化，这进一步提升了水质。通过持续的水质监测和治理措施的实施，滇池小流域的水环境质量得到显著改善。这些成果不仅为当地居民提供了更加安全和清洁的水资源，也为保护和恢复滇池生态系统作出了积极贡献。未来，相关部门将继续加强监测力度，确保水质持续改善，为实现可持续发展提供坚实的基础。

B. 水体透明度与溶解氧变化的详细分析。

使用塞氏盘等专业工具，可以对水体的透明度进行精确地测量。同时，通过监测溶解氧（DO）含量，可以评估水体的健康状况。在治理措施实施后，水体的透明度得到了显著的提升。具体来说，原本水体的透明度不足 30 cm，而现在则增加到 50～80 cm，甚至在某些区域，透明度超过 1 m。这一变化不仅直观地反映了水质的改善，也为进一步的生态修复提供了有力的证据。与此同时,溶解氧含量也有了显著的增加。在适宜的水温条件下,表层水体的溶解氧浓度能够保持在 6 mg/L 以上。这样的溶解氧水平为水生生物的生存和繁衍提供了良好的条件。高溶解氧含量意味着水体的自净能力得到了有效提升,因为氧气是水体中微生物分解有机物的重要因素之一。微生物在分解有机物的过程中,会消耗水中的溶解氧,而充足的溶解氧则表明水体具有较强的自我净化和恢复能力。水体透明度和溶解氧含量的显著改善,不仅反映了水质的提升,也表明了生态系统的健康状况得到了显著改善。这些变化为水生生物的多样性和水体生态系统的稳定性奠定了坚实的基础,同时也为未来的水环境管理和保护工作提供了重要的参考依据。

C. 水土保持能力评估。

通过设置径流小区、利用遥感技术等方法监测土壤侵蚀情况。治理后,土壤侵蚀模数明显降低,在山地森林区和植被恢复较好的坡地,土壤侵蚀量减少了约 70%。这主要归因于植被覆盖率提高,植被的根系固土作用增强,减少了雨水对土壤的冲刷。同时,梯田建设、生态护坡等工程措施也有效拦截了坡面径流,降低了水土流失风险。

D. 水源涵养功能评估。

水源涵养功能评估主要分析森林、湿地等生态系统的水源涵养能力。研究表明,森林的林冠截留、枯枝落叶层蓄水和土壤蓄水能力都有所增强,湿地的蓄水和调水功能也得到优化。例如,在雨季,湿地能够有效储存多余的降水,在旱季则缓慢释放水分,维持河流的基流,保障了流域内水资源的稳定供应。

E. 气候调节功能评估。

在滇池小流域内设置气象观测站,监测气温、湿度、风速等气象要素的变化。治理后,夏季城市热岛效应得到缓解,城市与周边生态修复区的温差减小。在植被覆盖率高的区域,夏季平均气温比治理前降低了 2~3 ℃,空气相对湿度提高 10%~15%。这是因为植被的蒸腾作用和遮阳效果,使得局部气候更加宜人。同时,生态廊道和防风林带的建设降低了风速,减少了风沙天气对区域的影响,在一定程度上调节了局部气候。

通过以上生态效益评估,可以看出滇池小流域综合治理与景观生态改造在生物多样性保护、生态系统功能改善等方面取得了显著成效,为区域生态环境的可持续发展奠定了坚实基础。

(3)经济效益分析

①生态农业发展。

生态农业发展主要表现在农产品质量与收入的提升。在治理过程中,推广有机种植、绿色防控技术等生态农业模式,显著提高了农产品的质量和安全性。以滇池周边的蔬菜水果种植为例,采用生态农业方法种植的农产品在市场上更受消费者青睐,价格较传统农产品高出 20%~50%。这使得农户的收入显著增加,同时减少了对环境的污染。生态农业模式通过减少化肥和农药的使用,不仅提高了农产品的品质,还保护了土壤和水源。有机种植注重自然生态平衡,采用生物多样性来控制病虫害,从而减少了化学物质的残留。绿色防控技术则通过物理和生物手段来防治病虫害,进一步保障了农产品的安全性。这些方法不仅提升了农产品的内在品质,还增强了消费者的信心,使得这些生态农产品在市场上更具竞争力。此外,生态农业的推广还带来了其他积极影响。首先,农户通过种植高质量的农产品,可获得更高的经济收益。在滇池周边地区,采用生态农业方法种植的农户收入比传统种植方式的农户高出不少。这种经济激励进一步促使更多农户转向生态农业,形成了良性循环。其次,生态农业的推广有助于减少农业对环境的负面影响。通过减少化肥和农药的使用,土壤和水源得到了更好的保护,生态系统的健康得到了维护。这种多赢的局面使得生态农业成为农业发展的重要方向。

②生态农业产业链延伸。

生态农业的蓬勃发展不仅提升了农业本身的可持续性,还进一步推动了相关产业的繁荣,形成了一个完整的产业链。农产品加工企业开始更加注重对生态农产品的精细加工和精美包装,从而生产出有机果汁、绿色蔬菜干等附加值更高的产品。这些产品不仅满足了消费者对健康和环保的需求,还提升了农产品的市场竞争力。生态农业旅游业逐渐兴起,成为一种新兴的旅游形式。游客们可以亲自参与采摘新鲜水果、蔬菜,体验传统的农耕生活等各种农事活动。这些活动不仅丰富了游客的体验,还为当地带来了额外的旅游收入。据统计,生态农业旅游每年能够为当地创造数百万甚至上千万的收入,极大地促进了当地经济的发展。农业机械企业开始研发和生产更加环保、高效的农业设备,以适应生态农业的需求;生物技术企业则致力于开发更加安全、高效的生物农药和肥料,以减少化学物质的使用;物流配送企业也在优化供应链管理,确保生态农产品的新鲜度和品质。这些相关产业的发展不仅提升了生态农业的整体水平,还为社会创造了更多的就业机会,形成了一个良性循环的经济生态。

③生态旅游产业繁荣。

近年来,滇池小流域通过一系列景观生态改造措施,极大地提升了其自然景观的优美程度和生态资源的丰富性。这些改造吸引了大量游客前来观光游玩,使得旅游人数呈现出逐年递增的趋势。与治理前相比,年游客接待量显著增长了3~5倍。随着游客数量的增加,与旅游相关的门票收入、餐饮住宿收入以及旅游纪念品销售等各项收入也大幅攀升。这些收入的增加已经成为当地经济发展的重要推动力。滇池周边新建的生态旅游景区每年的门票收入可达数千万元,这一数字令人瞩目。与此同时,周边的餐饮住宿业也迎来了显著的增长,收入增幅超过了50%。这些数据充分证明了滇池小流域在旅游产业方面的巨大潜力和经济效益。滇池小流域在旅游品牌和价值提升上取得显著成就,通过综合治理和生态改造,成功打造了知名生态旅游品牌,提升了旅游产业整体价值。高端旅游项目,如湿地生态观光游和生态科普游的兴起,进一步提高了旅游附加值,为游客提供高质量体验。滇池小流域成为受欢迎的旅游胜地,促进了当地经济的可持续发展。

④土地价值增值。

滇池小流域经过治理,生态环境得到改善,这提升了周边土地的商业价值和房地产开发潜力。治理后土地价格增长,带动了地方财政收入和相关产业发展。滇池周边土地被用于高端酒店和度假村等商业项目,增加了土地的利用价值和当地的经济收益。土地出让金的增加为政府带来了财政收入,促进了旅游业和服务业发展,同时为居民提供了就业机会,推动了社会经济的全面进步。

⑤土地利用效率提高。

科学合理的土地利用规划,能够将原本利用效率低下的土地资源转化为高效且具备生态价值的产业用地;一系列环境修复和改造措施,可将曾经遭受严重污染的工业用地转变为生机勃勃的生态公园或生态农业用地。这种转变不仅显著提升了土地的整体利用效率,还在很大程度上增加了其经济价值。将污染严重的工业用地改造为生态公园,不仅为城市居民提供了一个休闲娱乐的优选场所,还改善了城市的生态环境,提升了城市的整体形象;将污染严重的工业土地改造为生态农业用地,可以促进当地农业的发展,提高农产品的质量和产量,带动周边地区的经济发展。通过这样的土地利用转型,能够有效地改善环境质量,实现土地资源的优化配置,最终达到经济收益最大化的目标。这种做法不仅符合可持续发展的理念,还能为社会带来更多的综合效益。

2. 成本效益分析

(1)工程建设成本

①工程项目。

在滇池小流域综合治理的过程中,涉及众多污水处理设施的建设、河道的整治、湿地的修复以及生态廊道的建设等不同类型的工程项目。这些工程项目的建设成本相当巨大,需要投入大量的资金。

第一,污水处理设施建设。滇池小流域建设了多个污水处理厂和污水收集管网系统。污水处理厂的建设成本高昂,包括厂房建设、设备购置与安装等费用。污水收集管网建设成本也不容忽视,根据不同的管径、长度和铺设难度,每公里建设成本在数十万元到上百万元不等。整个滇池小流域污水处理设施建设的总投资达数亿元。

第二,河道整治工程。对滇池入湖河道进行了清淤、拓宽、河岸修复等整治工作。清淤工程需要使用专业的清淤设备和船舶,成本根据河道的长度、宽度和淤泥厚度而定。此外,对一些狭窄或阻塞的河道进行了拓宽,这涉及土方工程、拆迁补偿等,成本更高。

第三,湿地修复与建设。湿地修复是滇池小流域治理的重要内容。修复工程包括湿地植被恢复、水系连通、栖息地营造等[46]。湿地植被恢复需要采购大量的本地水生植物和湿生植物种苗，同时进行科学的种植和养护。水系连通工程需要建设沟渠、水闸等设施，成本根据工程规模而定[47]。栖息地营造则需要建设鸟岛、鱼礁等，鱼礁投放成本根据面积和密度计算。整个湿地修复工程每年投入资金数千万元。

第四，生态廊道建设，生态廊道包括绿道、林带等多种形式。绿道建设需要进行道路铺设、绿化景观设计等，包括道路材料费用、绿化植物费用和标识系统费用。林带建设需要种植大量的乔木和灌木，根据不同的树种和种植密度，需要进行长期的养护和管理，以确保树木的成活和生长。此外，湿地修复工程每年也需要投入数千万元人民币的资金。

总体而言，在滇池小流域综合治理的整个过程中，工程建设成本占据了相当大的比例，是整个治理过程中不可忽视的一部分。

②设备费用。

在实现对流域的有效治理与监测过程中，投入了大量资金用于采购环保设备、水质监测设备以及生态修复设备等各种必需的设备。这些设备的购置成本本身就相当可观，但除此之外，为了确保设备能够长期稳定运行，还需对其进行定期的维护和必要的更新升级。这部分维护和更新的成本同样不容忽视，甚至在某些情况下可能会占据相当大的比例。

③人力成本。

为了确保治理工作的顺利进行，需要大量的科研人员、工程建设人员、环境监测人员以及管理人员的参与和投入。他们各自在岗位上发挥着关键的作用，为治理工作提供了坚实的基础。

科研人员在治理过程中扮演着至关重要的角色。他们主要通过深入研究和分析，为治理工作提供科学依据和技术支持。研究成果和建议直接影响到治理方案的制定和实施效果。工程建设人员在治理过程中也起着至关重要的作用。他们主要负责将科研人员的研究成果转化为实际的工程项目，确保治理措施得以有效实施。工程建设人员的工作不仅需要具备专业的技术能力，还需要具备高度的责任心和敬业精神。环境监测人员在治理过程中也发挥着不可替代的作用。他们通过定期和不定期的监测，及时了解和掌握环境状况的变化，为治理工作提供实时的数据支持。监测结果直接影响到治理措施的调整和优化[48]。管理人员在治理过程中也起着至关重要的作用。他们主要负责统筹协调各方面的资源和力量，确保治理工作的顺利进行。管理人员的工作不仅需要具备丰富的管理经验，还需要具备良好的沟通和协调能力。

这些专业人员的工资、福利等人力成本是治理成本的重要组成部分。长期来看，人力成本在治理成本中的比例相对稳定。为了确保治理工作的顺利进行，需要合理安排和控制人力成本，确保专业人员的工作积极性和稳定性。同时，还需要不断优化人员结构和提高人员素质，以提高治理工作的效率和效果。

(2) 投资回报率计算

直接经济效益的核算可以通过深入分析及综合各相关领域的收益数据得以完成。具体可以从生态农业、生态旅游以及土地价值提升等多个维度出发，对年度收益进行精确的统计与核算。例如：在生态农业领域，应统计该领域每年的总收益，涵盖各类农产品的销售收益及农业生态系统的附加价值等。在生态旅游方面，需计算生态旅游项目所产生游客门票、住宿费用、餐饮消费及其他相关服务的年度收益[49]。此外，土地出让金、土地租赁收益及土地升值所引发的税收增长等土地价值提升所带来的年度财政收益亦不可小觑。将这些领域的收益数据汇总并相加，便能得出每年的直接经济效益总和。该总和不仅展示了生态农业、生态旅游和土地价值提升等领域的经济贡献，也为政策制定者和投资者提供了关键的参考信息。通过此核算方法，能更清晰地把握生态农业、生态旅游和土地价值提升等领域的经济效益，进而更有效地制定相应的发展策略和政策，促进经济的可持续增长。

在评估间接经济效益时，需考虑生态改善吸引投资和促进物流业治理项目对周边产业的正面影响。尽管这些效益不易量化，但可通过分析方法进行估算。结合直接和间接效益，减去治理成本，通过公式计算可得出投资回报率（ROI）。分析显示，随着治理效果的提升，ROI逐年增加，表明项目经济上可行，能带来长期效益，实现环境与经济双赢。

综上所述，滇池小流域综合治理与景观生态改造在经济效益方面表现出积极的成果，通过产业发展和合理的成本效益分析，能够实现生态与经济的良性互动，为区域经济的可持续发展提供有力支撑[50]。

5.12.2 工程风险分析

本项目工程面临的风险因素主要有以下几方面：

滇池周边地下水的渗透量可能超出预期，导致水量过剩；

现有结构物可能遭受不同程度的损害；

管道连接施工可能遭遇难以实施的状况；

农村居民的雨污分流系统可能无法完全实现，存在潜在缺陷。

这些风险因素，无论其影响轻重，均可能对项目的顺畅运作造成干扰和阻碍。尽管在项目设计阶段已预先考虑并实施若干应对措施，以应对这些潜在风险，但为了确保项目竣工后的顺畅运作，仍需在项目完成后持续进行风险防范工作。这包括：定期对结构物进行检查与维护，确保其结构稳固；对管道连接施工方案进行周密规划，以应对可能出现的施工难题；加强与农村居民的沟通与协作，提升雨污分流系统的实施效果；实时监测地下水渗透量，以便及时采取相应措施，保障项目的安全稳定运行。通过这些综合性的预防措施，能够最大限度地降低风险，确保项目的顺利推进。

水系统事故风险具有突发性，这可能给负责维护系统的工作人员带来严重的伤害，甚至危及他们的生命安全。例如：水系统中的某个构筑物发生事故，必须立即采取措施进行排除。在这种情况下，操作工人需要进入管道和集水井内进行紧急处理。为了保障这些进入管道内工作的人员的安全，必须采取以下措施。

第一，为确保作业人员在进行井下及池下作业时的安全，必须严格要求其填写详尽的作业操作记录表。该表格应详细记录作业步骤及必须遵循的安全措施，以便作业人员能够清晰地掌握作业流程及安全要求。对作业人员进行系统性的安全教育亦是不可或缺的环节。安全教育旨在确保作业人员充分理解作业过程中可能面临的各种潜在风险，并熟练掌握相应的应对策略及紧急处置方法。通过定期开展安全培训及考核，作业人员的安全意识和操作技能得以不断提升，从而在实际作业中更好地保障自身及他人的安全。

第二，在工作场所，必须指定专门的人员负责监测有害气体硫化氢的浓度，该气体即便在低浓度条件下，也可能对工人的健康造成重大损害。此外，急救车辆应停放于检修点附近，以便在紧急情况下迅速提供救援服务。

第三，工人们在进入管道进行作业之前，必须严格佩戴好防毒面具。要确保他们在工作过程中能够有效地保护自己，防止吸入有害气体或其他有毒物质。防毒面具是他们必不可少的安全装备，能够在一定程度上过滤掉空气中的有害成分，保障工人的呼吸安全。在进入管道工作期间，如果工人感觉到身体有任何不适的症状，比如头晕、恶心、呼吸困难等，须迅速离开管道，返回地面，立即进行必要的医疗检查和处理，确保身体没有受到严重的影响。

第四，为增进工人的整体健康状况及体质，宜加大在营养保健领域的投资。应为工人提供营养丰富的健康食品，使其在日常饮食中能充分摄取所需维生素与矿物质，还应定期安排体检，以便及时发现并预防潜在健康隐患。另外，根据工人的个别需求，提供必需的蛋白质粉、维生素片等营养补充品，帮助工人在高强度工作环境下维持最佳体能状态。

第五，定期对污水管内的气体成分进行监测，以评估其中潜在的安全风险。及时发现有害气体的存在，从而采取相应的预防措施，确保污水处理设施的安全运行。此外，还应深入研究和制定污水系统维修防护的技术措施，制定详细的操作规程，提供必要的安全设备和培训，确保维修人员在进行维护工作时能够有效地应对各种突发情况，以提高维护工作的安全性，从而最大限度地减小事故发生的可能性。

第六，对于管道的维护工作，必须由经过专业培训并持有相应资格证书的人员执行。这些人员不仅应具备应对紧急状况的能力，还必须能够熟练地完成各种维修任务。他们需要掌握相关的专业知识和技能，以便在面对复杂问题时能够迅速地找到解决方案。同时，应制定详尽的紧急预案，涵盖各种可能发生的紧急情况及其应对措施。这些预案应具体到每一个步骤，在真正的紧急情况下能够迅速有效地应对。此外，还应加强平时的演练，通过模拟各种紧急情况来检验预案的可行性和人员的应对能力。定期的演练可以提高人员的熟练度，使操作人员在紧急情况下能够保持冷静，迅速采取正确的行动。只有这样，才能最大限度地减少事故带来的损失，保障管道的安全运行。

5.13 案例总结经验与启示

5.13.1 治理理念方面

1. 坚持系统思维

流域管理应视其为完整生态系统，综合考虑山、水、林、田、湖、草等自然要素及其相互作用。全面治理不仅要关注水体，还要考虑周边自然环境对生态系统的贡献。这样能实现全要素协同治理，改善生态环境，保障生态系统健康可持续。

2. 强化源头治理

源头控制污染至关重要，它不仅治理现有污染，还防止新污染产生。要加强工业排污监管，确保符合环保标准，减少环境影响。政府需加大执法，企业要提高环保意识，主动减排。同时，控制农业面源污染，合理使用化肥和农药，减少地表径流污染。农业部门应培训农民，推广科学施肥和病虫害防治技术，减少化肥和农药的过量使用。这些措施能减轻治理压力，避免环境恶化，有效保护环境，实现可持续发展。这需要政府、企业和农民共同努力，全社会参与和支持，共同推动环境保护事业。

3. 长期不懈坚持

流域治理是一项长期且复杂的工作，需要长期规划、坚定决心和全社会参与。滇池治理的成功经验表明，全面调查评估流域现状、制定科学方案是确保治理有序进行的关键。面对困难和挑战，必须坚持信念，持续努力。此外，政府、企业、社会组织和公众的共同参与对推进治理工作和改善生态环境至关重要。流域治理是一项长期且困难的任务，需要持续努力。滇池治理显示，长远规划、坚定决心和多方参与是取得成效的关键，可为其他地区提供经验。

5.13.2 治理措施方面

1. 多污染源综合整治

对于点源污染，要加强对工业企业、城镇污水处理厂等的监管和治理，做到达标排放。对于环保设施差的小型工业企业,要进行排查和整改,提高污水处理能力和水平。在面源污染方面,通过推广测土配方施肥、节水灌溉等技术,减少农药、化肥的使用量;划定畜禽养殖禁养区,控制畜禽养殖污染。内源污染的削减也不可忽视,要定期进行底泥疏浚,合理开展水生物净化,科学去除蓝藻等,降低内源污染对水体的影响。

2. 生态修复

为有效应对生态环境问题,必须加大对流域内湿地、河流、湖泊等生态系统的保护与修复力度,恢复生态系统的功能和生物多样性。具体可通过建设湖滨湿地,提升水域的自净能力,为水生生物提供更为丰富的栖息地。同时,重视植被的恢复与保护亦是至关重要的,应采取植树造林、植被护坡等措施,有效遏制水土流失,涵养水源,进而改善整个流域的生态环境。

3. 技术创新与应用

积极引进和研发污水处理、生态修复、水质监测等先进的治理技术。根据当地的实际情况,对这些技术进行应用和改进,保证在特定环境中的有效性和可行性。此外,利用信息技术,建立流域生态环境监控与监测信息系统,实现对流域生态环境的实时监测和数据分析。这一系统能够实时收集和处理各种环境水质、土壤、气象等信息数据,为科学决策提供可靠依据。通过对数据的分析和处理,相关部门可以及时发现环境问题,制定相应的应对措施,有效预防和控制环境污染事件的发生。

5.13.3 管理机制方面

1. 完善法律法规

为了确保流域治理工作的顺利进行,必须制定和完善一系列相关的法律法规和标准体系。这些法律法规和标准体系应当明确界定政府、企业和公众等各参与方的责任和义务,为流域治理提供坚实的法律保障。此外,还应加强对流域治理相关法律法规的执法力度,确保其得到有效执行。对于任何环境违法犯罪行为,必须采取"零容忍"的态度,严厉打击,绝不姑息。通过这些措施,可保证流域治理工作在法律框架内有序进行,达到保护和改善流域生态环境的目标。

2. 建立协同治理机制

建立联席会议制度,有效打破不同部门之间的壁垒,加强水务、环保、公安等多个相关部门之间的沟通与协作部门联动的治理机制,形成强大的工作合力。通过定期召开联席会议,各部门可以及时交流信息、共享资源,共同分析和解决流域治理过程中遇到的问题。这样的机制将有助于各部门之间建立起紧密的合作关系,确保各项治理措施能够顺利推进,从而有效提升流域治理的整体效果。

3. 推动公众参与

采取一系列有效措施提升公众对流域治理的认识水平和积极参与度,鼓励广大民众积极参与到监督和治理工作中来。通过开展或举办讲座、展览、环保知识竞赛等形式多样、内容丰富的宣传教育活动,让公众更深入地了解流域治理的重要性和紧迫性。此外,选拔和培训热心市民担任"市民河长",建立"市民河长"制度也是一种非常有效的手段,让他们在专业指导下参与河流的日常巡查、问题上报和环保宣传等工作,增强公众的环保意识和责任感。通过这些举措,可以逐步形成全社会共同参与流域治理的良好氛围,凝聚起强大的合力,共同推动流域治理工作取得更大的成效。

4. 探索资金保障机制

有效地进行流域治理,需要大量的资金支持。因此,积极探索多元化的资金筹集渠道显得尤为重要。这些渠道包括:政府财政投入,即政府在预算中专门划拨资金用于流域治理;社会资本的参与,吸引企业和其他非政府组织投资参与流域治理项目;生态补偿机制,通过经济手段激励那些在生态保护和修复方面作出贡献的个人或组织[51]。在筹集到足够的资金后,加强资金的管理和使用同样至关重要。需要建立健全的财务管理制度,保证每一笔资金都能被合理分配和有效利用。这包括对资金使用进行严格的监督和审计,防止资金浪费和滥用。通过提高资金的使用效率,有限的资源能够发挥最大的效益,从而更好地推进流域治理工作,实现生态环境的持续改善。

5. 经济发展与生态保护协同方面

坚持绿色发展,将流域治理与经济发展紧密结合起来,在保护生态环境的前提下,推动产业结构调整和转型升级。以水定产、以水定城,根据流域的水资源承载能力,合理规划城市的发展规模和产业布局,避免因过度开发导致水资源短缺和生态环境破坏。在城市规划和产业发展过程中,必须充分考虑水资源的实际情况,确保水资源的合理利用和保护。通过科学的水资源管理,实现水资源的可持续利用,保障城市的可持续发展。同时,加强水资源的节约和保护,推广节水技术和措施,提高水资源的利用效率,减少水资源的浪费[52]。

第6章 结论与展望

6.1 滇池生态小流域治理难点

6.1.1 地理条件方面

1. 水动力不足

昆明地区地处中国云南省中部,其地形特征为四周环山、中部低洼、北高南低。该地区的主要河流多汇入滇池且主要集中在东部或东北部。这些河流普遍具有较短的流程、狭窄的河床和较浅的水深,水量相对有限。滇池因此面临水动力不足的问题,水体置换周期较长,污染物容易在湖中积聚,对滇池的自净能力造成严重的影响。滇池内部区域的水流速度较为缓慢,导致污水中的有害物质难以迅速被稀释和净化,从而增加了滇池治理的难度。为改善滇池的水质状况,必须采取有效的治理措施,以加速水体置换,提升滇池的自净能力,有效减少污染物的积聚。

2. 出水口单一

滇池只有西园隧洞和海口闸阀两个出水口,水体交换和更新受到很大限制。有限的出水量,导致污染物难以有效排出,这使滇池水质改善的难度进一步加大。

6.1.2 污染来源方面

1. 工业污染

滇池流域工业企业众多,促进经济的同时污染问题也较严重。治理虽有一定成效,但违规排放现象仍然存在。工业废水含重金属、有机物,对滇池水质构成威胁。治理工业污染需要技术与资金。为保护滇池,必须强化工业污染治理,政府、企业与公众多方协调,增加环保资金,提升技术,完善监管,确保企业遵守环境保护法,有效控制污染,保护滇池水质与生态。

2. 农业面源污染

滇池流域农业活动频繁，农药和化肥使用普遍，畜禽养殖产生的粪便也很常见，它们通过地表径流和地下渗透污染滇池水质。因污染源分散且隐蔽，面源污染难以监测和治理。而且农耕时使用的化肥和农药随雨水流入河流，最终汇入滇池，会导致水体富营养化，破坏生态平衡，降低水质，可能引发水华。

3. 生活污水

滇池流域居民人口持续增长，生活污水排放量也明显增加。但污水处理设施和技术在一定程度上滞后于城市的建设和运营管理。尤其是在一些地区，污水收集管网建设尚未完善，甚至严重缺乏，污水任意排放，这不仅对水体造成严重污染，而且对滇池生态环境造成极大破坏，这些未经处理的生活污水直接排入滇池及周边河道，使整个湖泊的生态平衡面临严峻挑战，大量污染物进入滇池，导致水质变差，威胁到水生物的生存环境。

6.1.3 生态系统方面

1. 湿地功能退化

历史上，由于围海造田、城市建设等多种因素的影响，滇池周边的湿地遭受到大规模的破坏和侵占。这一现象导致湿地面积明显减少，湿地的生态功能也出现了严重的退化。作为天然的水质净化器，湿地能够对污水进行过滤、吸附和生物降解等，有效地净化水质。然而，湿地功能的退化使得滇池失去了这一重要的生态屏障，导致水质污染问题进一步加剧。

2. 水生生物多样性减少

水生生物的生存环境因滇池污染问题而急剧恶化，生态环境遭到破坏。由此减少了许多水生珍稀物种，甚至出现部分物种灭绝的现象。水生生物多样性的减少使滇池生态系统的平衡与稳定受到严重破坏。由此也极大地影响了生态系统的自我修复能力，使滇池治理变得更加困难。滇池污染对整个生态系统的健康与稳定造成威胁。

3. 资金投入需求大

治理滇池小流域，要投入大量资金，这是一项长期而又具有挑战性的工作。这包括污水处理设施的建设与升级、河道整治工作、生态系统修复以及环境监测等各个方面。每个环节的资金投入都很大。另外，这些治理工程的实施周期往往比较长，造成资金回笼的周期也比较长。所以，这对政府经费投入提出了更高的要求。

6.1.4　管理协调方面

1. 部门协调

滇池小流域综合整治工作涉及环保、水政、农发、林业、城管等多个领域和相关部门。这些部门之间的职责边界在实际操作过程中并不是很明确，有时在管理中会出现职责交叉或空白的地带。这种情况使得各部门之间的协调工作在滇池小流域治理过程中难以形成高效、协调一致的工作合力，对提升治理的整体效果造成影响。

2. 区域协调

滇池流域范围包括五华区、盘龙区、官渡区、西山区等昆明市多个行政区。在治理目标、治理进度、治理标准等方面，这些地区可能会有一些差别。各地区由于缺乏统一的规划和协调，治理工作步调不一致，难以形成合力。这种各自为政的情况，可能造成资源的浪费和重复建设，也会影响滇池小流域治理的总体效果。

6.1.5　资金保障方面

1. 资金需求巨大

滇池小流域项目建设面临土地、厂房、设备等多个环节的挑战。污水处理厂和配套管网都需要建设。清淤、拓宽和加固河道整治，需要投入大量的人力和物力。湿地修复、植被修复、湖滨带修复等生态修复工程以及河道治理、生态修复工程完工后，仍需进行较长时间的养护治理，这些都需要大量的资金。

2. 资金来源有限

滇池小流域治理受到政府高度重视，投入了大量资金，但仍面临着较大的财政压力和资金缺口。治理项目久拖不决、纷繁复杂，资金需求巨大，需要政府多方均衡开支，治理经费捉襟见肘。由于项目回报周期长、风险大以及政策和环境变化的不确定性，社会资本参与度较低，资金来源有限。

3. 资金使用效率和监管问题

在治理滇池小流域的过程中，出现资金使用效率不高的问题。有的工程可能在规划设计阶段缺乏科学性、合理性。各部门之间缺乏有效沟通协调，可能造成重复建设、工作交叉，使宝贵的经费进一步浪费。还有部分项目在实施过程中，由于管理不善，造成进度延误，使资金在时间上增加了成本。在资金监管上，一方面，不同来源的资金在使用和管理上可能存在差异，因为资金来源有政府财政拨款、专项资金、社会捐助等多种渠道，所以统一监管难度加大。另一方面，治理项目分布较广，涉及的地区、领域各不相同，监管机构很难实时监控并严格审查各项目的资金用途。由于这些原因，资金挪用、截留等问题比较容易发生，资金使用效率和效果受到进一步影响。

6.1.6 数据整合与共享方面

1. 多源数据融合困难

为实现智能化的管理和监测，需整合环保、水务、气象、水文等多个部门以及不同监测设备和系统的数据。然而，这些数据在采集标准、格式、频率等方面存在显著差异，这使得数据融合变得异常困难。例如：水质监测数据可能来自不同型号的监测仪器，这些仪器的数据精度和单位存在差异，需要进行复杂的转换和校准工作，才能实现有效融合。

2. 数据传输与存储不稳定

滇池小流域面积比较大，覆盖面较广，很多监测点都分布于此。建立一个稳定可靠的数据传输网络至关重要，可以保证这些监测点能够及时向有关部门上传收集到的数据。但是，网络信号在一些偏远地区可能出现中断或延迟的情况，导致数据在传输过程中出现故障。此外，网络信号的稳定性也会受到影响，在暴雨、大雾等恶劣天气条件下，数据传输的不稳定性进一步加剧。同时，需要在相应的设备中储存大量监测点采集的数据，建设和维护数据存储系统既需要高性能的硬件设备，又需要支持数据高效管理和处理的先进软件系统。只有这样，才能保证数据存储系统在面对海量数据时，满足监控数据处理分析无误并稳定地运行。

3. 数据隐私与安全问题

在当今社会，特别是环保和生态监测领域，智能管理正发挥着越来越重要的作用。以滇池为例，智能化管理系统需要对大量水质监测数据、污染源信息等相关环境参数数据进行采集和处理，制定有效的保护措施，考核治理效果。这些数据对滇池生态环境状况有着至关重要的作用,一旦外泄,后果是惨重的。一是对于滇池的生态环境来说,不法分子一旦获取了数据,就有可能将这些信息用于偷排污水或者实施其他破坏环境的行为,造成滇池生态系统无法扭转的破坏。二是对周围居民的居住安全、身体健康造成不良影响。

4. 技术与设备方面

要依靠各种先进的监视设备和传感器,才能保证智能监视系统的准确和可靠。但这些设备在复杂的水环境中,由于各种干扰,会造成监测数据失准。例如:传感器表面可能附着水中的杂质及藻类等物质,会对测量精度造成影响。监控数据的可靠性也会受到设备老化、故障等的影响。随着智能管理与监控技术的不断发展,必须不断地进行技术更新和升级,以保证系统的先进性和有效性。另外,智能化管理与监控技术的应用,目前缺乏统一的技术标准和规范,在滇池小流域治理中,这是一个难题。这就造成了系统在不同地区和项目之间的兼容性差,无法做到数据的共享互通。这一现状不仅使系统建设与管理难度加大,智能管理与监控效果也受到一定影响。

5. 模型与算法方面

模型的适用性在水环境复杂多变的情况下是研究的重要课题。以滇池为例,水文状况、气候因素、污染源分布等多种因素综合影响着滇池的水环境,因此,建立科学合理的模型,对滇池水环境变化规律进行准确描述,对污染物迁移转化过程进行预测尤为重要。但是,在面对复杂的水环境时,现有的水环境模型和算法的适用性经常会受到限制。这些模型和算法在设计之初可能并未充分考虑到滇池特有的复杂性,从而导致很多参数调整和验证工作需要在实际应用中进行。这些调整和验证工作不仅耗时耗力,还需要具备确保模型预测结果准确度的专业知识和经验。

6. 人工智能算法的局限性

随着科学技术的不断进步,在滇池小流域治理中应用人工智能算法越来越普遍和多样化。比如:能够对污染源进行精准的水质预报并通过这些先进的算法对滇池生态环境进行更好的保护和管理。但实际应用中也会遇到这些算法无法解决的问题。首先,资料的搜集与处理需要花费大量的时间与资源,对运算能力的要求也比较高。保证算法高效运行的基础是强大的计算能力,但是这样的计算资源很难在实际操作中获得和维护。其次,在处理复杂的非线性问题时,人工智能算法可能有过拟合或欠拟合的问题。过拟合是指在训练数据上,算法表现得过于完善,但在实际应用中却不能泛化到新的数据中;欠拟合指的是算法在训练数据上的表现不佳,不能捕捉到数据中的复杂关系。这两种情况都会影响算法的预测和识别效果,从而对滇池小流域治理的实际效果造成影响。

6.1.7 人才与管理方面

1. 专业人才短缺

环境治理，特别是滇池小流域治理过程中，智能化管理与监测技术的应用日益广泛，因此专业人才显得尤为重要。这些专业人才不仅需要具备环境科学、生态学和水资源管理等相关领域的知识，还需要掌握计算机编程、数据分析和人工智能等信息技术。这种跨专业背景的专业人才目前比较紧缺，市场需求很难得到满足。

2. 管理体制不完善

实施智能化管理和监控，涉及多个部门和单位的密切配合，需要建立健全的管理制度和高效的协同机制。但各部门之间的职责划分在目前滇池小流域治理过程中还不是很清晰，在协调沟通上存在一定的障碍，影响管理、监控智能化的实施效果。

6.2 成 果 总 结

6.2.1 规划与政策层面

1. 结合上位规划

本项目深入研究并参考了《昆明市国土空间总体规划（2021—2035 年）》草案、《滇池流域水环境保护治理"十四五"规划（2021—2025 年）》等相关规划文件，确保所开展的项目严格按照区域发展战略和环保标准进行建设。通过对这些规划文件的分析研究，在设计、建设、运营等各个阶段，严格按照环保相关标准。另外，充分依据规划文件的政策支持、规划引导，扎实做好项目推进的各项保障工作，涵盖立项、经费保障、技术指导等多个方面。通过与政府部门的密切配合，以《昆明市国土空间总体规划（2021—2035 年）》草案、《滇池流域水环境保护治理"十四五"规划（2021—2025 年）》等相关规划为指导，符合区域发展战略和环保要求。

2. 政策引导与支持

云南省人民政府、昆明市人民政府高度重视滇池流域生态修复和治理，为此分别拨款专项经费，为有关项目提供经费保障。此外，政府对污染排放实行严格控制，为企业减少污染物排放、保护滇池流域生态环境制定严格的环保标准和监管措施。这些政策的实施给滇池流域的生态修复、治理工作提供了强有力的支持。

6.2.2 现状分析全面

该研究从地理位置、地形地貌、气候特点、河流水系布局、地震活动强度、水文状况、区域工程地质等多个维度对滇池西岸小流域自然环境进行了详细的描述。研究明确指出，该地区从古生界到新生界，地层岩石类型均有分布，呈现构造侵蚀型低中山地貌特征。另外，这一带是在地震活动比较频繁的小江地震带南侧偏西的地方。调研还对小流域现状和面临的问题进行了深入探讨，对16条沟渠进行了逐一细致的分析，内容涉及流域长、宽、水源状况、污染源分布、水质状况、污水处理措施、用地类型、人口分布等信息。研究揭示了小流域面临的一些雨污水未完全分离、沟渠杂草丛生、面源污染突出，部分沟渠合流现象依然存在，河道自净能力不足导致硬质驳岸比例过高等主要问题。

6.2.3 工程方案合理

本书根据一系列核心的设计原则，在实施生态修复、生态治理、生态保护的过程中强调统筹兼顾的重要性、因地制宜和资源节约。对滇段的污染源进行治理，对生态进行整治。

1. 系统治理理念

全面提升小流域生态环境质量从多维度着手，运用了系统生态修复与治理理念。在生态治理实践中，不但关注沟渠截洪截污的功能，而且对面山截洪、点源及面源污染综合治理进行了深入的探讨。通过建设生物滞留设施、生态护坡等设施，对污染物进行有效拦截和吸收，降低对下游水体的影响。通过这种全面的考量和综合的治理措施，构建一套完善的治理体系，有效地提升滇池小流域的生态环境品质。这不仅改善了当地的生态环境，也为生物多样性的保护提供了有力支持，实现了人与自然的和谐共生。

2. 因地制宜措施

在对沟渠进行治理时，设计充分考虑了每条沟渠的长、宽、水源状况、受污染程度等情况。对排洪沟各节点进行了流量组合计算复核工作，针对不同沟渠的行洪能力，进行了严谨的测算与复核。根据这些测算和复核的结果,可以采取不同的工程措施,针对各个沟渠的具体情况进行处理。

3. 生态修复与保护并重

(1) 生态修复

本项目科学系统地开展生态修复工作。首先,对区域生态敏感性进行分析,构筑稳固的生态保障格局。然后,从保护优先、修复并行、管理并重三个维度入手,全面实施生态修复工作。根据生态敏感度的差异,在不同山区实施不同的修复策略。对生态敏感度较高的地区,适宜通过种植当地植物、土壤结构修复等方式,采取生态培育型修复,使生态系统自然状态逐步得到恢复。对生态敏感度中等的区域,采取清除外来物种、修复水体等方式,使生态系统恢复平衡。对于生态敏感度较低的地区,则适宜通过资源的合理利用,选择再生利用型修复。

(2) 生态保护

在生态保护区域,为减少人为活动的影响,对那些受人为干扰较少、生态功能较好的沟渠断面,采取了防范保护措施。此外,对已经形成的硬质河沟实施生态护岸技术,对具备条件的区域实施沟渠自然形态修复工程。例如:修复涌泉鱼洞、建立洄游通道等措施,保护了滇池金线鲃等鱼类的栖息环境。这些综合性的生态保护措施,在促进生物多样性保护与发展的同时,有望更好地保持生态系统的完整性与稳定性。

4. 截污与污水处理层面

(1) 完善截污体系

根据不同沟渠的实际状况,从干管所在地入手,新建截污支管。这些支管的长度一直延伸到村里,最后与每户的入户管网相连接。通过这样的布局,保证从住户到污水处理厂有效的污水收集处理,形成独立的截污系统。在截污系统的建设过程中,为了及时发现和解决堵点问题,特别设置了收污池和检查井,保证截污系统运行顺畅。这些措施的实施,不仅使截污效率得到提高,而且减少了污水流入湖泊的水量,对湖泊水质、生态环境的保护意义重大。此外,为了进一步提升截污效果,相关部门还引入了先进的监测设备,实时监控污水流量和水质情况。通过数据分析,及时调整截污措施,确保污水在进入湖泊之前得到充分处理。

(2) 污水处理技术应用

当前,人们的环境保护意识越来越强,针对不同地域的污水排放特点及处理要求,需采用适宜的污水处理工艺。本项目中采用的AAO(厌氧-缺氧-好氧)工艺,对一些具有特定地理和气候条件的村庄中的污水处理更加有效。它是一种通过模拟自然界的净化过程，对污水中的有机物质和氮、磷等营养物质进行有效分解和去除的先进污水处理技术。在 AAO 工艺的基础上，本项目还结合沉淀、过滤、消毒等环节，使污水处理达到出水标准[53]。

5. 施工管理层面

（1）合理安排施工进度

在充分考虑施工条件和工程特点的基础上，制定详尽的施工计划，合理安排施工进度。整个工程包括：筹建期、施工准备期、主体工程施工期以及工程完建期。总工期（不包括筹建期）为六个月。为确保工程能够按时、按质完成，在筹建期，进行项目的立项、设计、招标等环节前期准备工作，为后续施工打下坚实的基础；在施工准备期，进行现场布置、设备安装、材料采购等工作，确保施工所需的各项资源和条件得到充分准备；在主体工程施工期，按照施工方案分阶段分步骤施工，保证各环节按预定时间及质量要求完成施工任务；在工程完建期，开展项目验收交付使用工作，保证项目交付使用的顺利进行。在整个建设过程中，施工进度将受到严格控制，保证按时完成各个阶段的工作任务。同时，加强质量管理，保证工程质量达到预定标准。

（2）强化施工安全管理

首先，有关部门制定了一系列严格的安全文明生产措施，全面保证施工现场的安全。这些措施的核心是加大对施工人员的安全教育培训力度，使其提高安全意识和掌握操作技能，自觉遵守安全规范，在施工过程中有效预防和减少安全事故的发生。在具体实施过程中，明确要求建筑工人戴上安全帽；在建筑工地危险地段设置围栏、警示带、警告牌等防护设施或示警标志。其次，加强建筑工地上交通运输的管制。通过合理的交通规划及管理有效避免由交通事故造成的一切安全事故，保证施工区域内交通顺畅。交通管制人员在施工现场的各处要害部位进行指挥、监督工作，按既定线路和规律实施交通管制。同时，配以运输信号灯、监控相机等先进的运输管理设备，使运输管制工作的效率、安全性大大提高，施工过程中的安全得到有效保障。

6. 环境管理层面

在工程建设和运行的整个过程中，需要对大气、水、声、固体废物等诸多关键的环境影响因素进行全面的分析。第一，在施工期间，针对潜在的大气环境影响，采取有效的防尘措施。第二，通过合理收集和处理施工过程中产生的建设工人生活污水及建筑垃圾，对生活污水进行净化处理，通过建设临时污水处理设施，做到达标排放。对建筑废水进行沉淀、过滤等去除悬浮物及有害物质，避免造成周围水体污染。第三，尽量避免夜间或居民休息时间进行高噪声作业，通过选用低噪声施工设备和工艺，合理安排施工时间，减轻对周围居民生活的影响。第四，在固体废弃物管理方面，实行分类收集、储存、处置制度，严格实行分级管理。对建筑产生的固体废弃物、生活垃圾等，在施工中按有关规定分类处理，防止二次环境污染的发生。

6.2.4 健全专家智库

首先，加强决策前专家咨询，这是保证决策科学性和合理性的重要一环。各领域权威专家均可以参加常规组织的咨询会议，为科学决策提供强有力的智力支持，包括：对政策的执行进度进行实时监控，对存在的问题及时发现，有的放矢地提出建议，有针对地加以调整。该机制能够保证在执行过程中不断对各项制度加以优化，更好地为社会发展和民生改善提供服务。其次，建立国内外顶尖科研机构长期合作机制，例如：为解决工程效能、蓝藻水华监控等难点问题，昆明与清华大学联合成立了高原湖泊研究中心。此次合作既促进了科研资源的共享互补，又为湖泊治理等复杂问题的解决提供了强有力的后盾。最后，以国家水体污染治理与控制重大专项为依托，重点围绕控源减排、减负修复、综合调控等几个方面开展研究。

加强决策前的专家咨询、建立与国内外顶尖科研院所的长期合作机制、开展重要政策的科学评估等一系列举措，为增强决策的科学性和治理的有效性奠定了坚实的基础。

6.2.5 创新工作思路

1. 形成系统治滇的工作思路

工作内涵由单纯治河治水向整体优化生态环境转变，工作理念由管理向治理升华，工作范围由单线河道转向区域联合拓展，工作方式由事后末端处理向事前源头控制延伸，工作监督由单一监督向多重监督改进，保护治理由政府为主向社会共治转化。综合运用结构调整、技术创新、管理提质等多措施治理，加快推进产业结构调整转型，加强水治理工程技术创新，优化滇池治理的政府管理机制，建立健全部门联动的滇池治理机制、企业投资运营渠道以及全社会共治体系，调动市民参与滇池治理的积极性。

2. 滇池治理管理效能得到提升

通过建设有关的信息中心、资料库和管理信息平台，以水环境容量作为限制条件，实行总量控制的管理方略，使流域排水的网格化管理得到进一步的完善。在此基础上，对雨污合流现象进行严格控制，并对重点项目进行整改升级，提高现有项目的运行效率。另外，在资金分配上合理统筹，保证资金使用的高效性和合理性，加强资金的科学化、精细化管理。

3. 完善法规标准制度

有关部门制定了统领性的条例——《滇池保护条例》，为滇池保护工作提供明确指导和法律依据。相关部门还在不断修改完善，以保证《滇池保护条例》能适应滇池保护工作的实际需要。《滇池保护条例》通过不断地修改，与滇池保护的实际情况更加贴切，更具有针对性和实效性，真正做到与时俱进。

6.2.6 效益评估全面

在进行综合评价时，分析讨论该项目的社会效益、生态效益以及经济效益。

在社会效益上，特别强调项目对当地居民提高环保意识所起到的重要作用。首先，居民对环境保护的认识，通过一系列的宣传教育活动和实际环境整治措施，有了明显的提升，在平时的生活中对环保行为更加重视。其次，项目的实施使居民的生活水平有了很大的提高，包括基础设施的完善、居住环境的美化以及公共服务的改善等。最后，项目的建设也为当地居民提供了大量的就业岗位，促进了就业率的提高，使居民的收入来源不断增加，使居民的生活质量不断提高。

在生态效益上，项目实施成效显著。在滇池西岸地区，生态系统质量和稳定性通过一系列生态修复和保护措施得到明显改善。首先，生物多样性受到有效的保护，不少珍稀濒危物种栖息地得到恢复与重现。其次，工程已完成 2.62 km 河道生态修复和 $4.48\times10^4 \text{ m}^2$ 的生态廊道建设。这些生态廊道不仅为野生动植物提供了重要的栖息地，也为居民提供了一个休闲娱乐的场所。最后，项目还有效地改善了片区内村庄的污水水质，使污水对环境造成的污染减少，居民生活环境得到改善。

在经济利益上，项目实施多方面利好。首先，环境改善对区域经济价值的直接促进作用较大，投资、经营活动受到较多关注。其次，通过提高农业产品质量和附加值，农民收入明显提高，农业产业进一步发展。最后，该地区的综合竞争力得到显著的提升，为今后的可持续发展奠定了坚实的基础，工程实施还拉动了旅游业的发展。

6.3 研究创新点、不足之处与推广局限性

6.3.1 研究创新点

1. 生态理念贯穿始终

工程成功的关键是,在滇池西岸生态清洁小流域综合治理和景观生态改造研究中,将生态概念贯穿始终。在具体实施过程中,围绕生态保护的重要性,每个环节都充分考虑到生态修复与保护的细节。从生态敏感性分析入手,到具体项目措施的落实,生态系统的完整性与可持续性都经过充分细致的考虑。

在推进生态廊道建设的过程中,重视生态廊道的连通性和多样性两个关键要素。不同生态系统之间能够有效地连接和互动,形成一个有机的整体。通过精心设计和构建生态廊道,为各种野生动物提供了重要的迁徙和繁衍的通道,极大地促进了整个流域生态系统的稳定性和抗干扰能力。这些生态廊道如同自然界的绿色纽带,将破碎的栖息地重新连接起来,为生物多样性提供了有力的保障。

在湿地修复方面,采取湿地植被的恢复、水体的净化以及生态护坡的建设等多种综合措施,恢复湿地的自然功能。通过恢复湿地植被,重新建立湿地的生态系统,为各种生物提供栖息地,增强生物多样性。生态护坡的建设既能够防止水土流失,又能为湿地提供更加稳定的生态环境。通过这些综合措施,可以有效提升湿地的水质净化能力,使湿地成为一个天然的过滤系统;湿地的生物多样性也将得到显著提升,各种动植物能够在健康的湿地环境中繁衍生息;湿地修复还能为当地居民提供更多休闲娱乐、教育科研以及防洪减灾等生态服务。

在鱼类栖息地的保护方面,重视保护和恢复鱼类的自然栖息环境。采取源头减量、过程拦截和末端消纳治理等一系列科学有效的措施,全面应对和解决可能对鱼类栖息地造成威胁的各种因素,确保鱼类能够在健康的环境中生存和繁衍。具体表现在:通过科学施肥、合理使用农药等方法,从源头上控制农业面源污染的排放;在污染物进入水体之前,通过建设湿地、设置拦截沟渠等设施,有效拦截和过滤污染物,减少其对水体的污染负荷;在污染物进入水体后,通过生态修复、人工湿地等手段,对污染物进行进一步的净化和消纳,使水质达到鱼类生存的基本要求。这些综合措施的实施,能够有效减少农业面源污染对鱼类栖息地的影响,从而保护滇池流域的鱼类资源,保障生物多样性和生态平衡。总之,通过全方位的生态保护措施,滇池西岸将成为一个生态和谐、环境优美的区域,为当地居民和游客提供一个充满活力和可持续发展的空间。

2. 多学科融合

综合运用水利工程、环境科学、生态学、地理学等多学科知识和技术，形成了一个跨学科的综合解决方案。在工程设计中，充分考虑地形地貌、水文地质等地理因素，使工程与自然环境和谐共存。同时，结合生态学原理，进行生态修复和生物多样性保护，恢复和保护自然生态系统的健康和完整性；运用水利工程技术解决沟渠行洪和截污问题，使水资源得到合理的利用和保护。这一系列措施体现了多学科交叉融合的特点，展示了不同学科之间的协同效应，为实现可持续发展提供了有力支持。

3. 系统性治理思路

针对小流域存在的面源污染、点源污染、生态破坏等问题，提出了从源头到末端的系统性治理思路，并采取了源头治理、生态修复、生态保护等在内的一系列综合性措施。这些措施的实施，实现了水资源保护、面源污染防治、农村污水治理与生态修复的有机结合，打破了以往单一解决问题的模式。在污染源治理方面，严格执行排放标准、加强监管措施，有效地控制了工业废水、生活污水等的排放。同时，通过推广清洁生产技术和循环经济模式，从源头上减少了污染物的产生。在生态修复方面，实施以恢复自然形态和生态功能为主要内容的河道生态修复工程。通过种植水草、建设生态护岸等措施，提升河道自净能力，改善水环境质量。在生态保护方面，加大对违法开垦、采沙等破坏生态行为的打击力度，增强对自然保护区、湿地等生态敏感区的保护力度。鼓励当地居民参与生态保护的生态补偿机制，实现经济发展与生态保护双赢。

6.3.2　研究及实施过程中的不足

1. 研究方法层面

（1）数据收集方法的局限性

在滇池小流域水质监测点、生态系统调查样方等数据采集过程中，不一定能做到对滇池整个区域情况的全覆盖。例如：部分偏远山区或小支流可能没有完全纳入监测范围，导致数据不一定能准确反映该区域的真实情况，进而影响到对生态环境的总体评价和治理效果。对整个流域的水质状况、生物多样性以及生态系统健康状况的评估，可能会因样本选取的局限性而忽视某些特定区域的环境特征。另外，如果监控点主要集中在人口密集或工业发达的地区，这些地区的环境问题就可能被过度放大，影响整体的环境治理决策和资源分配，而人口和产业相对较少的地区被监控点的环境问题就可能被低估。因此，滇池小流域的地理特征、人类活动分布、生态系统多样性等条件，都需要充分考虑样本选取时的代表性和准确性，从而合理布局监测点并得到较为全面准确的数据，为科学决策提供有力支撑。

（2）数据时效性问题

在社会经济活动与小流域生态环境相互影响的过程中，采用的一些经济数据、人口数据，可能是某一具体时间点通过统计的方式得出的，这些数据可能会随着时间的推移而改变，这种动态变化对研究结果的影响可能无法在研究中得到充分考虑。例如：某一地区某个时间点的经济数据显示该地区经济运行状况良好，但该地区的经济运行状况可能会随着时间的推移而有所改变并渐入佳境或衰退。同样地，人口数据也可能增或减。这些动态变化会对小流域社会经济活动和生态环境相互影响的研究结果产生影响，因此，为保证研究结果的准确性和可靠性，这些动态变化需要在研究过程中加以充分考虑。

（3）研究方法的综合性不足

目前的研究工作主要集中在对滇池小流域某一特定时间段内的调查和分析，缺乏对这一区域长期、连续的监测数据。尽管在短期内，能够观察到一些治理措施带来的效果以及生态系统的某些变化，但对于生态系统长期演替的深入理解以及治理措施长期影响的全面评估仍然不够充分。例如：生态修复工程的效果可能需要数年甚至数十年才能完全显现，而现有的研究可能并未对这些长期过程进行深入的跟踪和预测。因此，为了更全面地了解滇池小流域的生态变化和治理效果，需要开展长期的、连续的监测工作，以便能够更准确地评估生态修复工程的长期效果和治理措施的长期影响。

（4）缺少多种方法的协同验证

科研人员在做科研的过程中，对某一特定研究方法可能有偏向，而对多种方法的协同验证重视程度不够。例如：研究人员在对生态系统服务功能进行评估分析时，可能采用了单一的某种方法或者模型模拟，缺乏两种或多种方法结合起来进行模型模拟和实地调查，因此在准确性、可靠性等方面得出的研究结果将会出现一定的偏差。这种偏差可能会造成对生态系统服务功能的评估不够全面、不够准确，对相关决策的科学性、有效性以及制定政策的有效性造成影响。在科学研究过程中，多种方法的协同验证尤为重要，只有通过多种方法的综合运用和相互验证，才能保证研究结果的准确性和可靠性。

2. 研究内容层面

（1）生态系统复杂性考虑不够全面

第一，尽管已经对滇池小流域的生态系统进行了多方面的研究，但目前对于生态系统内部各要素之间的复杂相互作用的分析还不够深入和细致。例如：在研究水生生态系统时，较多地关注鱼类、水生植物和微生物等单一要素，而对这些要素之间构成的食物网关系以及它们与水质、水流等环境因素的相互作用研究不够细致。这种研究的不足导致无法全面了解生态系统的运行机制和平衡维持条件，影响对生态系统整体功能和稳定性的认识。

第二，研究更多地关注当前的生态问题和治理措施，尤其是对生态系统适应能力和恢复能力的研究，但缺少深入探讨生态系统面对气候变化、洪水、干旱等自然干扰和工程建设、农业活动等人为干扰时的响应机制，而这对制定治理长期有效策略是必不可少的。只有对各种干扰下生态系统的反应机制有了深入的了解，才能为保障生态系统的健康可持续发展制定科学合理的保护和修复措施。

(2) 社会经济因素与生态环境的融合研究不足

虽然已经意识到社会经济活动会对小流域生态环境造成一定影响，但对于这些影响的具体路径和作用机制还不够清晰和明确。在旅游业发展过程中，涉及层面较多，其中就包括生态系统受到的游客流量压力，例如：过多的游客涌入，可能破坏野生动植物栖息环境，对生态平衡造成冲击；同时，土地利用方式在旅游设施建设过程中的改变，可能会导致水土保持和水源涵养功能受到影响，从而改变原有的自然地貌和植被覆盖。另外，旅游活动中产生的垃圾、废水排放等，可能会对水质、土壤质量产生负面影响。但现有的研究没有对这些影响是如何发生和传递的进行详细分析，缺乏对具体影响路径和作用机制的深入探讨，导致为缓解旅游行业对小流域生态环境的负面影响而制定有效的保护措施和管理策略存在一定的难度。

对生态环境变化的反馈机制及对社会经济影响的研究还不充分和透彻。在探讨生态环境变化的过程中，常常忽略这些变化的反馈机制。当一个地区的生态环境有所改善时，会带来吸引更多投资和人才流入等一系列积极的经济效应，推动当地经济的繁荣与发展。但现有的研究还没有充分量化地分析和深入探讨这种潜在的经济促进效应，导致无法对生态环境与社会经济之间复杂的、双向的互动关系进行准确的评估和认识。这方面研究的不足，会制约影响社会经济可持续发展的有效环保政策和经济发展战略的制定。

3. 研究成果应用层面

(1) 治理措施的可操作性问题

在提出治理措施并实际操作过程中，对某些措施的实施困难考虑不够周全。例如：有的生态修复技术在技术水平层面上可能要求很高，在经费上投入也很多，治理措施需要很多人力参与，但资源有限，很难开展。这些因素都可能影响治理措施的实际效果和可操作性，所以在提出治理措施时，要保证措施的可行性、有效性，就必须充分考虑这些现实的问题。

(2) 治理措施的适应性问题

在研究滇池小流域的治理措施时，对于流域内部各区域间存在的显著差异，或许还没有充分考虑到。小流域内不同区段的地形地貌、土壤状况、生态系统特性等都可能有其独有的特点。因此，一个普遍性的治理措施，未必能适用于所有地区。在研究中可能缺乏针对不同地域特点的差异化治理策略，适用于山区的植被恢复方法在平原地区未必适用。要细致分析滇池小流域各区域，制定更加具体、有针对性的治理方案，才能确保治理措施取得实效。

6.3.3 成果推广的局限性

1. 区域特异性考虑不足

(1) 生态系统差异

滇池小流域具有特定气候条件、地形地貌和生物多样性构成等诸多方面的独特生态系统特征。这些区域差异性因素对治理措施成效的影响，在进行研究和总结成果时，可能还没有得到充分的强调。这可能导致其他地区无法准确判断在自己不同的生态环境中适用哪些措施。例如：滇池小流域的水生生态系统可能与北方干旱地区的小流域存在很大的差异，治理水污染的措施可能无法直接应用于缺水环境下的小流域治理。因此，在总结成果时，应当充分考虑这些区域特异性因素，以便其他地区能够更好地借鉴和应用这些研究成果。

(2) 社会经济差异

研究可能没有深入探讨滇池小流域当地的产业结构、经济发展水平、人口密度等社会经济状况对治理模式和措施的影响，以及这些社会经济因素与其他地区的差异。不同地区的社会经济条件会影响治理措施的实施成本、公众参与度和可持续性。经济发达地区可能有更多资金投入生态治理中，而一些贫困地区需要更经济高效的治理方案，但研究中缺乏对这种差异的分析，这限制了成果在不同经济水平地区的推广。

2. 缺乏普适性指标和模型

(1) 指标适用性有限

在进行研究时，大概率会采用一些特定的评估指标来衡量滇池小流域的生态修复效果。这些指标往往是根据滇池小流域的独特环境和生态系统特性量身定制的，因此在普适性方面可能相对有限。在评估生态修复效果时，研究者可能会选择一些与当地特有物种密切相关的生物多样性指标，这些指标在其他地区可能找不到对应的物种或生态系统类型，因此无法直接应用于其他地区的生态修复效果评估。由于缺乏一种通用的、可以在不同地区之间进行比较的评估指标，因此其他地区在评估自身治理效果时，难以判断与滇池小流域的差异，也难以判断是否可以借鉴滇池小流域的治理措施。这种局限性使得不同地区之间的经验交流和治理效果变得复杂，影响生态修复工作的整体推进和效果评估的科学性。

（2）模型通用性欠缺

研究人员构建了分析滇池小流域生态环境问题和治理效果的特定模型，这些模型可能在变量差异和复杂程度等方面考虑不够充分。例如：一个基于滇池小流域地形和水文条件的水质模拟模型，由于这些地区的地形地貌和水文过程差异显著，因此在平原地区或山区不一定能精确适用。研究成果在其他地区的推广和应用受到限制，缺乏具有广泛适用性的模型。滇池小流域的地形、水文条件与其他地区可能有明显差异，导致模型无法对其他地区的水质变化做出准确的预测。此外，在模型中对不同地区气候、人类活动以及生态系统等条件的考虑不够充分，也可能对水质产生重要影响。因此，为了使研究成果能够在更广泛的地区得到应用，需在构建模型时考虑不同地区的变量差异和复杂度。

3. 案例对比和经验总结不够全面

（1）案例选择局限性

在开展调研的过程中，对滇池小流域与其他具有代表性的流域治理案例的对比分析并不充分。选择的对比案例可能过于集中在某些特定类型的区域或生态问题上，导致研究范围受到限制，不能涵盖范围更广的情况。例如：研究中仅局限于几个南方湿润地区小流域案例的对比，而忽略了与北方或干旱地区小流域的对比分析。这种选择上的偏差，使研究不能对不同地区条件下，治理措施的异同进行全面了解，因而很难提炼出具有普遍性参考意义的经验教训。南方湿润地区的流域治理案例更多地集中在水土保持、湿地恢复和污染治理等方面，而北方或干旱地区的流域治理则可能更多地集中在合理分配水资源、节约用水技术和生态修复等方面。由于缺乏这种跨区域的对比分析，研究结果可能无法充分揭示不同气候和地理条件下流域治理的特殊性和普遍性，从而影响研究的深度和广度，导致流域治理在不同气候和地理条件下的特殊性和广泛性无法得到充分揭示。因此，为了更好地总结提炼适用于不同条件下的治理经验和治理策略，今后在流域治理研究中应更加注重跨区域、跨类型的案例对比。

（2）经验提炼不深入

对滇池小流域治理过程中的一些成功经验和失败教训，还没有进行深入的总结和提炼。既有研究只描述了所采取的治理措施及其效果，而对于滇池小流域为何能取得成效或为何达不到预期目标没有进行进一步的分析。此外，对各地的具体情况在调研中缺乏深入的考量，未能针对各地的实际情况，提出策略上的相应调整。其他地区借鉴滇池小流域治理经验时，由于缺乏对这些经验教训的深刻剖析，在关键点上可能把握不准，从而盲目套用治理措施。这样的盲目性可能会使治理工作不能取得理想的效果。因此，要更深入地总结分析滇池小流域治理的成功经验和失败教训，才能更科学合理地指导其他地区的治理工作，提高治理成效。

6.4 滇池小流域治理未来研究方向与展望

6.4.1 污染治理与防控方面

对流入湖泊的河道水质状况进行连续的关注和密切监视，为减少污染物流入湖泊的总量，采取一系列行之有效的措施。特别是控制化学需氧量（COD）等重点指标，确保达到Ⅳ类水标准或较高水平。同时，积极探索并实施更有效的控制措施，加强农业面源污染治理研究，减少农药、化肥的使用及其对水体的污染，改进施肥方法，推广生态农业等措施。通过这些综合措施，使湖泊水质得到有效改善，水生态环境得到保护。

1. 工业污染治理

近年来，滇池流域先后实施了多项治理和整顿措施，但仍有部分工业企业违规排放废水。在这些废水中含有大量重金属、有机物及其他有害物质。同时，工业污染治理面临要求高技术、大资本的多重挑战以及监督的难度。为加强监察执法的力度，要对工业企业建立更加严格的环境监管体制。对于工业废水排放，要通过网上监视设备等新型监控技术，确保企业严格遵守环保法规，杜绝违章排放。此外，要从根本上降低污染物种类的产生，鼓励企业采用清洁生产技术和工艺、对技术和设备进行升级换代，降低污染物在废水中的排放量，提高资源的利用效率。

2. 农业面源污染治理

在滇池流域，农业生产活动频繁，畜禽养殖产生的粪便等污染物通过地表径流和地下渗透的方式进入滇池。这样的面源污染具有分散性、随意性和隐蔽性，集中监测、集中治理有一定难度。农业面源污染造成富营养化，是滇池水体中氮、磷等营养成分增加的主要原因。对此，首先要推广生态农业模式，优化施肥技术，研究和推广精准施肥技术，根据土壤肥力和作物需求，精确控制化肥的施用量和施肥时间，以减少化肥的浪费和流失。例如：采用测土配方施肥技术，可以显著提高化肥利用率，降低化肥对水体的污染。其次要推广绿色防控技术，鼓励农民采用生物防治、物理防治等绿色防控手段替代化学农药，以减少农药的使用量。例如：利用害虫天敌进行生物防治，设置诱虫灯进行物理防治等。最后要引导农民在减少使用化学合成物质的同时，发展有机农业。通过有机认证和市场激励机制，提高农民发展有机农业的积极性，从源头上治理农业面源污染。加强畜禽养殖污染控制，规范养殖管理，要求养殖场配套建设沼气池、化粪池等粪污处理设施，对畜禽粪污无害化处理和资源化利用，加强畜禽养殖场规范化管理，合理规划养殖规模和布局。控制养殖污染排放，制定严格的畜禽养殖污染排放标准，加强对养殖场废水排放的监测和监管，确保养殖废水达标排放。

施工面源污染控制设施也是其中一项重要的措施。可在农田周围及河流两岸建设生态截流沟，生态截流沟能使水流速度变慢，促使泥沙、污染物沉淀，使滇池内污染物减少、入滇量变少。

3. 生活污水治理

随着城市化进程的加速推进，滇池流域内的居民数量持续攀升，生活污水排放量也急剧增加。然而，城市污水处理设施的建设与运行管理却存在一定的滞后现象，导致部分地区的污水收集管网并不完善。这种不完善的管网系统使得一些生活污水未能经过有效的处理，就直接排放到了滇池及其周边的河流中，给滇池的治理工作带来了巨大的压力和挑战。

对此，要加强城镇污水收集管网建设工作，加大城镇污水采集管网规划建设工作力度，完善污水收集管网建设。具体根据城市发展规划和人口分布，合理布设污水管网，同时，为减轻滇池的污染压力，加大老旧城区污水管网改建力度，提高污水收集率，使所有的生活污水都进入污水厂处理。也要加强污水收集管网建设的维护管理工作，经常检查、维护污水管网，及时发现和处理污水管网堵塞、渗漏等情况。还要提高污水处理厂的处理能力，采用生物脱氮除磷工艺、深层处理工艺等先进污水处理工艺和设备，确保污水处理厂出水符合标准，使滇池的生态环境得到较好的保护。

6.4.2 生态修复与保护

1. 加强生态廊道建设

目前，滇池西岸生态廊道建设处于不断完善和优化的阶段。生态廊道不仅为生物提供了必需的生存空间，还在其迁徙过程中扮演了至关重要的桥梁角色。此外，生态廊道的持续改进与优化亦有助于显著提升整个生态系统的稳定性与抗干扰能力。通过构建更为紧密和完善化的生态网络，不同生态区域间的联系得以加强，生态系统的健康与可持续发展得到保证。这一系列努力不仅彰显了对自然环境的尊重与保护，也为未来生态平衡的维护奠定了坚实的基础。

2. 湿地保护与恢复

在湿地保护与恢复方面，要进一步扩大湿地覆盖面积，增强湿地生态功能。首先，通过实施更为细致和系统的监测措施，及时发现并解决可能对湿地健康构成威胁的问题。其次，应加强湿地管理，保障湿地的自然状态得到妥善维护，避免人为破坏和污染。最后，在强化湿地保护的同时，还应积极探索和实施更加科学合理的湿地运营模式。

3. 水生生物多样性恢复

本工程项目包含促进水生植物恢复的工作。依据滇池西岸具体水环境特征，选用适合的水生植物品种种植或者培育，提高水体净化能力，增加生物多样性，增强水生态系统的整体健康水平。本工程也将着重于水体动物种群的复现，吸引更多的水生动物回归滇池西岸，通过实施改善水质、提供适宜栖息环境等措施，期望滇池西岸小流域重现健康而繁荣的水生生态系统。

4. 面山植被修复

植被修复工作有待进一步加强，以改善面山受损地区的生态环境。首先，选取适应当地气候和土壤条件的树种及植被类型，确保这些植物顺利生长。其次，种植适宜的植物，使植被覆盖率显著提高，有效减少水土流失，增强涵养水源的能力。此举将有助于恢复和提升面山的生态功能，为当地居民和生态系统带来长远利益。

5. 强化生态监测与评估

构建长期全面的生态监测体系，该体系涉及生物多样指标、水质、土壤质量等重点生态参数。通过对生态系统的连续监测，及时发现生态系统中存在的问题及潜在的危险性，并有针对性地采取相应的保护措施。同时，定期对生态修复效果进行科学评估。评估内容包括植被恢复情况、土壤改良效果、水质改善程度以及野生动物种群恢复情况等方面。通过这些评估，可以了解当前生态修复措施的实际效果，判断是否达到了预期目标。

（1）科学研究与技术创新

建议积极支持科研机构及相关部门深入研究该地区的生态特征，鼓励这些专业机构开展针对滇池西岸小流域生态特点的科学研究，探索更有效的生态修复技术和途径。研究的问题包括：如何增强天然净化水体的能力，减少污染物累积蔓延；如何使生态体系结构、职能得到最优化并使之具有较强自我调节能力;如何得到优化的生态系统结构;等等。通过对这些专业和深层次问题的研究,希望为实现滇池西岸生态环境的可持续发展以及保护找到切实可行的方法。

(2) 应对气候变化影响

采取一系列科学的、系统性的应对措施,是针对滇池西岸生态系统在气候变化中可能产生影响而提出的应对之策。第一,在选种、栽植时,要选择能够适应气候的植物。第二,要加强水利基础设施的建设。气候变化可能导致降水模式不稳定,包括降水量的增加或减少、极端天气事件的频繁发生,因此需要建设更加坚固和灵活的水利设施,应对这些可能的变化。可以通过修建更多的蓄水池和排水系统,应对降水量增加时的洪水风险;同时,优化灌溉系统,保障植物在干旱条件下依然能够有充足的水分。

(3) 与其他项目协同推进

将生态修复与保护工作与其他城市规划、旅游开发、基础设施建设等有关项目紧密结合起来,最大限度地提高生态效益、经济效益和社会效益,从而达到多项目的协调发展。例如:在旅游开发中充分考虑生态承载能力,使旅游开发与生态保护相得益彰;通过合理的规划管理,保证旅游活动不会对生态环境造成影响和破坏。

6.4.3 智能化与信息化管理

本项目要建设以提升滇池流域综合治理的科学化、智慧化、精细化水平为宗旨,以滇池"十三五"规划为依托的滇池综合信息管理平台。

在第一阶段建设中,构建跨部门、跨区域的滇池保护治理信息数据中心,协调整合市生态环境局、市水务局(市河长办)、市气象局、市水文局、昆明滇投公司、昆明滇池水务公司、昆明排水公司等有关市级部门以及滇池流域各区的数据采集共享、交换与融合。接入大量的地表水、饮用水源地、污水处理厂的人工和自动水质监测数据以及水文站点自动监测数据、水量站的自动与人工监测数据、流域内气象站点自动监测数据等,为中远期的辅助决策中心建设提供了数据支撑,共有综合信息数据3 500万条。利用可视化直观展现治理动态,通过水质目标、水质统计分析、常超标点水质统计分析、污染物削减目标、污染物削减量完成情况同比分析等功能,利用滇池、入湖河道、饮用水源地水质监测数据,对比水质目标的各项指标标准,可以直观显示滇池草海和外海、35条主要入湖河道、7个饮用水源地的水质是否达标,对超标水质断面进行报警,确定常超标水质断面的分布。通过35条河道每月水量报告和52个生态补偿水质自动站监测数据,得到每条河道的污染物总磷、氨氮、化学需氧量的每月削减量,对比每条河道每月污染物削减目标,可以直观显示每条河道每月污染物削减量是否完成,对污染物削减量没有完成的河道进行报警。建立生态补偿金分析模块,对2018年以来的52个生态补偿水质自动站监测数据进行汇总,按河道、区域进行生态补偿金的统计和生态补偿金的历年趋势分析等,分析出每个河道断面的水质是否改善或恶化,进行监督管理报警。建立滇池综合管理可视化平台,直观展示水质超标、污染物削减量没有完成等的地点分布位置,实现精细化监督的"一张图管理"。对滇池流域的各种信息数据进行数字化集成、传输、存储、综合管理和空间处理,建立滇池综合管理可视化平台水质监测模块、入湖污染物总量与削减模块、河道实时监控视频模块、蓝藻水华监测分析模块等,对流域内湖体、河道、饮用水源地等水体的水质、水文、污染源、生态等要素进行分析,明确不同行政区和各责任部门的整改主体责任。

  在未来的第二阶段建设中,将继续推进以下工作,构建全方位全覆盖的天、空、地立体监测体系,完善滇池保护治理信息数据中心,将目前分散的监测数据、站点和手段进行有效整合,补充高分辨率卫星、无人机、无人船、岸基/平台视频监控、浮标等监测手段,最终实现"现状掌握,异常报警,原因追溯,未来模拟"。

  首先,完善滇池保护治理监督管理中心,运用数字监督管理实现全流域水资源、水环境、水生态综合调度。以水质改善为目标,以污染负荷削减为抓手,构建一套从全流域角度出发,以不同控制单元和水体功能区水质指标为约束的智慧管理平台,对滇池流域的各种信息数据进行数字化集成、传输、存储、综合管理和空间处理,实现对水质、水文、污染源、生态等要素的全面感知、评价分析、预报预警和综合调度,提升滇池流域综合治理的信息化水平。其次,构建滇池流域水环境管理系列模型,建立滇池保护治理辅助决策中心,研发河道水量模拟与预测模型,进行河湖水质目标制定、分区水环境容量计算、河流污染通量计算等业务模型模块本地化移植,并构建可业务化运行的智慧滇池智能化管理平台,科学制定各行政区水质断面考核目标和污染负荷削减目标,提供不同行政区域和责任主体管控方案,评估完成情况,实现不同数据、功能和情景方案的可视化表达,贯彻并实践滇池保护治理中"减什么?减哪里?减多少?如何减?"的科学决策管理理念。最后,相关部门利用信息技术助力流域水污染防治。例如:昆明市生态环境局纵向整合各级地表水环境质量监测站和污染源监测设备数据,横向整合水文水资源、滇池管理、水务、气象等部门数据,融合建立了滇池流域水环境监测网络信息平台。该平台包括滇池流域水环境监测业务管理系统、滇池流域水环境数据共享与交换系统、滇池流域水环境监测信息管理系统、滇池流域水环境信息三维展示系统、滇池流域水环境管理支持系统等部分,可直观全面地呈现流域水环境质量状况。同时,利用遥感技术动态呈现植被、水面、建筑工地、矿山、固体堆场位置等生态环境要素监测变化情况,为流域生态环境管理及环境执法提供信息支撑。

这些智能化与信息化管理手段有助于全面掌握滇池流域的生态环境状况，及时发现问题并采取有效的治理措施，提高滇池保护治理的效率和效果。为了加强对滇池流域生态环境的智能化与信息化管理，需从以下几个方面进行完善。

1. 完善数据整合与共享机制

进一步提高跨部门协作的效率及资料利用效应，使资料整合共享的力度不断加大。这项工作包括综合收集和共享其他各类有关数据，如水质、水文、气象及污染源等关键数据。通过这样的方式，可以保证资料的全面性、准确性和时效性，为智能化管理提供坚实可靠的资料依据。这将有助于决策支持、风险评估以及资源的最优化，提高整体管理效能和对突发事件的应变能力。

2. 强化技术创新与应用

关注科技发展动态，积极引进和应用先进的监测技术、数据分析方法和智能化的管理手段，以科技创新为导向，通过建立智能监控预警系统，实现更精准的治理决策。可以利用物联网、大数据、人工智能等技术，提高监控的精准度和效率，优化模型预测能力；利用传感器、物联网、卫星遥感等技术，建立覆盖滇池小流域的智能监测网络，实时监测水质、水量、水生态等参数并采集数据。通过建立预警模型，及时发现水质异常和生态环境问题，发出预警信息，为快速反应和处理提供支持。整合分析滇池小流域监测数据、治理案例、科研成果等信息，运用大数据技术手段，提供科学的治理决策依据。通过建立决策支持系统，模拟不同治理方案的效果，帮助管理者选择最优的治理策略。

3. 培养专业人才队伍

为促进人员队伍技术水平和管理水平的提高，重视对有关专门人才的培育、引进。通过系统性的培训及交流活动，工作人员能够掌握并熟练地运用信息管理。与此同时，主动引进经验丰富、技术先进、具有较强背景的跨专业业务人员和高职称专家。这些业务人员和专家能够带来先进的技术和管理经验，借助他们的专业知识和实践经验，进一步提升整个团队的综合素质和竞争力。

4. 定期评估与优化

建立一套规范的考核机制，确保滇池治理高效推进。该机制是为了综合客观地对智能化、信息化管理系统运行的效果进行评估而提出的。考核的内容将从数据处理能力、信息传送效率、使用者操作便捷性及整个系统稳定性等多个方面进行，保证评估结果的准确化和科学化。由于滇池治理会随着技术上的进步以及政治、经济、社会的形势发生相应的变化。因此，评估机制需要具备高度的灵活性和适应性，能够及时调整评估指标和方法，确保评估结果能够真实反映系统的实际运行效果以及滇池治理的最新需求。评估结果将作为调整和优化系统功能、管理策略的重要依据。一旦发现系统存在功能缺陷或管理策略不当的情况，将立即根据评估结果进行针对性的调整和优化。通过这一定期的评估机制，可以让智能化与信息化管理系统的运行效果始终保持在最佳状态，从而有效支持滇池治理工作的顺利开展。

5. 加强信息安全管理

在信息化程度不断提升的今天，数据安全保护问题越来越重要。为防止资料外泄，要加强对资料存取权限的控制，保证敏感资料只能被授权人员存取。同时，采用加密技术加密存储传输资料，能够有效防止资料被盗取或篡改或传送过程中被窃取的现象发生。此外，需建立一套完善的、能够有效阻止资料被偷盗或篡改的系统，及时发现并修复潜在的安全隐患。在防范网络攻击方面，部署防火墙、入侵侦测系统，这样既能有效阻隔恶意攻击，又能有效阻止病毒侵入，做到防患于未然。同时，经常更新和升级系统，保证系统具备最新的安全保护能力。

6. 推动法规与政策支持

进一步完善有关法律、法规及政策的制度体系，为管理信息化、智能化建设提供强有力的法律保障和政策支持。各级政府和有关部门通过细化法律、法规的内容，使相关部门及社会各主体之间相互衔接，共同促进滇池小流域的治理工作向较高层次发展，并由此形成共同推进、共同促进、共同提高治理效率和效应的合力。同时，完善的各项规章政策还可以为技术创新和运用提供良好的环境，促进在治理过程中智能化以及信息化管理手段的广泛运用，提高滇池小流域的生态环境的不断整治和维护，达到提升滇池生态环境的目的。

6.4.4 生态治理与产业发展协同

结合滇池小流域治理，实现经济发展与生态保护良性互动，推动生态农业发展、生态旅游发展、节能环保等生态产业发展。例如：通过湿地生态旅游的开发、特色农产品的种植、水资源回收产业的开发等，推动地方经济的可持续发展。同时，建立合理的生态补偿资金筹集和分配机制，激励流域各地区积极参与生态保护和治理工作，进一步完善滇池小流域生态补偿机制，明确生态补偿的主体、对象、标准和方式。此外，通过采用清洁生产工艺和绿色工艺，引导流域内企业进行产业转型升级和污染物减排。加强工业发展规划管理，严控高污染高耗能行业发展，促进工业向绿色低碳、循环发展。

1. 生态农业与生态旅游协同

生态农业旅游模式是一种结合滇池小流域生态农业发展的新型旅游方式。该模式通过设计农业观光旅游线路，让游客参观有机农场、生态果园、茶园等，了解生态农业的种植技术和生产过程，参与采摘水果、蔬菜等农事体验活动，学习农产品加工知识，从而增加游客对生态农业的认知和兴趣。同时，鼓励当地农民发展农家乐和民宿产业，将生态农产品直接供应给游客，并提供具有地方特色的农家美食。此外，依托生态农业园区建立生态教育基地，开展面向学生和公众的生态教育活动，介绍滇池小流域的生态系统、农业与生态的关系、环境保护的重要性等知识，通过实地观察和实践操作，增强公众的生态环保意识。生态旅游的发展为生态农业带来了更广阔的市场，促进了农产品的销售，提高了农民的收入，激励了农民进一步发展生态农业。通过生态旅游的宣传推广，滇池小流域生态农业的知名度和美誉度得到提升，有助于打造区域生态农业品牌。品牌效应吸引更多游客，形成良性循环。为了满足生态旅游对农业景观和产品品质的要求，生态农业企业和农民可能会加强与科研机构、旅游企业的合作，引进先进的农业技术和管理经验，推动生态农业的技术创新和可持续发展。

2. 生态工业与循环经济协同

生态工业的发展方向涵盖了多个方面。第一，通过推广高效节能设备、优化生产工艺、实现工业生产过程的绿色化，鼓励滇池小流域工业企业采用清洁生产技术，降低能耗和污染物排放。第二，利用滇池的水资源优势、水生态修复工业、环境保护装备制造业和水资源综合利用工业等新兴生态产业的发展，促进传统工业向生态工业的转型，提高工业的生态附加值。第三，建立工业废弃物回收体系，将工业废渣用于建筑材料生产，将工业用水或农业灌溉用水作废水处理后回用，达到废弃物的减量化、再利用和资源化。第四，通过废弃物循环利用的循环经济模式为生态工业提供资源保障，减轻了企业的生产成本，提高了企业的经济效益和竞争力，有利于生态工业的可持续发展，同时缓解了环境压力。这也与滇池流域生态治理的要求相适应，使流域生态环境受到污染的程度有所降低。第五，在循环经济的发展中，废弃物交换促进了工业与农业之间的资源共享，促进了产业间的融合发展，从而促进了不同产业之间的协同合作。

3. 生态服务业与生态保护协同

随着滇池小流域生态治理工作的不断深入，对生态环境监测和咨询服务的需求不断增加。为此，要发展提供水质、大气、土壤监测和生态系统评价等服务的专业生态环境监测机构和咨询公司，为生态治理提供科学依据。同时，要培育生态修复工程企业，运用先进的生态修复技术和材料提高修复效果和效率。这些企业提供的湿地修复、河岸带修复、植被修复等生态修复工程服务均受到高度重视。此外，建立绿色金融服务也是生态治理中的关键一环。通过设立绿色产业基金、发放绿色信贷、推动发行绿色债券等措施，可以为滇池小流域的生态治理和产业发展提供资金支持，引导社会资本投向生态友好型产业。生态保护对生态服务业的需求亦在增长，这既源于生态保护政策的加强，也源于市场对生态环境质量的日益关注。生态服务业的发展能够满足生态保护的专业需求，提供更科学、有效的生态治理方案，同时也促使生态服务业企业不断提升技术水平和服务质量，以符合生态保护的严格要求。

6.4.5 优化水资源调配

一方面，通过增强水体的流动性来改善水动力，保证充分满足滇池对生态水资源的需求，使滇池的水环境得到更好的改善。另一方面，加强干旱年份水资源短缺问题的深入研究并制定科学的应对措施，确保滇池在水资源紧张的情况下依然能够得到必要的水量供应，保障其生态系统的稳定和可持续发展。

1. 水资源监测与评估体系的完善

通过整合现有监测网络，实现对水文站、气象站和水质监测站多源数据的实时监测，实现多源数据在监测系统中的融合。同时，该系统可借助先进的传感器技术和卫星遥感资料获取较为全面的自然资源信息，从而扩大监测范围，提高监测精度。为打破资料壁垒，还建立了数据共享平台，使水利、环保、气象等部门之间能够实时共享水资源数据，为调度决策水资源提供更加准确、及时的数据支撑。此外，基于监测数据，构建能够综合考虑气候变化、人类活动等因素对水资源影响，模拟不同情景下水资源时空变化规律、水资源数量、质量及可利用性等的水资源动态评估模型。通过该模型的分析，为合理确定用水配额和优化水资源配置提供科学依据，从而确定滇池小流域不同区域的水资源承载能力。

2. 水源涵养与保护措施的加强

在面山植被恢复保护方面，通过植树造林、封山育林等措施，加大滇池小流域面山植被修复力度，提高植被覆盖率，选择适合当地气候和土壤条件的本土树种，增强植被涵养功能，减少水土流失，增加地下水补给，提高滇池面积，使滇池植被覆盖面积增加。同时，加大对面山森林资源的保护力度，为保证森林生态系统的健康稳定，建立严格的森林资源管理制度，严禁乱砍滥伐、非法开垦。此外，要继续推进滇池周边湿地的修复和建设工作，扩大湿地面积，通过湿地植被恢复、水系连通、湿地保护管理、建立湿地保护区条例制度、规范湿地开发利用行为、设置湿地自然保护区和生态廊道等措施，保护湿地生物多样性，为水鸟等野生动物提供栖息场所。

3. 水资源调配工程的优化

综合考虑滇池流域的生活用水、生产用水、生态用水需求，建立科学的水资源调配模型和管理体系，优化水资源的分配和利用。加强非常规水资源的开发和利用，如再生水、雨水等，提高水资源的利用效率。

针对滇池小流域，在提升运行效率和安全性、增强水资源调控能力等方面，正在对现有的水库、泵站、导流渠等水利工程设施进行评估改造。同时，根据水资源调配需要，在水资源紧缺地区提高雨水收集利用效率，在水资源富余地区合理规划建设小型蓄水工程、排涝工程等新型水利工程设施。此外，正着手建立滇池小流域水资源联合调度体系，实现不同水源的统一调度和管理。根据用水需求和水资源状况，整合流域内内地表水、地下水和再生水等各类水资源，合理调配水资源。将通过运用智能算法和模型预测技术，根据实时监测数据和预测结果，优化水资源联合调度，对水资源调配方案进行动态调整，以提高水资源利用效率，保障水资源永续利用。

4. 水动力条件改善

为了更好地掌握滇池水体的动态变化，对滇池的水动力特点开展深入的研究并对其水流运动的规律进行细致的分析。结合有效的调度管理策略，对一系列合理的工程措施进行科学的设计与实施，使滇池的动力条件得到明显改善。这些办法的目的是促进水体自我净化功能，增强水体的交换和循环能力。

5. 流域联合调度

要实现跨区域水资源优化配置和协同管理、增强水资源利用效率，就要加强滇池流域与周边流域的水资源联合调度。因此，要为决策者提供科学、全面的数据支持，保证水资源调度与管理决策更加合理有效。从而需要建立流域水资源信息共享平台，集中整合、实时更新水资源数据，提高水资源管理信息化、智能化水平。

6. 用水效率的提升与节水措施的推广

在农业生产中，采用精确供水的滴灌、喷灌、微灌等节水灌溉技术，依据作物需水情况精准供水，切实减少了灌溉用水浪费，提高了农业用水的效益。同时，针对不同的作物和种植区域，加强农业用水管理，实行用水定额制度，制定合理的水量配额，鼓励农民采用旱作农业、节水农业等节水型种植方式。

在工业领域，推动滇池小流域工业企业实行节水措施，鼓励企业采用循环冷却水系统等节水的生产工艺和设备，提高水的重复利用率，对高耗水行业进行节水技术改造，降低单位产品用水量。同时，加强工业用水监管，建立工业用水定额管理制度，对超出定额的用水企业实行加价收费等惩罚措施。

在生活方面，通过节水宣传活动、发放节水宣传资料、设立节水示范社区等方式，引导居民养成良好的节水意识；通过推广节水马桶、节水龙头等生活节水器具，鼓励居民更换节水器具，促进城镇居民养成节水好习惯。

6.4.6 流域综合管理

打破部门之间的壁垒，促进各部门之间的紧密协同与合作，以实现对滇池流域的统一规划、综合管理和有效保护。

1. 管理体制与机制的优化

明确水利、环保、农林、住建等多部门在治理中的职责，建立常态化跨部门协调会议制度，定期沟通治理进度，合力破解难题，制定统一的流域综合治理方案和行动方案，保证工作目标一致，为提升滇池小流域治理效能，进一步强化跨部门协同协作机制。加强流域内上游、中游、下游以及不同行政辖区不同区域之间的协调配合，建立信息共享平台。针对跨区域污染问题和生态保护需求，建立水质、水量、生态环境、联合执法机制和生态补偿机制，确保上游对下游区域污染影响的合理补偿。同时，对跨区域的环境违法行为，联合执法机制予以有效打击。

2. 法律法规与政策保障的完善

结合滇池小流域治理的实际需要以及今后的发展方向，对现有的相关法律法规进行必要的修改完善。具体而言，在法律法规中应该明确相应的监管措施和处罚标准，以应对新出现的污染类型和生态保护问题。同时根据流域综合管理的特点，制定专门的滇池小流域保护法律法规，为流域内水资源、土地资源、生态环境等的保护与管理做出详细的规划。从政策扶持和指导上来看，政府出台财政补贴政策、税收优惠政策及产业指导政策等一系列扶持滇池小流域治理的政策措施。财政补贴政策主要用于支持生态修复项目和污水处理设施的建设，税收优惠政策的目的是鼓励企业采用环保技术和装备，产业指导政策引导产业朝着生态友好、促进经济与生态协同方向发展。

3. 研究与技术创新

开展多学科交叉研究，对滇池湖沼学特征、污染物迁移转化规律等进行深入探索，为治理工作提供较为科学的理论依据。深入全面地分析滇池生态系统的结构和功能，揭示滇池固有的生态过程和机制，整合生态学、环境学、地理学等多学科，对滇池内污染物迁移、转化、累积规律进行深入研究，对其长期影响水质、生态系统等进行评估，为制定更加有效的治理办法提供科学依据。鼓励技术创新，在滇池治理中推广应用和实践新技术、新方法。积极引进和研发提高滇池治污效率和效果的生物修复技术、纳米材料吸附技术等先进治污技术。同时，鼓励科研单位与企业合作，在滇池治理中将研究成果转化为推动新技术广泛应用的实际应用，以提升治理效果，改善滇池生态环境。通过技术创新，实现滇池治污的智能化、精准化。具体如下。

智能监控技术：构建更加全面、实时、精准的滇池水质、水量、生态等监控网络，利用物联网、大数据、人工智能等先进技术。研制出对水中各种污染物浓度、水生生物指标等进行实时监测的高灵敏度传感器；滇池水面及周边变化情况，通过卫星遥感技术进行监测。

污染溯源与预警技术：对污染源及其迁移路径进行更有效的污染溯源方法研究和应用，快速、准确地确定污染来源。同时，建立能够预测水质变化、污染事件发生的智能预警系统，为应对突发事件的及时反应提供支持。

水生态修复技术方面：探索微生物修复技术、植物修复技术优化创新等新的水生态修复技术。研究开发水草品种，提高其吸收转化污染物的能力，并能适合滇池特色；研究促进水体自净功能升级的微生物群落调控方法。

污水处理与回用技术：开发新型生物处理技术、膜分离技术等更高效的污水处理工艺，进一步提高污水处理厂的处理效率和效果，降低处理成本，提高出水水质。同时加强污水再生利用技术的研究，在工业、农业、城市杂用等方面加大再生水的利用力度。

底泥处理技术：研究降低底泥中污染物释放对水体二次污染的底泥清淤处置技术。

水资源优化调配技术：滇池水资源的精准调配要借助信息化手段和模型分析来实现。为提高水资源的利用效率和效益，要开发水资源管理系统，以兼顾不同季节、不同地域的用水需求，同时兼顾水质、水生态目标。

模拟评价生态系统的技术：建立滇池生态系统和模拟不同治理措施下生态系统变化的数学模型，为制定和优化治理方案提供科学依据。同时，健全生态考核指标体系和考核办法，以准确考核治理措施对生态系统的影响。

应对气候变化的技术：对滇池流域气候变化的影响进行研究，发展相应的应对技术和应对策略。例如：滇池生态需水如何在降水变化时得到保障，水生态系统受气温升高影响时应如何适应等。

推广雨水花园、绿色屋顶等绿色基础设施和海绵城市技术，减轻滇池雨水径流污染负荷。结合海绵城市的理念，提高城市对雨水的渗透、蓄积和利用能力，减轻滇池防洪压力。

国际合作与技术引进：加强与国内外先进科研机构和企业的合作与交流，引进、吸收国际先进治理技术和经验，结合滇池实际进行本土化应用和开拓创新。

6.4.7 公众参与和社会监督的加强

1. 公众参与

滇池小流域治理中环境教育和宣传起着举足轻重的作用。在教育层面，从小学到大学，系统地包含滇池小流域的生态环境保护知识，通过课堂教学、实地考察、实验课程等途径，学生对中国滇池的生态系统、目前面临的问题以及重要性和治理方法有了深入的了解，从而培养学生的环保意识和责任心。在社区层面上，通过环保知识讲座、社区展览、发放宣传资料等形式向居民普及滇池治理的有关信息，包括污染来源、治理措施、取得的成效以及居民所能采取的行动。常态化的环保宣传活动在滇池小流域周边社区广泛开展，通过这种方式，增强居民对滇池治理的认知程度。同时，媒体还发挥重要作用，制作环保专题节目、公益广告，在电视、广播、报纸、网络媒体等各种渠道广泛传播滇池小流域的治理信息，开设滇池治理专栏，对治理进展情况、典型案例、环保动态等进行及时报道，引导社会舆论对滇池治理工作的关注，使公众的环保意识进一步增强。此外，通过公众听证、民意调查和专家咨询相结合的机制，确保治理决策的科学性、合理性和社会利益的最大化。在行动层面，市民通过参与河道保洁、植树造林、倡导绿色生活方式等志愿活动，共同促进滇池小流域生态环境持续改善，为滇池治理提供人力支持，从源头上减少污染物的产生。

2. 社会监督

在滇池小流域的治理工作中，为了确保信息公开透明，保障公众的知情权和参与权，采取了多项措施。首先，建立了滇池小流域治理信息公开平台。该平台涵盖了水质监测资料、治污工程进展、经费使用、生态修复效果等关键内容，确保信息的准确性、及时性和完整性。通过该平台，社会监督的信息基础得以巩固，公众能够及时了解治理工作的真实情况，为政府监督工作提供了有力的信息支撑。其次，增强了治理工作的公开化水平。决策信息的提出、论证、审批等过程，除涉及国家机密及经营秘密外，全面向社会公开。这一举措使公众能够清晰了解决策的形成过程，从而增强了决策的透明度和公信力。

在滇池小流域治理工作中，监管途径实现了多元化发展。首先，设立了专门针对环境违法行为的举报热线。该热线负责受理环境违法行为的举报，确保举报资料得到及时受理和处理。对于经查实的环境违法行为，将依法进行查处，并向举报人反馈处理结果。同时，为保护举报人免受打击报复，采取了充分措施保障其合法权益。其次，开放了接受社会公众监督反馈的官网、社会媒体群组、环保论坛等多种平台。公众可以将观察到的环境问题、对治理工作的意见和建议等发布到这些平台上。有关部门将安排专人搜集整理这些信息，并适时予以答复，确保公众的声音被听到并得到回应。再次，引入第三方机构对滇池小流域治理工作进行监督。这些第三方机构可以是专业的环境监测机构、审计机构、社会组织等。通过与第三方机构签订委托合同，明确其监督职责和范围，要求其定期对治理工作进行检查和评估，并出具客观公正的监督报告。这一举措进一步增强了监管的权威性和公信力。

在滇池小流域的治理工作中，健全社会监督反馈机制。首先，有关部门对群众及第三方机构反馈的问题，迅速组织调查核实，一旦问题被确认，将立即制订整改措施，并及时向反馈者反馈处理结果。同时，分类整理分析反馈信息，归纳治理工作中存在的问题及不足，为完善治理提供依据。其次，建立监督环境违法行为处理不力、未及时处理公众反馈问题、未达到预期的治理目标等情况的问责制度。通过警告、通报批评、行政处分和法律责任追究等方式，保证有效推进治理工作。

治理滇池小流域是一个长期复杂的、涉及多方面因素、多环节的制度性课题，必须从多方位、多层次的治理工作中完成各项任务，确保治理工作的有效性、持久性。必须不断调整和优化治理战略，根据滇池流域的实际情况，有针对性地开展各项工作，确保治理工作取得有效性与可持续发展。这就包括评价现有治理措施，完善现有治污方法。同时要为满足不断变化的社会需求而不断探索和创新治污模式。

参考文献

[1] 包双叶. 习近平生态文明思想整体性研究的方法论基础——以生态文明概念的四重涵义为视角[J]. 安庆师范大学学报（社会科学版），2020，39(5):1-6.

[2] 江西省市场监督管理局. 小流域水土流失综合治理第5部分：生态清洁小流域建设技术导则：DB36/T 1344.5—2023 [S]. [2025-01-17]. https://max.book118.com/html/2024/1212/5111330234012011.shtm.

[3] 洪国文，林道华. 浅谈福建省安溪县山都小流域水土保持生态清洁建设[J]. 亚热带水土保持，2020，32(2):38-40.

[4] 邸妍昕. 基于生态修复的渭河甘谷城区段景观规划设计研究[D]. 咸阳：西北农林科技大学，2022.

[5] 陈晴晴. 黄钰生教育思想研究[D]. 天津：天津师范大学，2021.

[6] 董翠霞，于炜，王英力. 基于15分钟生活圈行动规划的上海新华街道慢行（步行）系统构建策略[J]. 交通与港航，2020，7(5):13-19.

[7] 闫震. 雄安新区农民市民化过程中面临的问题及对策研究[D]. 保定：河北大学，2020.

[8] 钱兴多，莫国芳. 云南省旅游业发展时空格局演变（2008—2016年）[J]. 长江师范学院学报，2018，34(5):35-44.

[9] 申珅. 边疆民族地区大健康产业发展问题探究——以云南省昆明市为例[J]. 中共云南省委党校学报，2019，20(4):112-116.

[10] 省委书记陈豪：云南紧抓三个重点推进民族团结进步示范区建设[J]. 今日民族，2019(8):1-2.

[11] 李叶舟. 西安昆明池片区核心旅游产品的开发策略研究[D]. 西安：西安建筑科技大学，2021.

[12] 钱兴多，莫国芳. 云南省人口时空分布变化研究[J]. 中国集体经济，2018(22):43-45.

[13] 纪政甫. H铁路投资集团发展战略研究[D]. 郑州：郑州大学，2022.

[14] 焦泽飞. 基于生态—社会经济系统耦合视角下的县域生态修复规划方法及对策研究[D]. 重庆：重庆大学，2021.

[15] 任晓东.云南省岩溶地区典型石漠化治理模式及评价[J].内蒙古林业调查设计,2020,43(2):8-12+15.

[16] 杨伟,刘擎,王威,等.东洞庭湖湖陆风特征分析[J].气象科技进展,2020,10(3):107-116.

[17] 卢晁.甘南藏族传统民居生态经验及再生研究[J].中国民族博览,2019(2):20-21.

[18] 李瑞,陈之殷.追古溯今——认识城市水系统独特价值[N].光明日报,2023-6-21(27).

[19] 田甜.株洲市环湘水湾高尔夫球场廊道景观设计[D].株洲:湖南工业大学,2019.

[20] 刘勇,魏潇,杨兰.桃源水库坝址区工程地质条件论证与坝型优选[J].广西水利水电,2018(3):10-14.

[21] 闫路娜,王艳,沈洪艳,等.春季石家庄市水体浮游植物群落结构调查与分析[J].河北工业科技,2019,36(3):206-214.

[22] 田茂苑,何腾兵,付天岭,等.稻田土壤和稻米镉含量关系的研究进展[J].江苏农业科学,2019,47(8):25-28+40.

[23] 邱海兵,纪凯,叶玉新,等.玉山县七一水库多光谱水质在线监测站运行稳定性分析研究[J].环境与发展,2020,32(9):157+159.

[24] 赵超.面向水产养殖的水质多参数巡回监测系统研制[D].镇江:江苏大学,2019.

[25] 刘国臣.基于斑马鱼运动行为学的水体突发投毒污染在线生物预警技术研究[D].重庆:重庆大学,2020.

[26] 刘李爱华.模型参数和边界条件共同干扰下的滇池水质响应模拟研究[D].天津:天津大学,2021.

[27] 杨庆.典型鱼类生存繁衍适宜水文条件与适应阈值实验研究[D].郑州:华北水利水电大学,2019.

[28] 邱辰光.DPR-SPNA工艺处理低碳城市污水的优化运行及微生物群落变化特性[D].青岛:青岛大学,2022.

[29] 金莉莉.城市道路排水工程设计分析[J].中国水运,2021(11):139-142.

[30] 王莲.水源生态净化系统浮游生物功能群时空演替规律及生态健康评价[D].镇江:江苏大学,2020.

［31］周毅，刘瑶，田淑芳. 资源一号02D卫星高光谱数据水体透明度反演研究［J］. 航天器工程，2020，29(6)：155-161.

［32］郑群威，苏维词，杨振华等. 乌江流域水环境质量评价及污染源解析［J］. 水土保持研究，2019(3)：204-212.

［33］蒋学慧. 色谱-质谱联用仪数据处理关键技术的研究［D］. 天津：天津大学. 2024.

［34］范志平，王琼，孙学凯，等. 辽河流域湿地水质污染特征及净化效果实证评估［J］. 环境工程技术学报，2020，10(6)：1050-1056.

［35］张振华. 组合潜流人工湿地对轻污染河水中营养物质去除效果研究［D］. 青岛：中国海洋大学，2024.

［36］曹鹏. 地域文化视角下的临汾湿地公园景观规划设计研究［D］. 西安：长安大学，2020.

［37］高倩倩. 城市公园生境营造初探——以南苑森林湿地公园为例［J］. 绿色科技，2019(9)：23-24.

［38］杨逸传，段广德. 乡土植物在园林景观设计中的应用［J］. 智慧农业导刊，2022，2(22)：68-70.

［39］宋雅珊，杜崇，秦超. 面源污染综合治理方案研究——以哈素海水库为例［C］. 第八届中国水论坛，2024.

［40］陈素波. 细胞型多效能海绵湿地植物景观的构建［J］. 天津农业科学，2019(1)：86-90.

［41］徐诺. 具尺度结构水生态系统的稳定性研究［D］. 扬州：扬州大学，2022.

［42］周志凡. 河道治理工程中生态修复技术的应用研究［J］. 水上安全，2024(15)：85-87.

［43］王启锁，李浩，董旭，等. 改良型A2/O污水处理厂的工艺优化调控方案及其对同步脱氮除磷效率的提升［J］. 环境工程学报，2022，16(2)：659-665.

［44］祝惠，阎百兴，王鑫壹. 我国人工湿地的研究与应用进展及未来发展建议［J］. 中国科学基金，2022，36(3)：391-397.

［45］黄子强，车纯广，谭海涛，等. 黄河三角洲水鸟多样性调查及种群数量监测［J］. 山东林业科技，2018，48(2)：6.

［46］张志慧. 基于多源数据的石漠化地区裸岩信息提取和景观格局分析［D］. 长沙：湖南师范大学，2021.

［47］高鑫. 青岛市城市绿地景观格局分析与生态网络构建［D］. 济南：山东建筑大学，2019.

[48] 周汝静. 刍议城市湿地的生态恢复与保护[J]. 低碳世界, 2017(18):12-13.

[49] 张韦. 天水市循环农业发展模式及对策建议[J]. 甘肃农业, 2020(5):65-67.

[50] 史成琳. 东营市城市生物多样性保护规划研究[D]. 泰安: 山东农业大学, 2020.

[51] 武彦生, 李燕, 潘洁, 等. 昆明滇池城市湿地公园水系规划[J]. 湿地科学与管理, 2019, 15(2):4-7.

[52] 和艳, 李迎彬. 景观生态安全格局模型在滇池流域空间研究的应用[C]//多元与包容——2012中国城市规划年会论文集(09.城市生态规划). 2012.

[53] 雪宸. 多段AO生活污水处理工艺系统研究与应用[D]. 兰州: 兰州交通大学, 2020.